Ingrid Telsemeyer (Hg.)

# *Museumsführer Zeche Nachtigall*

**Westfälisches Industriemuseum**



Mit Beiträgen von:
Annette Brunsing (A.B.)
Christina Clasen (C.C.)
Mathias Dudde (M.D.)
Michael Dückershoff (M.Dü.)
Stefan Nies (S.N.)
Michael Peters (M.P.)
Olaf Schmidt-Rutsch (O.S.)
Ingrid Telsemeyer (I.T.)
Dorothea Tessmer-Schwarze (D.T.)

Landschaftsverband Westfalen-Lippe www.lwl.org

## Impressum Museumsführer

Herausgegeben im Auftrag des
Landschaftsverbandes Westfalen-Lippe

Bibliografische Information der Deutschen Bibliothek:

Die Deutsche Bibliothek verzeichnet diese Publikation in der Deutschen Nationalbibliografie; detaillierte bibliografische Daten sind im Internet über <http://dnb.ddb.de> abrufbar.

1. Auflage November 2005


Titelbild
**Westfälischer Frosch um 1850**
In der Grube benutzten die Bergleute dieser Region den sogenannten Frosch, eine mit offener Flamme brennende Lampe. Sie erhellte den Weg und den Arbeitsort.
[Foto: Annette Hudemann, Slg. WIM, Dortmund]

**Slg. WIM = Sammlung des Westfälischen Industriemuseums**

**Redaktion:** Michael Peters, Olaf Schmidt-Rutsch, Ingrid Telsemeyer

**Fotografien und Reproduktionen**, falls nicht anders ausgewiesen: © Westfälisches Industriemuseum, Martin Holtappels und Annette Hudemann

**Graphische Gestaltung:**
Designbüro Arndt + Seelig, Bielefeld

**Druck:** Westermann Druck, Zwickau

Klartext Verlag, Essen 2005
**ISBN 3-89861-179-5**

www.klartext-verlag.de

# Restaurierung und Museumsaufbau

**Gesamtleitung**
Helmut Bönnighausen

**Baurestaurierung und Landschaftsbau**
Hochbauabteilung des
Landschaftsverbandes Westfalen- Lippe

**Museumskonzept und Projektleitung**
Ingrid Telsemeyer

**Konzepte und Texte:**

**Der mühsame Weg ins Industriezeitalter**
Ingrid Telsemeyer und Dorothea
Tessmer-Schwarze

**Zeitreise ins Ruhrtal**
Ingrid Telsemeyer

**An der Wiege des Ruhrbergbaus**
Michael Dückershoff, Olaf Schmidt-Rutsch,
Ingrid Telsemeyer, Dorothea Tessmer-
Schwarze

**Kohlenschifffahrt auf der Ruhr**
Michael Peters und Olaf Schmidt- Rutsch

**Zeche Eimerweise**
Matthias Dudde, Stefan Nies,
Michael Peters, Ingrid Telsemeyer

**Ziegelei Dünkelberg**
Christina Clasen

**Restaurierung, didaktische Modelle und Ausstellungsaufbau**
Werkstätten des Westfälischen
Industriemuseums

**Ausstattung und Fotoarbeiten**
Abteilung Sammlung des
Westfälischen Industriemuseums

**Grafische Konzeption und Ausstellungsgestaltung:**
Designbüro Arndt + Seelig, Bielefeld;
Matthias Arndt und Christian Terbeck

**Alte Zeche Nachtigall 1833**

Vignette auf einem Gedenkblatt für den Maschinenmeister a.D. Friedrich Westmeyer (*1802) zum 79. Geburtstag.
F. Westmeyer wurde in den 1830er Jahren auf der Zeche Nachtigall in Bommern als erster Maschinenführer angestellt.
Der Bergwerksbetrieb verdankte ihm viele Erfindungen: Eine Drahtseilmaschine, eine Steinbohrmaschine, eine Förderanlage für die Zeche Theresia und vieles andere mehr.
[Privatbesitz: Fam. G. Kilimann, Witten]

# Inhalt

# Vorwort

Als 1714 die Zeche Nachtigall erstmals erwähnt wurde, war sie einer von vielen kleinen Stollenbetrieben südlich der Ruhr, aus denen Steinkohle gefördert wurde. Mehr als hundert Jahre später – 1832 – teufte die Zeche ihren ersten Tiefbauschacht ab und setzte Dampfmaschinen zur Kohlenförderung ein. Damals wurden »Grundsteine« für die Montanindustrie gelegt, die das Ruhrgebiet dann 150 Jahre lang prägen sollte. 1855 gehörte die Zeche ›Nachtigall Tiefbau‹ zu den größten und leistungsfähigsten Bergwerken des Ruhrgebiets. Sie beschäftigte 460 Bergleute und förderte jährlich ca. 100.000 t Steinkohle. Als das Bergwerk 1892 den Betrieb einstellte, folgte eine Dampfziegelei als Nachnutzer und produzierte mit dem Schieferton, den das Gelände bot, bis 1963 Ziegelsteine. Danach ließen die Eigentümer die Anlage mehr und mehr verfallen.

Um 1970 trat zu den herkömmlichen Aufgaben der Denkmalpflege als neues Aufgabengebiet die Erhaltung der Dokumente von Industrie und Technik hinzu. Auch die ruinösen Tagesanlagen von Nachtigall – immerhin einer der ersten Tiefbauzechen an der Ruhr – galten nun als erhaltenswert. Seit den frühen 1980er Jahren wurden die Bauten mit großzügiger finanzieller Unterstützung des Landes Nordrhein-Westfalen restauriert und für eine künftige museale Nutzung vorbereitet. 1981 wurde Nachtigall in das 1979 gegründete Westfälische Industriemuseum des Landschaftsverbands Westfalen-Lippe übernommen, das in ausgewählten Industriedenkmalen die Lebens- und Arbeitsbedingungen im Industriezeitalter erforscht und dokumentiert. Entsprechend der Bedeutung des Bergbaus sind in diesem Museum drei ehemalige für ihre Zeit typische Zechenanlagen vertreten:

Die Zeche Zollern 2/4 in Dortmund, die Zeche Hannover 1/3/5 in Bochum und – als Beispiel des frühen Bergbaus an der Ruhr – die Zeche Nachtigall in Witten. Das Mosaik der Industriegeschichte in Westfalen runden die Henrichshütte in Hattingen, das Schiffshebewerk in Waltrop, das Textilmuseum in Bocholt, die Ziegelei in Lage und die Glashütte Gernheim in Petershagen ab. Ergänzt durch die sechs »Schauplätze« des Rheinischen Industriemuseums ist damit ein hervorragender Einblick in die vielfältigen Aspekte der Sozialgeschichte und Industriekultur gegeben.

Ausgangspunkt der musealen Arbeit, die von zahlreichen Menschen in der Region unterstützt wird, ist das bedeutende Industriedenkmal Zeche Nachtigall mit seiner jahrhundertealten, wechselvollen Geschichte. In der Dauerausstellung werden vielfältige Themen in sehr unterschiedlichen »Räumen« präsentiert. Dazu gehören die ehemaligen Betriebsanlagen der Zeche wie das Maschinenhaus mit einer funktionsfähigen Dampffördermaschine von 1887, der ausgegrabene Schacht Hercules, der Kesselhauskamin und ein Werkstattgebäude. Daneben auch die Doppel-Ringofenanlage der Ziegelei Dünkelberg, der Nachtigall-Stollen mit Besucherbergwerk sowie weiträumige Ausstellungsinszenierungen im Freigelände. Wie die anderen Standorte des Westfälischen Industriemuseums ist auch dieses Museum als Erlebnisort für Große und Kleine konzipiert. Ausgewählte Aspekte der Bergbau- und Industriegeschichte des Ruhrtals werden durch spannende Inszenierungen »vor Ort« erfahrbar gemacht. In den nächsten Jahren wird der Ausbau des Museums weiter fortgesetzt werden.

Seit langem ist «Nachtigall« auch eine Anlaufstelle für kulturelle Veranstaltungen der Region. Die ›Wittener Musiktage‹, ›EN-Kunst‹ oder der ›Knappentag‹ sollen hier als Beispiele genannt werden. Ein neu gegründeter Förderverein unterstützt das Museum und macht in enger Zusammenarbeit mit weiteren Vereinen die Zeche Nachtigall sowie das benachbarte Muttental – eine »Wiege des Ruhrbergbaus« – zu einem beliebten Ankerpunkt der Route Industriekultur.

Mit dem Museumsführer erscheint die erste Veröffentlichung zur Zeche Nachtigall, die sowohl ihre komplexe Geschichte zusammenfasst als auch die Themen der Dauerausstellung erläutert.

**Helmut Bönnighausen**

1982–2005 Direktor des Westfälischen Industriemuseums

## Geländeplan Museum Zeche Nachtigall

1. Die Zeche muss heißen …
2. An der Wiege des Ruhrbergbaus
3. Kohlenschifffahrt auf der Ruhr
4. Ziegelei Dünkelberg
5. Zeche Eimerweise
6. Besucherbergwerk Nachtigall-Stollen

6
2
5
1
4

ÖLI
Tatsächlich,
der Schacht ist noch da!
Hier ging's damals 400 Meter
in die Tiefe zur Kohle!

**Fotografie von Friedrich Goebel, 1886**
Der an der Ruhrtalbahn gelegene Bahnhof Bommern, dahinter der Hetberg und drei Schornsteine der Zeche Nachtigall sind auf dem Ausschnitt der Panoramafotografie zu sehen. [Reproduktion: Davide Bentivoglio, Witten]

# Auf dem Nachtigallgelände



## Ein Ort erzählt viele Geschichten

Das Museum Zeche Nachtigall liegt in Witten-Bommern im Tal der Ruhr. An diesem Platz am südlichen Ruhrufer sind bedeutende Industriedenkmale erhalten: Mehrere Betriebsgebäude einer der ersten Tiefbauzechen des Ruhrtals und die beeindruckende Doppel-Ringofenanlage der Ziegelei Dünkelberg. Außerdem liegt auf dem Gelände der jetzt als Besucherbergwerk ausgebaute Nachtigall-Stollen, der sowohl Zechen- als auch Ziegeleigeschichte in sich birgt. Direkt ›vor der Haustür‹ führt die Ruhrtalbahn vorbei, die im 19. Jahrhundert die hier gewonnene Kohle und später die Ziegelsteine transportierte. Orte wie dieser, mit ihrer besonderen geologischen Situation, haben das Ruhrgebiet geprägt. Sie stellten die Rohstoffe für die gewerbliche Nutzung und die Entwicklung der Industrie bereit. Auf diesem Betriebsgelände waren es die Bodenschätze Steinkohle, Sandstein und Schieferton.

**Schacht Hercules**
Nach Stilllegung der Zeche Nachtigall 1892 ließ der neue Besitzer den Hauptförderschacht verfüllen und baute einen Ziegelei-Ringofen darüber auf. Fast genau 100 Jahre später legte eine Ausgrabung des Westfälischen Industriemuseums zugängliche Teile des Schachtes mit einigen Schachtkellern wieder frei, die Sie jetzt im Museum besichtigen können.

Die Aufgabe des Museums ist die Erschließung und Interpretation dieser Hinterlassenschaften des Industriezeitalters. Fast 300 Jahre waren seit der ersten urkundlichen Erwähnung der Zeche Nachtigall vergangen, Jahrzehnte seit Schließung des Ziegeleibetriebs, als die Museumsarbeit beginnen konnte. Viele Spuren waren verwischt, der Gebäudebestand ruinös und ohne Maschinenausstattung. Grundlegende Forschungen standen am Anfang. Zu den unterschiedlichen Themen des Standorts wurde kontinuierlich geforscht und immer noch gibt es Neues zu entdecken.

Parallel wurden die erhaltenen Betriebsanlagen von Zeche und Ziegelei mit umfangreichen Sicherungs- und Restaurierungsarbeiten in den jetzigen Zustand gebracht. Spuren wurden gesichert und dokumentiert, Zerstörtes und Fehlendes wurde sorgfältig rekonstruiert, zentrale Ausstattungsgegenstände wie Dampfmaschine oder Förderkorb wurden von anderen Industrieanlagen beschafft. Systematische Grabungen und die Geländearbeiten förderten Schicht für Schicht viele Fundstücke zu Tage: Schrott der jüngsten Vergangenheit; Ziegel aus den Ringöfen der Ziegelei vom Fehlbrand bis zum Formstein; Karbonfossilien, zum Beispiel ein großes versteinertes ›Waldboden-Stück‹… und kurz vor der Eröffnung noch eine historische Steinschwelle der Muttentalbahn.

Aber auch das bestrestaurierte Baudenkmal gibt seine Geschichte nicht ohne weiteres preis. Zahlreiche Schritte waren notwendig, um die geschichtsträchtigen Objekte dieses ehemaligen Industriegeländes an der Ruhr ›zum Sprechen zu bringen‹. Erst die Vielfalt der historischen Zugänge – Archiv-Recherchen; Befragungen von Zeitzeugen; Studium und Interpretation der erhaltenen Pläne, Zeichnungen und Fotografien; Auswertung von Ausgrabungen, Literatur u.v.m. – hat schließlich ein vielschichtiges Bild der langjährigen Standortgeschichte entstehen lassen.

**Ehemalige Werkstattgebäude der Zeche Vereinigte Nachtigall Tiefbau heute**

In zwei Bauphasen wurde das neben dem Maschinenhaus einzige noch erhaltene Betriebsgebäude der Zeche Nachtigall errichtet. Der vordere nördliche Gebäudeteil entstand 1871 als neue Schmiedewerkstatt. Um 1874 folgte der südliche Gebäudeteil, in dem zur Zechenzeit die Schreinerei untergebracht war.

Die Zeche Nachtigall
auf einer handkolorierten
Eisenbahnkarte, um 1850
[Slg. WIM, Dortmund]

## Zeittafel zur Standortgeschichte



**1714** Die erste Überlieferung: Zwei Bauern aus Herbede beantragen den Kohlenabbau für eine *Kohlenbank im Hettberger Holtz.*

**1743** *Nachtigall am Hettberg* heißt das Steinkohlenbergwerk jetzt. Es baut die Kohle im Stollenbetrieb ab.

**1832** Die Zeche Nachtigall beginnt mit dem Tiefbau. Aus den Schächten fördert man die Kohle mit einer Dampfmaschine nach oben. Bis Mitte des 19. Jahrhunderts sind drei Schächte abgeteuft: *Neptun* (1832), *Hercules* (1839) und *Catharina* (seit 1845). Die Zeche expandiert und gehört um 1850 mit ca. 500 Arbeitern zu den größten Zechen des Ruhrgebiets. 1876 erreicht Schacht Hercules die größte Teufe mit 450 Metern.

**1892** Die Steinkohlenförderung auf Nachtigall wird eingestellt.

**1893** Das Gelände wird an den Tiefbauunternehmer Wilhelm Dünkelberg verkauft. Er errichtet in den folgenden Jahren an diesem Ort eine Dampfziegelei, eine Maschinenfabrik und einen Steinbruchbetrieb, der Sandstein und Schieferton gewinnt. Der neue Besitzer läßt einen Großteil der Zechengebäude abreißen. Erhalten und umgenutzt werden das Maschinenhaus, die Werkstattgebäude und ein Kesselhauskamin der Zeche.

Ziegelei Dünkelberg vor 1950
[125 Jahre Stadt Witten,
Hg.: L. Lehmann, Dortmund 1950]

**1897** Dünkelberg läßt an der Stelle der Schachtanlage Hercules 1897 und 1899 zwei Ringöfen bauen. Das Rohmaterial für die Ziegelherstellung, den Schieferton, beschafft Dünkelberg aus dem benachbarten Steinbruch, der zu seinem Betriebsgelände gehört. Eigens zu diesem Zweck läßt er einen Tunnel, den heutigen Nachtigall-Stollen, durch den Hetberg schlagen. Jährlich produziert die Ziegelei bis zu 11 Millionen Steine für den Bau von Industrieanlagen und Wohnungen.

**1911–13** Die Geschichte der Tiefbauzeche Nachtigall endet 1892, doch noch Jahrzehnte später wird auf dem Gelände Kohle gefördert. Zur Versorgung seiner Ziegelei mit Kohlen nutzt Wilhelm Dünkelberg die vorhandenen Restkohlen im Nachtigall-Stollen und betreibt auf seinem Gelände die Kleinzeche Gottlob.

**1920–47** In den Zeiten allgemeinen Kohlenmangels erwirbt Dünkelberg das Recht zum Kohlenabbau für die Grubenfelder der früheren Zeche *Vereinigte Nachtigall* und gewinnt im Stollenbau Kohle für seine Ziegelei.

**1950er-Jahre** Ziegelei-Arbeiter bauen die zu Tage tretende Kohle im Steinbruch ab. Verwendet wird sie für das Befeuern der Ringöfen und den Eigenverbrauch.

**Schrottplatz Nachtigall**
Die Ringöfen und die alten Zechengebäude sind in einem desolaten Zustand
[Foto: H. Bönninghausen,
Westf. Amt für Denkmalpflege, Münster]

**1963** Der Ziegelei-Betrieb wird eingestellt. Kleinbetriebe wie eine Kranzbinderei und zuletzt eine Autoverwertung nutzen Gebäude und Gelände. Das Werkstattgebäude dient als Wohnhaus. Ausrangierte Autoreifen, Ölfässer, ganze Busse, ...! Dinge, die niemand mehr braucht, türmen sich auf dem Nachtigall-Gelände. Spaziergängern im Muttental bietet sich seit Ende der 1960er Jahre ein trostloses Bild des Verfalls.

**um 1970** Die historische Bedeutung der Anlagen wird von engagierten Bürgern und Denkmalschützern erkannt. Die Stadt Witten beginnt mit ersten Restaurierungsarbeiten.



**1979** Der Landschaftsverband Westfalen-Lippe fasst den Gründungsbeschluss für das Westfälische Industriemuseum. Die Zeche Nachtigall ist als einer der drei Bergbau-Standorte des Museums vorgesehen.

**1983** Die Gebäude von Zeche und Ziegelei werden als Denkmale eingetragen. Umfangreiche Bau- und Restaurierungsmaßnahmen, Ausgrabungen und die museale Erschließung folgen.

**1998** Das Gelände wird für Sonderausstellungen und kulturelle Veranstaltungen geöffnet.

**2000** Ein beschilderter Rundweg erklärt die Geschichte des Geländes für große und kleine Besucher.

**2003** Eröffnung des Westfälischen Industriemuseums Zeche Nachtigall.

Knappenchor auf der Ruhraak am Eröffnungstag des Museums Zeche Nachtigall

Service

Die folgenden Ausführungen stützen sich wesentlich auf die grundlegenden Forschungen zur Zeche Nachtigall von Karl Ditt.

Kürzlich erschien seine Publikation: *Aufstieg und Niedergang des Ruhrbergbaus: Die Zeche Nachtigall in Bommern bei Witten 1714–1892.* Sie ist als Sonderdruck im Museum erhältlich.



## Zur Geschichte der Zeche Nachtigall

Die komplizierte, über fast zwei Jahrhunderte sich entwickelnde Betriebsgeschichte der Zeche Nachtigall, die erst als Stollenbetrieb, später als Tiefbaubetrieb Steinkohle förderte, ist typisch für die frühen Bergwerke südlich der Ruhr. Die ›Nachtigall-Zechen‹ gehörten zuerst Bauern, dann lange Zeit der Adelsfamilie von Elverfeldt. Diese konnte in den Jahren der Frühindustrialisierung genügend Kapital mobilisieren um zu expandieren, zu investieren und Anfang des 19. Jahrhunderts einen der ersten Tiefbaubetriebe dieser Region aufzubauen.

**1.** Freiherr Friedrich Christian von Elverfeldt (1699–1781) wurde 1743 Hauptgewerke der Zeche Nachtigall am Hetberg.

**2.** Sein Sohn Freiherr Clemens August von Elverfeldt (1732–1783) erweiterte den Zechenbesitz der Familie und beteiligte sich am Ruhr-Schleusenbau.

**1.**

**2.**

**3.** Levin von Elverfeldt (1762–1830) war einer der Pioniere des Ruhrbergbaus. Als er 1787 die väterlichen Geschäfte übernahm, befaßte er sich intensiv mit Bergbau und Kohlenhandel. Enthusiastisch häufte er Bergwerksbesitz an, fast 300 Zechen bzw. -beteiligungen listete er um 1800 auf (158 Zechen gab es damals in der Grafschaft Mark). Seine Hoffnungen auf guten Geschäftserfolg erfüllten sich nicht.

**4.** Ludwig von Elverfeldt (1793–1873) übernahm 1825 einen hochverschuldeten Besitz. Er meisterte die Herausforderung. Der Übergang zum Tiefbau, der Bau der Muttentalbahn und die Expansion der Zeche lagen in seiner Verantwortung.

**3.**

Alle Abbildungen dieser Seite: [Familie Freiherr von Elverfeldt, Canstein]

**4.**

**5.** Johann Jacob van Braam (1805–1884) und drei weitere holländische Investoren waren seit 1851 Hauptgewerken der Nachtigall-Zechen. Mit dem Kauf von Haus Steinhausen und den umliegenden Zechen erfüllte sich van Braam seinen Traum, ein Schloss in Deutschland zu kaufen. Er war noch an weiteren Wittener Unternehmen wie der Gussstahlfabrik Berger & Co und der Steinhauser Hütte beteiligt. [Familie van Riemsdijk]

**6.** Wilhelm Dünkelberg (1853–1933) kaufte 1892 das Gelände der stillgelegten Zeche. Er baute eine Ziegelei und Maschinenfabrik auf. Steinkohle ließ er bei Bedarf vor Ort für seine Betriebe fördern. 1920 erwarb er sogar die Abbaurechte für die frühere Stollenzeche Ver. Nachtigall. [Privatbesitz]

**5.**

**6.**

## 1714–1832 Die Stollenzeche Nachtigall

Cord Niederste Berghaus und Cord Schüssing, vermutlich beide Bauern aus dem Gerichtsbezirk Herbede, stellten 1714 bei der staatlichen Bergbehörde den notwendigen Antrag zum Kohlenabbau. Sie hatten bereits mit der Kohlengewinnung aus einer ca. 1,50 Meter mächtigen, später als Flöz Geitling bezeichneten Kohleschicht begonnen. Am 24. August 1716 erhielten die zwei Herbeder die bergamtliche Berechtigung, Kohle aufzusuchen und abzubauen. Sie wurden mit einer *Kohlenbank im Hettberger Holtz* belehnt. Conrad Niederste Berghaus verkaufte 1718 ein Viertel der insgesamt 128 Kuxe (Besitzanteile) der *Hettbergs Kohlbank* an Conrad Oberste Frielinghaus. Weitere Eigentumswechsel folgten.

Der Name Nachtigall für dieses Bergwerk ist seit dem Jahr 1743 schriftlich überliefert, als der Freiherr Friedrich Christian Theodor von Elverfeldt alle Kuxe des *Steinkohlen Bergwerkes die Nachtigall am Hettberg* für 140 Reichstaler erwarb. Er war nun Besitzer der Zeche Nachtigall. Seine Zeche gehörte in den folgenden Jahren eher zu den kleineren Kohlengruben der Grafschaft Mark. Mehrere Jahre war sie ganz außer Betrieb. Sie beschäftigte Bergleute aus der Region, die die Kohle im Stollenbetrieb gewannen. In den 1750er und 60er Jahren arbeiteten hier maximal acht Bergleute, die – wie damals üblich – nach Auftragslage nur tage- oder wochenweise beschäftigt wurden. Die Kohlen verkaufte man vermutlich als Brandkohlen, Schmiedekohlen und für die Kalkherstellung im näheren Umkreis sowie ins Bergische Land oder Sauerland.

**Handzeichnung von Haus Steinhausen und den Kohleschichten im Muttental um 1790**
Das Haus Steinhausen auf dem Hetberg gehörte seit 1732 der Familie von Elverfeldt. Die unterirdisch verlaufenden Kohlenflöze sind schwarz eingezeichnet. Links ist das Flöz Nachtigall (später als Flöz Geitling I bezeichnet), das von der Zeche Nachtigall abgebaut wurde. Die beiden anderen Flöze sind Kreftenscheer und Mausegatt.
[Archiv Freiherr von Elverfeldt, Canstein]

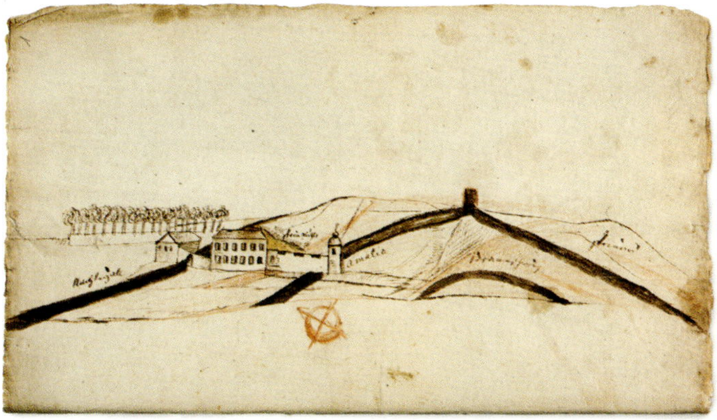



## Stollenbergbau an der Ruhr

In der bergigen Ruhrlandschaft, in der die Kohleschichten (Flöze) zu Tage treten und oberflächennah im Gebirge liegen, wurden zum Tal geneigte Stollen in den Berg gehauen oder auch gesprengt. In den waagerechten Gängen – etwa 2 Meter hoch und 1 Meter breit –, die dem Verlauf der Kohleschichten folgten, konnten die Flöze oberhalb der Stollensohlen abgebaut werden. Auftretendes Wasser wurde durch den Stollen abgeleitet. Zum Schutz vor Gesteinsfall sicherte man die Stollen mit einem Holzausbau. Die Kohle wurde in Handarbeit gewonnen und gefördert. Unter den Stollensohlen wurden, dort wo es möglich war, sogenannte Unterwerksbauten angelegt, um tieferliegende Flöze zu erreichen. Die gewonnene Kohle und auch das anfallende Wasser förderte man dann zum Teil durch tonnlägige (schräg verlaufende) Schächte mit Kübeln und Kästen nach oben. Um 1800 waren auf der Stollenzeche Nachtigall 10 Bergleute in verschiedenen Funktionen tätig: Kohlenhauer und Gesteinshauer zum Streckenausbau und zur Kohlengewinnung sowie Karrenläufer, die die Kohle mit Schiebkarren vom Abbauort zum Stollenmundloch (Ausgang) transportierten. 1806 ersetzte man die Schiebkarren durch eine Wagenförderung auf Schienen.

Im Muttental, in unmittelbarer Nachbarschaft des Nachtigall-Stollens, gab es zahlreiche Stollenbetriebe, die Kohle aus den heute als Geitling, Kreftenscheer und Mausegatt bezeichneten Flözen abbauten und zum Teil gemeinsame Kohlenabfuhrwege zum Ruhrufer anlegten, wo die Kohle verschifft werden konnte.

**»Ansicht von einer Höhe bey Herbede an der Ruhr nach dem Hause Hardenstein und der Herrlichkeit Witten«**
Von Johann Casper Huber um 1780. Radierung (Detail)
[Märkisches Museum, Witten]

**Die Kohlenniederlage der Zechen Eleonore und Nachtigall auf einem bergamtlichen Riß von 1798**
[Archiv Freiherr von Elverfeldt, Canstein]



Seit 1766 galt in der Grafschaft Mark das sogenannte Direktionsprinzip. Der Bergbau stand unter staatlicher Aufsicht. Der preußische Staat kontrollierte durch seine Bergbehörden die Bergbaubetriebe einschließlich des Grubenrechnungswesens. Er entschied außerdem über technische Neuerungen sowie über Betriebsaufnahme oder Stilllegung der Zechen und legte gemeinsam mit den Gewerken die Kohlepreise fest. Interessengegensätze und Konflikte waren vorprogrammiert.

Auch die Zeche Nachtigall und ihre Besitzer litten immer wieder unter den Folgen des Direktionsprinzips. Trotz guter Absatzmöglichkeiten gelang es der Familie erst nach vierjährigen Auseinandersetzungen, die Wiederinbetriebnahme der Zeche Nachtigall gegen das Oberbergamt Wetter durchzusetzen. 1796 konnte die Zeche, die jetzt bis zu zehn Bergleute beschäftigte, den regelmäßigen Betrieb wieder aufnehmen. Sie förderte monatlich zwischen 53 bis 180 Tonnen Steinkohle. Die Zeche Nachtigall gehörte damit zu den größten Zechen der Grafschaft Mark. Der Absatz der Kohlen erfolgte über die Ruhr und über schlechte Landwege. Von den Gruben zu den Kohlenniederlagen am Ruhrufer, wo die Kohlen bis zum Abtransport lagerten, wurden seit 1804 auch im Muttental gepflasterte Schiebewege für den leichteren Kohlentransport gebaut, die später durch Schienenwege ersetzt wurden.

In den folgenden Jahren war die Zeche nicht kontinuierlich, aber immer wieder zeitweilig in Betrieb. 1807 wurde sie mit der Zeche Eleonore, deren Hauptgewerke ebenfalls Levin von Elverfeldt war, zusammengelegt. Als Elverfeldt im Jahr 1800 das Oberbergamt in Wetter um die Erlaubnis bat, eine Kunst (Maschine) für seine Zeche *Nachtigall & Eleonore* einzurichten, wurde dies abgelehnt; es gebe genügend Zechen ohne Tiefbau und Wasserhaltungsmaschinen, die den Kohlebedarf befriedigen könnten.

## Die Tiefbauzeche Nachtigall 1832–1892

1830 beantragte Ludwig von Elverfeldt beim Oberbergamt Dortmund die Genehmigung, auf Nachtigall Tiefbau zu betreiben. Die Behörden prüften nun für das Hardensteiner Revier bei Witten die Möglichkeiten zum Tiefbau. Schließlich wurde das Gelände der Zeche Nachtigall vom Gutachter als geeigneter Standort für das Niederbringen eines Tiefbauschachtes akzeptiert. Das Bergamt empfahl zugleich die Konsolidation (Zusammenschluss) der benachbarten Sattelflügelzechen, um die ökonomischen und technischen Voraussetzungen für den Tiefbau zu schaffen. Daraufhin stellten die Nachbarzechen ihren Antrag zum Tiefbaubetrieb.



Direkt nach der Genehmigung, 1832, schloss man sich zur Vertragsgemeinschaft *Vereinigte Nachtigall* zusammen. Die Zechen Eleonore & Nachtigall, Theresia, Wiederlage, Aufgottgewagt Nordflügel, Braunschweig Nordflügel und Turteltaube Nordflügel kooperierten, um die hohen Investitionskosten für die Schachtanlage und Dampfmaschinen aufzubringen, mit denen jetzt die Kohlen und die in großen Mengen anfallenden Grubenwässer gefördert werden sollten. Sie blieben aber selbstständige Betriebe. Erst 1838 änderte sich die Vertragsbasis. Die beteiligten Zechen gaben ihre Selbstständigkeit auf. Die neue Konsolidation trug aber weiter den Namen Vereinigte Nachtigall. Hauptgewerke blieb Ludwig von Elverfeldt.

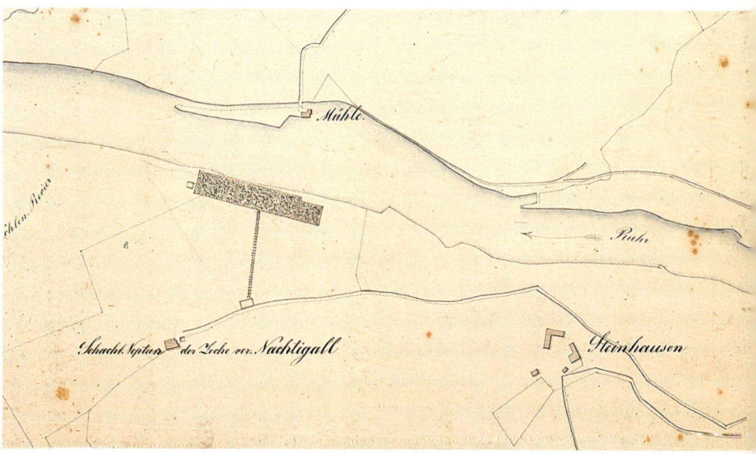


An der Ruhr wurde 1836 eine neue Kohlenniederlage fertiggestellt, die etwa die Jahresproduktion der Zeche (ca. 20.000 t) aufnehmen konnte. Verbindungsbahnen vom Schacht Neptun zur Niederlage und zur 1829 gebauten Muttentalbahn, die die Zechen des Muttentales mit der Kohlenstraße von Witten nach Elberfeld verband, wurden gebaut. [Archiv Freiherr von Elverfeldt, Canstein]

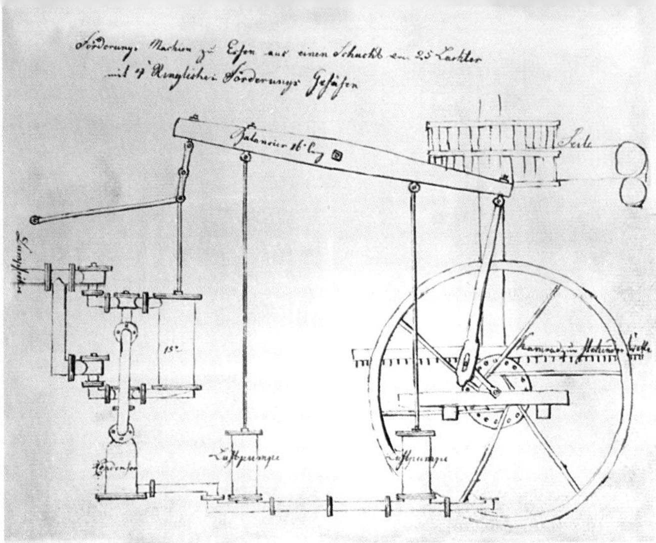

**Konstruktionszeichnung einer Balancier-Dampfmaschine aus dem Skizzenbuch des Konstrukteurs Franz Dinnendahl (1775–1826). Tuschezeichnung von 1807**
Eine typengleiche Maschine wurde auch auf der Zeche Nachtigall eingesetzt. [Handschriftensammlung Deutsches Museum, München]



Im Mülheimer und Essener Raum hatten bereits Anfang des Jahrhunderts mehrere Bergbaubetriebe mittels Dampfmaschinen mit dem Tiefbau begonnen. Auf der Zeche Vollmond bei Bochum-Langendreer war 1801 die erste Dampfmaschine für die Wasserhaltung eingesetzt worden. Dank der maschinell angetriebenen Pumpen war es möglich, große Mengen Grubenwasser aus größerer Tiefe zu heben und damit die unter den Stollensohlen liegenden Flöze abzubauen.

## Nomen est omen:
## **Neptun – Nachtigalls erster Tiefbauschacht**

Neptun war der römische Gott der fließenden Gewässer. Ludwig von Elverfeldt und seine Arbeiter hatten einen ihnen wohlgesonnenen Neptun sehr nötig, wie sich im April 1832 nach Beginn der Arbeiten am Schacht, der in die Tiefe zu den Kohlenflözen führen sollte, bald herausstellte. Die Wassermassen, die während des Ausbaus in den Schacht einströmten und gehoben werden mussten, waren enorm. Zuletzt im August waren es 140 l pro Minute, die mit Handpumpen zutage gefördert werden mussten. Die angeworbenen Tagelöhner liefen schließlich von der Arbeit weg oder wurden krank, so dass die Arbeit eingestellt werden musste. Erst im Dezember lieferte die Maschinenbauanstalt von Friedrich Harkort in Wetter eine Dampfmaschine, die sowohl zur Wasserhaltung (als Pumpmaschine) wie zur Kohlenförderung eingesetzt werden konnte. Das Schachtabteufen konnte daraufhin fortgesetzt werden, aber auch diese Dampfmaschine erreichte mit den zunehmenden Wassermassen ihre Leistungsgrenze. 1834 lieferte Harkort schließlich eine größere Wasserhaltungsmaschine, die nun endlich die Wasserzuflüsse bewältigte.

Im März 1835 war der Schacht auf 60 Meter abgeteuft, die Förderung begann. Ein Vertreter des Bergamts schrieb damals:
*Die Grube wird bei den überaus schönen Flözen & Co. und dem guten Absatz zu Lande und zur Ruhr vorteilhafter bauen, als [irgend]eine Zeche in der Grafschaft Mark.*

Mit Inbetriebnahme der Schachtanlage Neptun stieg die Kohlenförderung, die Zeche machte Gewinn und 1836 erreichte die Zeche Eleonore & Nachtigall die viertgrößte Fördermenge in der Grafschaft Mark.

Für den wachsenden Förderbetrieb und die Erschließung der Flöze unterhalb der Neptunsohle wurde ein neuer Schacht geplant. Zur Realisierung schlossen die Gewerken (Anteilseigner) von Vereinigte Nachtigall, Aufgottgewagt und Wiederlage eine Konsolidation unter dem Namen *Vereinigte Nachtigall & Aufgottgewagt*. Es existierten nun zwei übereinander abbauende, formal voneinander unabhängige Zechenbetriebe *Vereinigte Nachtigall* und *Vereinigte Nachtigall & Aufgottgewagt*. Hauptgewerke beider Grubenbetriebe war die Familie von Elverfeldt. Im Mai 1839 begannen 146 m östlich vom Schacht Neptun die Abteufarbeiten für den neuen Schacht.

**Schachtanlage Neptun**
Die Baupläne zeigen die Gebäude der Schachtanlage Neptun. Das Maschinenhaus für die Dampffördermaschine wurde 1832 gebaut und fertiggestellt. [Westfälisches Wirtschaftarchiv, Dortmund]



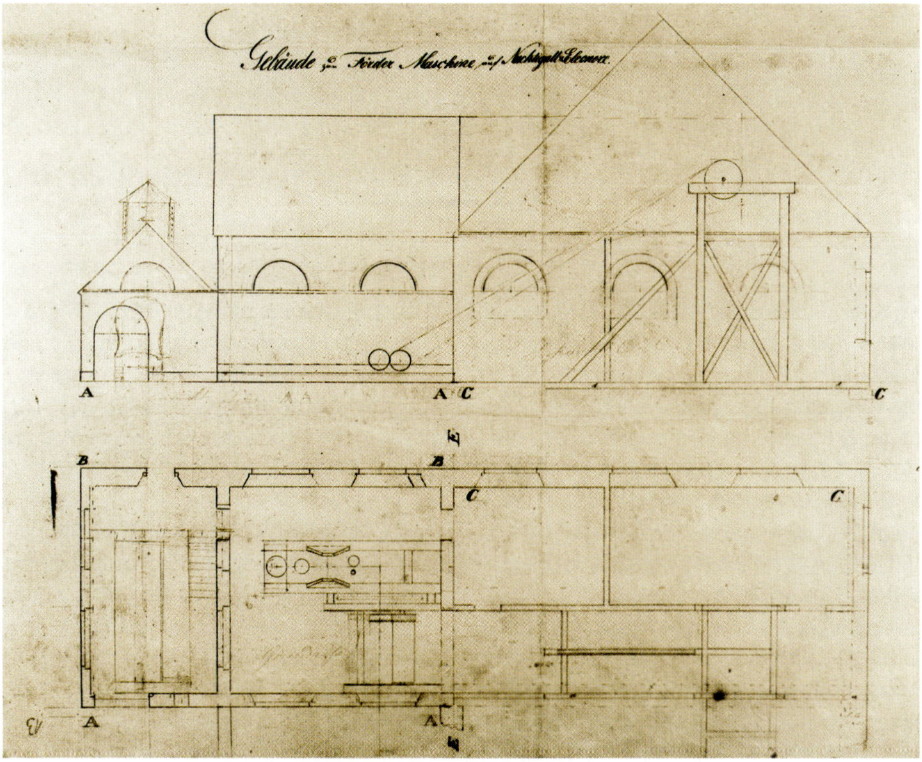

Parallel zum Schachtabteufen wurde ein Maschinengebäude errichtet. Die Grafik zeigt eine Rekonstruktion der Schachtanlage Hercules mit Schacht-, Maschinen- und Kesselhaus um 1840
[Grafik: D. Gehring, Dortmund]



**Schachtgrundriss von Schacht Hercules nach einer Zeichnung von 1840**
Um seinen unterschiedlichen Funktionen gerecht werden zu können, war der Schacht unterteilt in so genannte Trumme, die der Förderung von Kohle und Material, der Hebung der Grubenwasser sowie dem Auf- und Abstieg der Bergleute dienten. Der Schacht war, wie damals üblich, rechteckig und hatte für die damalige Zeit beachtliche Maße von ca. 9 x 3 m. Der obere Schachtteil wurde ausgemauert, um ein belastbares Fundament für das hölzerne Fördergerüst und die Wasserhaltungsmaschine zu haben.
[Designbüro Arndt + Seelig, Bielefeld]

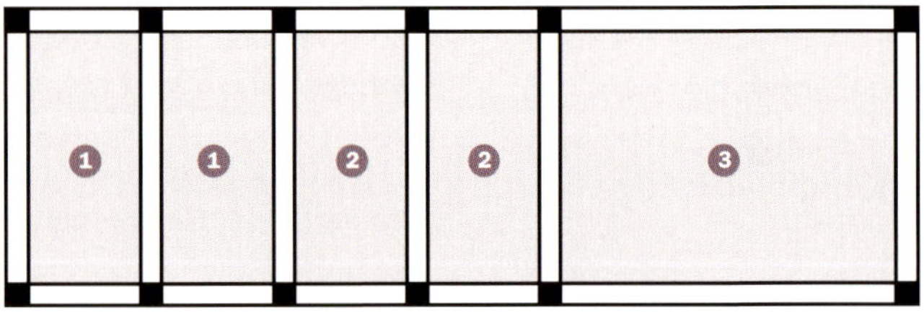


1 Fördertrumme
2 Fahrtrumme
3 Pumpentrumm

## Schacht Hercules: Der Hauptförderschacht von Nachtigall

Hercules ist der lateinische Name für Herakles, den Sohn des Zeus und der Alkmene aus dem griechischen Mythos. Erst nach vielen schweren Prüfungen gelangte er in den Olymp. Ausdauer, Kraft und Stärke zeichneten ihn aus. Gleiches mag sich von Elverfeldt für dieses neue Tiefbauunternehmen gewünscht haben. Auf jeden Fall wurde dieser Schacht größer und leistungsfähiger geplant und angelegt als Neptun. Der Schacht sollte zunächst 113 m in die Tiefe gehen, um das Kohlenfeld von Aufgottgewagt zu erreichen. Danach sollte der Schacht dann tonnlägig (d. h. schräg) dem Flözverlauf folgend unter der Ruhr hindurch weiter getrieben werden, um die dort lagernden Kohlen abbauen zu können. Es ging in kleinen Schritten vorwärts. 1841 war man bei 67 m Teufe angelangt. Im Juni 1842 wurde die erste Kohle aus dem neuen Schacht gefördert und Ende 1843 hatte der Schacht in einer Tiefe von 109 m das Flöz von Aufgottgewagt erreicht.

Die Mühe hatte sich gelohnt. Im Jahr der Installierung der eigens für Schacht Hercules beschafften großen Wasserhaltungsmaschine, die 1843 die Maschinenbauanstalt Nering Boegel & Dinnendahl lieferte, stieg die Kohlenförderung fast um das Zehnfache. Ab 1846 erwirtschaftete die Zeche mit ca. 100–150 Beschäftigten für einige Jahre Gewinn.

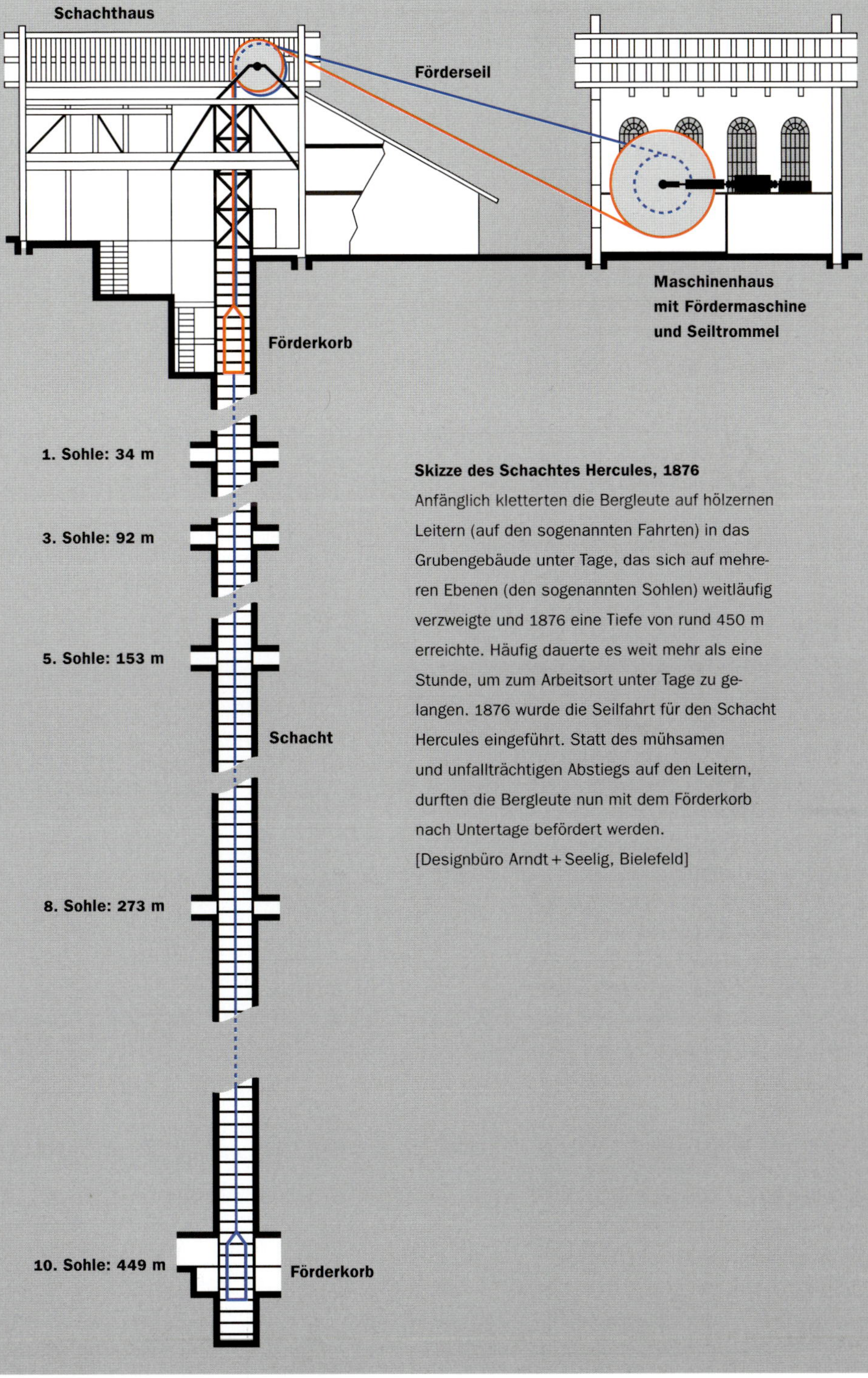


**Skizze des Schachtes Hercules, 1876**

Anfänglich kletterten die Bergleute auf hölzernen Leitern (auf den sogenannten Fahrten) in das Grubengebäude unter Tage, das sich auf mehreren Ebenen (den sogenannten Sohlen) weitläufig verzweigte und 1876 eine Tiefe von rund 450 m erreichte. Häufig dauerte es weit mehr als eine Stunde, um zum Arbeitsort unter Tage zu gelangen. 1876 wurde die Seilfahrt für den Schacht Hercules eingeführt. Statt des mühsamen und unfallträchtigen Abstiegs auf den Leitern, durften die Bergleute nun mit dem Förderkorb nach Untertage befördert werden.
[Designbüro Arndt + Seelig, Bielefeld]

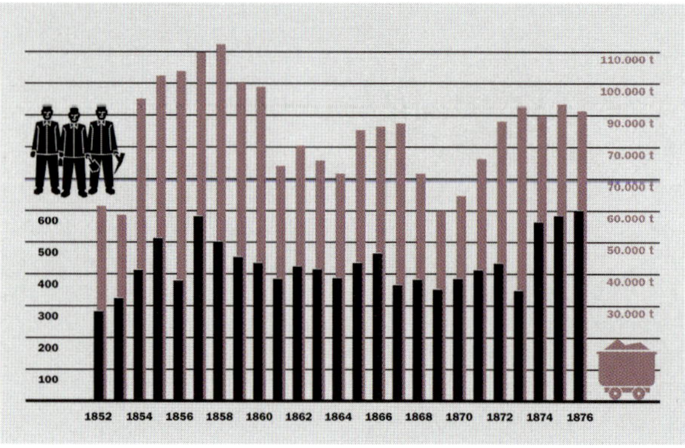


**Entwicklung der Kohlenförderung und der Belegschaftszahlen auf Nachtigall zwischen 1852 und 1876.**
Die Zeche Vereinigte Nachtigall Tiefbau beschäftigte in den 1850er und 1860er Jahren zwischen 300 und 500 Bergleute. Sie gehörte in dieser Zeit nach der Beschäftigtenzahl und der Kohlenförderung zu den größten Bergwerken der Region. [Grafik: Designbüro Arndt + Seelig]



## 1854: Zeche Vereinigte Nachtigall Tiefbau

Ludwig von Elverfeldt verkaufte 1851 Gut Steinhausen und seine Anteile der Zechen Vereinigte Nachtigall, Vereinigte Nachtigall & Aufgottgewagt, Braunschweig-Nordflügel, Leipzig und Louisenglück-Ost an eine Gruppe von kapitalkräftigen holländischen Investoren, die den Ruhrbergbau als eine vielversprechende Geldanlagemöglichkeit im Ausland sahen. Sie übernahmen eine Zeche auf dem neuesten technischen Stand, mit ausgezeichneten Kohlenvorräten. Der weitere Ausbau wurde von ihnen vorangetrieben durch Investitionen in die technische Ausstattung, die Verkehrsanbindung der Zeche und auch durch die neue Konsolidation der Zechen Vereinigte Nachtigall, Vereinigte Nachtigall & Aufgottgewagt, Wiederlage und Theresia zur Zeche *Vereinigte Nachtigall Tiefbau.*

Nachdem in den 1860er Jahren die Kohle auf den oberen Sohlen von Nachtigall weitgehend abgebaut war, erschloss man die tiefergelegenen Kohlenvorräte mit dem weiteren Abteufen von Schacht Hercules. In den folgenden Jahren baute die Zeche neue Gebäude, die sog. Tagesanlagen, u.a. ein Kesselhaus sowie das heute noch vorhandene Maschinenhaus und Werkstattgebäude. Die Zeche arbeitete jeweils mit den modernsten verfügbaren Methoden. 1855 wurde die Streckenförderung mit Pferden unter Tage eingeführt, 1857 nahm man die damals stärkste Dampfmaschine im Ruhrbergbau (500 PS) in Betrieb. Seit 1876 konnten die Bergleute mit an Seilen hängenden Förderkörben im Schacht befördert werden. Wichtige Erfindungen für den damaligen Bergbau, z.B. eine Gesteinsbohrmaschine, wurde für die speziellen Anforderungen vor Ort von Nachtigalls Maschinenwärter Westmeyer weiter entwickelt.

**Die Zeche Vereinigte Nachtigall Tiefbau um 1876**
[Grafik: D. Gehring, Dortmund]

1876 erreichte man mit Schacht Hercules die größte Teufe von 450 Metern. Die Zeche Nachtigall Tiefbau hatte einen Ausbauzustand erreicht, der bis zur Stilllegung 1892 nicht wesentlich vergrößert wurde. Die Darstellung zeigt diesen Zustand, soweit er sich anhand von historischen Abbildungen und erhaltenen Bauten rekonstruieren ließ. Der stark vergrößerte Baubestand über Tage spiegelt die erhöhte Abbau- und Förderleistung im ausgedehnten Grubengebäude unter Tage wider.

In den 1870er Jahren trugen die Investitionen in neue große Dampf-Maschinen und die Vergrößerung des Grubengebäudes mit tieferen Abbausohlen zunächst Früchte. Die Kohlenförderung auf Nachtigall stieg stetig an und erreichte 1878 mit mehr als 100.000 t den Höhepunkt.

Der im Museum gezeigte Förderkorb stammt aus dem Bleibergwerk Mechernich in der Eifel. Im Gegensatz zu den drei Etagen des Nachtigall-Korbes hat er nur zwei Transportebenen.

**Das ehemalige Maschinenhaus der Zeche Vereinigte Nachtigall Tiefbau heute.** Für eine leistungsstärkere und größere Dampfmaschine, die Kohlen aus dem auf etwa 400 m vertieften Schacht Hercules fördern sollte, wurde 1868 mit dem Bau eines neuen Maschinenhauses begonnen. Man baute es landschaftstypisch aus Bruchsteinmauerwerk des Ruhrsandsteins. Tür- und Fenstergewände wurden mit Backstein ausgemauert. Die strenge, klare Bauform mit den Rundbogenfenstern folgte dem damaligen Zeitgeschmack. 1869 stellte man die neue Zwillings–Dampfmaschine auf. Heute steht hier eine vom Museum beschaffte Dampfmaschine, die in ihren Abmessungen und in ihrer Leistung der früheren in etwa entspricht.



Während ihrer gesamten Betriebszeit als Tiefbauzeche hatte die Zeche aufgrund der geologischen Situation mit starken Wasserzuflüssen im Grubengebäude ›leben‹ müssen. Je tiefer die Schächte wurden, umso leistungsfähigere Dampfmaschinen waren für die Wasserhaltung notwendig. Noch war die Dampfmaschinen-Technik nicht ausgereift, Reparaturen gehörten zum Alltag. Neue Beschaffungen waren teuer. Maschinenschäden führten immer häufiger zu Betriebsstörungen. Manchmal standen Teile des Grubengebäudes unter Wasser, Kohle konnte nicht gefördert werden. Die Belegschaft musste zeitweise oder ganz entlassen werden. 1882 arbeiteten nur noch 295 Bergleute auf der Schachtanlage Nachtigall. Die Kohlenförderung sank. Um die tiefer liegenden Kohlenvorräte weiter zu erschließen, mussten die zum Teil veralteten Maschinen und die leistungsschwachen Pumpen ersetzt werden.

**Der Schornstein von 1855** gehörte ursprünglich zum zweiten Kesselhaus. Hier wurde der Dampf für die Wasserhaltungs- und Fördermaschinen am Schacht Hercules erzeugt. Später nutzte die Ziegelei den Schornstein als Rauchgasabzug für die Ringöfen und verlängerte ihn mehrmals bis zu seiner heutigen Höhe. Wegen Baufälligkeit wurde er 1991 komplett abgetragen und unter Verwendung von Ziegeln historischer Machart wieder aufgemauert. Er ist ein weithin sichtbares Wahrzeichen im Ruhrtal.

## Das besondere Ausstellungsstück

Ursprünglich wurde ›unsere‹ Dampfmaschine für die westfälische Baumwollspinnerei in Gronau gebaut. Mehr als 20 Jahre war sie hier in Betrieb. Danach wurde sie umgebaut und ging 1911 als Abteuf-Fördermaschine auf Zeche Jacobi in Oberhausen in Betrieb. Anschließend diente sie, von 1921–1973, als Fördermaschine am Schacht I auf der Zeche Franz-Haniel (später Prosper-Haniel).

Das Westfälische Industriemuseum übernahm die Fördermaschine vom Bergwerk Prosper-Haniel. 100 Jahre nach Fertigstellung der Dampfmaschine in Augsburg wurde sie im Maschinenhaus der Zeche Nachtigall eingebaut. Nach der detailgetreuen Restaurierung durch die Werkstätten des Westfälischen Industriemuseums kann die beeindruckende Maschine heute wieder mit Hilfe der originalen Bedienungshebel – allerdings elektrisch angetrieben – in Bewegung vorgeführt werden.

**Dampfmaschine der MAN Nr. 1005 von 1887**
Hersteller: Maschinenfabrik Augsburg-Nürnberg
Umbau zur Abteuf-Fördermaschine:
Maschinenfabrik Grossmann, Dortmund, um 1911
Bauart: Zwei-Zylinder-Verbund-Dampfmaschine
Nutzlast: 2000 kg
Zylinder-Durchmesser: 570/850 mm
Zylinderhub: 1250 mm

[Foto: U. Tenbergen, Oberhausen]

**Die Belegschaft der Zeche Helene-Nachtigall, um 1880**
[Märkisches Museum, Witten]

## 1883: Konsolidation zur Zeche Helene-Nachtigall

Der Zusammenschluss mit der Zeche Helene Tiefbau auf der anderen Ruhrseite in Heven erschien als Rettung. Man plante den Abbau neuer Flöze unter dem Ruhrtal und hoffte wohl auch auf die leichtere Finanzierung der notwendigen Investitionen. Mit den vorgenommenen Neuinvestitionen übernahm sich die Zeche jedoch und musste 1887 Konkurs anmelden. Schließlich kaufte 1890 die Dortmunder Bergbaugesellschaft das Bergwerk. Ihr Interesse galt den ergiebigen Grubenfeldern von Helene, Nachtigall sollte wegen mangelnder Rentabilität aufgegeben werden. 1891 schloss man im Grubengebäude die Verbindung zwischen Helene und Nachtigall. Anschließend stellte man die Förderung auf der 10. Sohle ein und baute die Maschinen aus. Die Dortmunder Bergbaugesellschaft beschloss die Auflösung der Gewerkschaft *Helene-Nachtigall*.

**Die Zeche Helene in Heven 1886**
auf dem Panoramafoto des Wittener Fotografen Friedrich Goebel. Die Zeche Helene blieb bis 1896 in Betrieb. [Reproduktion: Davide Bentivoglio, Witten]

## 1892: Einstellung des Förderbetriebes auf Nachtigall



Anfang des Jahres 1892 wurde auch auf den oberen Sohlen von Nachtigall die Förderung eingestellt und das sogenannte Ausrauben der Zeche (Abbau und Verkauf der Maschinen und sonstigen Fördereinrichtungen) begann.

Die drei großen Tiefbauzechen des Hardensteiner Reviers südlich der Ruhr, *Louisenglück*, *Nachtigall* und *Bommerbank* hatten innerhalb kurzer Zeit alle ihren Betrieb eingestellt. Sie konnten mit den neuen, größeren Bergwerken in der Emscher- und Hellwegzone, die bessere Lagerungsverhältnisse, verkokungsfähige Kohlearten für die Eisenverhüttung und größere Kohlenvorkommen hatten, nicht konkurrieren.

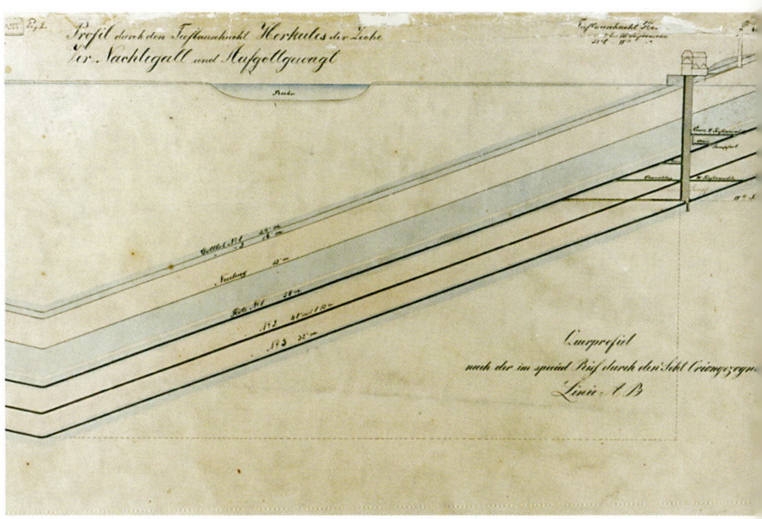

**Querprofil mit Grubengebäude Schacht Hercules**
Dargestellt ist das untertägige Grubengebäude mit dem stilisierten Schachthaus von Schacht Hercules. Das Profil zeigt im Zeitraum 1875 – 1887 die Ausdehnung der Grubenfelder unterhalb der Ruhr und am nördlichen Ufer bis zum Grubengebäude der Zeche Helene in Heven. Erkennbar sind unten die drei Hauptflöze, die heute Geitling I, Kreftenscheer II und Mausegatt heißen. [Landesoberbergamt, Dortmund]

**Wohngebäudenutzung der ehemaligen Zechenwerkstätten 1980**
[Foto: K. Philipp, Westf. Amt für Denkmalpflege, Münster]



## Die Zeche Nachtigall – Schrottplatz, Ruine, Denkmal

**Das Nachtigallgelände als Schrottplatz**

Von einem engagierten Wittener
Fotografen um 1970 fotografiert.
[Foto: Davide Bentivoglio, Witten]

**Die Zechengebäude vor der Restaurierung 1983**
[Fotos: A. Brockmann-Peschel Westf. Amt für Denkmalpflege, Münster]

**Fensterfront im Maschinenhaus**
[Foto: E. Schinkel, Slg. WIM, Dortmund]

**Das Nachtigallgelände während der Restaurierungsarbeiten 1987**

[Foto: J. Schneider, Slg. WIM, Dortmund]

Oben:

**Das Museumsgelände heute**

Links:

**Schornsteinaufbau 1992**

[Foto: Bauabteilung des Landschaftsverbands Westfalen-Lippe, Münster]

**Statuette der Heiligen Barbara im Nachtigall-Stollen**
Die Schutzheilige der Berg- und Hüttenleute, Pioniere und Artilleristen wurde erst nach der Ankunft zahlreicher polnischer Arbeiter im Ruhrgebiet populär. Inzwischen fehlt sie in keinem Bergwerk.

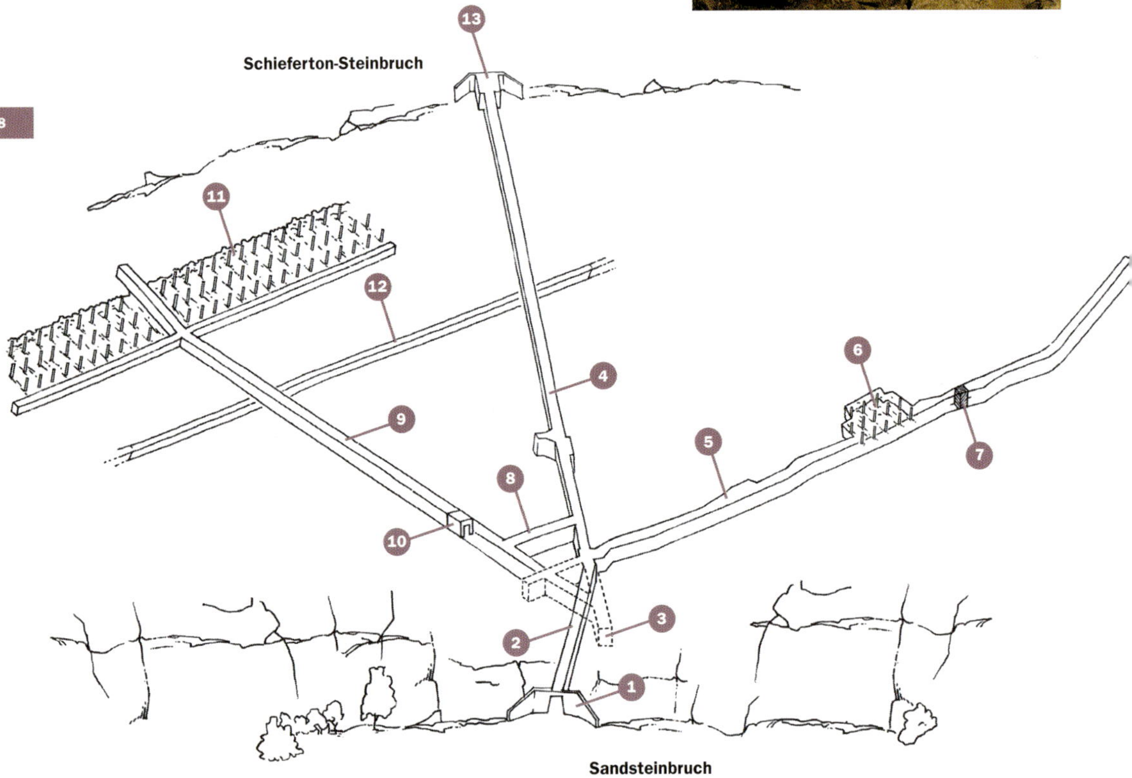


## Das Besucherbergwerk im Überblick

1 Stolleneingang im Museum
2 Vorbau (1996)
3 Altes Stollenmundloch
4 Nachtigallstollen
5 Strecke im Flöz Geitling 3
6 Kohlestreb im Flöz Geitling 3
7 Vortrieb am Streckenende
8 Verbindungsstrecke (2003)
9 Dünkelbergstollen
10 Sprengstoffkammer
11 Abbaufeld (1921)
12 Alte Strecke der Zeche Nachtigall (19. Jh.)
13 Stollenausgang im Muttental

**Eingang zum Besucherbergwerk Nachtigall-Stollen**
Der Stolleneingang liegt heute zur Sicherheit ein Stück von der Felswand entfernt. Besucher erhalten Helm und Schutzkleidung; die Besichtigung verläuft ebenerdig.

# Besucherbergwerk Nachtigall



Einen wichtigen touristischen Anziehungspunkt der Region bildet das Besucherbergwerk Nachtigall-Stollen im Hetberg, dem Hausberg der Zeche Nachtigall. Zunächst von der Stadt Witten betrieben, ist es seit 1990 der Höhepunkt von Besichtigungstouren im angrenzenden Muttental mit seinen zahlreichen bergbaugeschichtlichen Relikten.

Seit 2003 ist das Westfälische Industriemuseum Betreiber des Besucherbergwerks. Es wurde als Beispiel für eine Stollenzeche der 1950er Jahre in die Ausstellung Zeche Eimerweise einbezogen. Im Rahmen von regelmäßigen Führungen sind geologische Formationen – Kohle, Sandstein und Schieferton – zu besichtigen. Die Besucher lernen verschiedene bergmännische Ausbautechniken kennen und sehen u.a. einen kleinen Kohlengewinnungsbetrieb (Streb) und einen Streckenvortrieb mit Ausstattungsstücken ehemaliger Kleinzechen aus den 1950er Jahren. Sie erleben, wie beengt und schwierig die Arbeit in einer Kleinzeche gewesen ist und dass die Bergleute mit wenigen und einfachen Hilfsmitteln auskommen mussten.

**In der Flözstrecke**
An der Ladestelle wurde die im Kohlenstreb (links) abgebaute Kohle direkt in Grubenwagen geschaufelt. Die Benzinlampe warnt den Bergmann vor Sauerstoffmangel und dem explosiven Grubengas.

**Ziegelei-Feldbahnzug vor dem Stolleneingang 1950er Jahre**
Mit Kipploren bringen Arbeiter den Schieferton durch den Nachtigallstollen zum Maschinenhaus.
[H.U. Hake, Witten]



## Die Geschichte des Nachtigall-Stollens

### Schieferton- und Sandstein-Gewinnung

Nach der Gründung einer Ziegelei auf dem ehemaligen Zechengelände 1897 ließ der neue Besitzer Wilhelm Dünkelberg von einem gemeinsamen Mundloch aus zwei Stollen in südlicher Richtung in den Hetberg schlagen. Der westliche der beiden durchquerte bis 1909 den Berg vollständig. In den Stollen gewann er Schieferton, das Rohmaterial der Ziegelproduktion. Am Muttenbach auf der Südseite des Bergrückens tritt dieses Mineral zu Tage. Hier fraß sich in den folgenden Jahrzehnten ein Steinbruch immer tiefer in den Berg, während im Norden, zur Ruhr hin, überwiegend Sandstein ansteht und abgebaut wurde. Durch den westlichen Stollen wurde der Schieferton auf kürzestem Wege vom Steinbruch zur Ziegelei gefahren. In einer stark gesicherten Kammer, seitlich am östlichen Stollen gelegen, lagerte ab 1909 Sprengstoff für die Arbeiten in beiden Steinbrüchen.

**Steinbruch und Stolleneingang im Muttental**
Der südliche Ausgang des Besucherbergwerks ist nach einem Felssturz durch eine aufwendige Felssicherung wieder benutzbar.
In der Wand darüber tritt das Flöz Geitling 3 zu Tage.

## Kohlenförderung

Tief im Berg hatte der östliche Stollen einen noch nicht abgebauten Teil des Kohlenflözes Geitling 1 erreicht. Nachdem der Ziegeleibetrieb im Frühjahr 1920 wegen Kohlenmangels mehrere Wochen ruhen musste, brachte Dünkelberg alle erreichbaren Anteilsscheine, ›Kuxe‹, der alten Stollenzeche Vereinigte Nachtigall an sich und begann mit dem Abbau der letzten verbliebenen Kohlenreste im Hetberg. Drei Bergleute gewannen bis 1926 ca. 3.200 t hochwertiger Kohle. Sie wurden aus dem östlichen Stollen direkt zur Ziegelei gefördert. Weitere kurze Stollen entstanden in den Folgejahren je nach Bedarf auf der Südseite des Berges im Flöz Kreftenscheer. Eine geringe Menge Kohle wurde aus einer Strecke im Flöz Geitling 3 nahe der Nordflanke des Berges gewonnen. Während des zweiten Weltkrieges diente diese Strecke vermutlich zum Schutz gegen Bombenangriffe. Hier bauten die Arbeiter in relativer Sicherheit ca. 1.000 t Schieferton und 70 t Kohle ab.

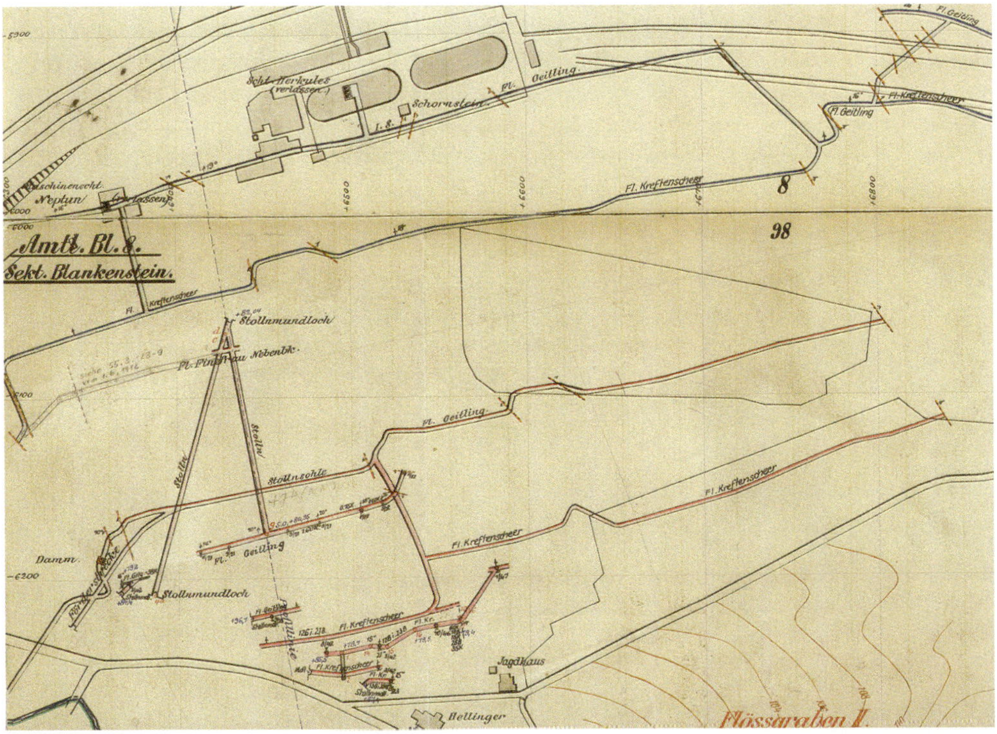


**Hauptgrundriss der Zeche ›Vereinigte Nachtigall‹**
Der Nachlese-Bergbau im Hetberg ging nach dem 1. Weltkrieg 1921–1926 in den verbliebenen Kohleschichten von Flöz Geitling 1 um, 1942–1947 im Flöz Kreftenscheer. Die Strecke im Flöz Geitling 3 (hier als Finefrau Nebenbank bezeichnet) wurde erst 1982 in die bergamtlichen Pläne eingezeichnet. [LOBA, Dortmund]

**Der Nachtigall-Stollen als Schaubergwerk 1995**
Erst als Besucherbergwerk erhielt der Stollen den noch heute gezeigten bergmännischen Ausbau. Auch die elektrische Beleuchtung wurde zur Sicherheit der Besucher eingerichtet.



**Besucherbergwerk im Industriemuseum**
Nach Stillegung der Ziegelei 1963 wurden die Stolleneingänge zum Teil gesprengt, zum Teil zugemauert und zugeschoben. 1984 begannen der Landschaftsverband Westfalen-Lippe, die Stadt Witten und der neugegründete Förderverein Bergbauhistorischer Stätten gemeinsam mit der Planung des Besucherbergwerks. Unter fachlicher Leitung des Fördervereins legten Freiwillige im Verein mit Lehrlingen der Schachtbaufirma Deilmann-Haniel die Eingänge des westlichen Stollens frei und sicherte sie. Er wurde fortan unter dem Namen Nachtigall-Stollen bekannt. Um ihn als Schaubergwerk nutzen zu können, bauten die Beteiligten den Stollen, der als reiner Gesteinstunnel seinen Zweck seit beinahe 80 Jahren ohne jede Abstützung erfüllt hatte, in verschiedenen Varianten bergmännisch aus. Der Ausbau wurde als reiner Holzausbau (sog. deutscher und polnischer Türstock) und als Eisenausbau mit ausgemusterten Bahnschienen eingebracht und mit Schildern bezeichnet. Wichtige Werkzeuge und Geräte wurden an geeigneter Stelle präsentiert, einige typische Situationen des Bergwerksbetriebes eingerichtet.

**Toilettenkübel im Stollen**
Hygiene und tägliche Notdurft der Bergleute bilden wichtige Themen bei den Bergwerksführungen und sind Ausgangspunkt zahlloser Anekdoten.

**Service**

Achtung: Die Besichtigung des Besucherbergwerks ist nur im Rahmen der regelmäßigen Führungen oder mit angemeldeten Gruppen möglich. Weitere Informationen zum Museum finden Sie auf Seite 254/255.

Rechts:

**Vortrieb am Ende der Flözstrecke**

Der pressluftbetriebene Bohrhammer aus den 1940er Jahren ist bereit zum Bohren der Sprenglöcher, um die Strecke weiter vorzutreiben. Auch Abbauhammer und Druckluftlampe können vorgeführt werden. Der Maschinenlärm wurde noch nicht durch Schalldämpfer und Ohrenschützer gemildert.

Oben:

**Einrichten des Kohlenstrebs im Flöz Geitling 3**

Zur Herstellung eines typischen Abbaubetriebs (Streb) gewannen Bergleute einen Teil der Kohle und bauten den entstehenden Hohlraum mit Holzstempeln aus. Die freie Höhe betrug hier ca. 60 Zentimeter; der Ausbau musste sich den natürlichen Gegebenheiten anpassen.

Pünktlich zur Eröffnung des Westfälischen Industriemuseums Zeche Nachtigall am 10. Mai 2003 erhielt das Bergwerk eine zweite Abteilung: Die Strecke im Flöz Geitling 3 wurde neu ausgebaut und in die Ausstellung ›Zeche Eimerweise‹ einbezogen. Parallel zu diesen bergmännischen Arbeiten bereitete das Museum die Erschließung weiterer Grubenbaue vor. Noch im selben Jahr wurde die längst verschüttete Sprengstoffkammer des früheren Steinbruchbetriebes aufgefunden und der östliche Stollen freigelegt. Unter dem Namen Dünkelbergstollen wird er seither erkundet; er eröffnet erstmals die Aussicht, in die tiefergelegenen Baue der Zeche Nachtigall vorzustoßen.

**Kleine Kumpel bei der Arbeit**

Auch heute wird im Besucherbergwerk manchmal Kohle abgebaut und gefördert – im Rahmen von museumspädagogischen Programmen für Kinder.

Zur Vermittlung der Zechen- und Geländegeschichte gibt es eine grundlegende Orientierungsebene. Die Tafeln mit Bild-Text-Informationen, erklärenden Modellen und kleineren Inszenierungen sind im Gelände, an Gebäuden und wichtigen Objekten zu finden.

Museumseingang im ehemaligen Maschinenhaus der Zeche Nachtigall

# Die Ausstellungen



Seit der Eröffnung im Mai 2003 bietet das Museum Ausstellungen zu den Themen: Zeche Nachtigall, Ziegelei Dünkelberg, Entwicklung der Verkehrswege im 18./19. Jahrhundert, Kleinzechen an der Ruhr und Bergbautraditionspflege im Ruhrtal. Besucher haben nun die Möglichkeit, bei einem Streifzug durch die Zeit von 1714 bis in die Gegenwart diesen ehemaligen Industriestandort selbstständig zu erkunden. Sie können dabei nachvollziehen, welche Entwicklung das anfangs kleine Steinkohlen-Bergwerk Nachtigall und dessen Betriebsgelände genommen hat, bis schließlich ein Museum mit einer Vielzahl von Themen und Aspekten zur Industriegeschichte des Ruhrtals daraus wurde.

Blick in die einführende Ausstellung im Maschinenhaus

Als Eingangsportal dient die einführende Ausstellung zur Zeche Nachtigall im Maschinenhaus, das gleichzeitig Foyer ist. Pate stand die Idee, Besucher von heute aus ihrer Gegenwart gedanklich in eine mehr als 200 Jahre zurückliegende Zeit zu versetzen, die Gründungszeit der Zeche. Auf anregende, unterhaltsame Weise, die Lust auf weitere Erkundungen macht, wird bildhaft assoziativ erstes Grundwissen zur Geschichte des Museumsortes vermittelt. Inszenierte Bildräume bieten Vergnügliches und Informatives rund um die Nachtigall und die Zechennamen. Die Besucher sind zum Entdecken, Schauen, Lesen und Hören eingeladen und werden in eine Epoche geführt, in der der Bergbau noch nicht Geschichte war und die Nachtigall im Ruhrtal sang. In einer Postkutsche können die Gäste eine Zeitreise ins Ruhrtal bei Witten unternehmen, bildlich und musikalisch werden sie dort eingestimmt auf die museale Reise

Ausstellungsinszenierung ›Kohlenschifffahrt‹ auf dem weitläufigen Museumsgelände

in die Vergangenheit des Nachtigallgeländes. Bilder aus drei Jahrhunderten ziehen vorbei, erinnern an wichtige Ereignisse der Zeitgeschichte und zeigen die Veränderungen, die Landschaft, Technik und Arbeitswelt in dieser Zeitspanne erfahren haben.

Die Verkehrsentwicklung zu Wasser und zu Lande im 18./19. Jahrhundert und ihre Bedeutung für den Absatz der Steinkohlen von der Ruhr ist ein zentrales Thema. In der Ausstellungseinheit ›Der mühsame Weg ins Industriezeitalter‹ im Maschinenhaus wird am regionalen Beispiel der langsame, aber stetige Ausbau der Landtransportwege dargestellt. Im Freigelände kann sich der Besucher in einer neu gestalteten Ausstellungs-Flusslandschaft mit einem rekonstruierten Kohlenschiff in Originalgröße über die Kohlenschifffahrt, den Transport und Absatz der Steinkohlen auf dem Wasserweg informieren.

Nachfolgebetrieb auf dem Bergwerksgelände war die Ziegelei Dünkelberg. Grundlage auch dieser Ansiedlung waren die Bodenschätze. Den Rohstoff für die Ziegelherstellung, den Schieferton, lieferte der Steinbruch am Hetberg. Im östlichen Ringofen und im Freigelände wird die Betriebsgeschichte dieser Ziegelei dargestellt. Der Produktionsweg des Ziegels vom Abbau des Schiefertons im nahegelegenen Steinbruch bis zum Abtransport des fertigen Ziegelsteins mit der Ruhrtalbahn zu den Verbrauchern lässt sich an Ort und Stelle nachvollziehen.

Zeche Eimerweise
[Foto: M. Arndt, Bielefeld]

In Notzeiten betrieb der Ziegeleibesitzer Kohlenabbau in alten Abbaubetrieben der Zeche Vereinigte Nachtigall, u.a. im Nachtigall-Stollen. Nicht anders machten es andere Unternehmer, die in der Zeit nach dem 2. Weltkrieg Steinkohle aus alten Bergbaubetrieben förderten. Mehr als 1.000 Kleinzechen, scherzhaft z.B. ›Schrapp-die-wat‹ genannt, waren von 1945 bis 1976 im Ruhrtal zwischen Dortmund und Essen in Betrieb. Die im Gelände vor dem Nachtigall-Stollen nachgebaute ›Zeche Eimerweise‹ veranschaulicht in kleinem Maßstab die Grundfunktionen eines Zechenbetriebes. Die gleichnamige Ausstellung beleuchtet Hintergründe und erklärt die Betriebsweise solcher Klein- und Kleinstzechen. Ein besonderes Erlebnis bietet die Führung im Besucherbergwerk Nachtigall, in der ein typischer Kleinzechen-Abbaubetrieb und Streckenvortrieb inszeniert worden sind.

Mit dem fünften Themenbereich ›An der Wiege des Ruhrbergbaus‹ schauen wir auf die Bedeutung und frühe Wertschätzung der Bergbau-Vergangenheit. In dieser Region, aus der der »große« Bergbau schon lange verschwunden ist, begann die Spurensuche und die Auseinandersetzung mit der eigenen Tradition früher als andernorts im Revier. Durch die ›Erinnerungs- und Bewahrungsarbeit‹ vieler Einzelner ist der frühere Bergbau hier bis heute lebendig geblieben. Davon zeugen zahlreiche Wanderführer zu Bergbau-Relikten im Ruhrtal, die erhaltenen Bergbau-Denkmale, die einschlägigen Museen, der ›Verein Bergbauhistorischer Stätten Ruhrrevier‹, kleinere Ausstellungen und vieles mehr. Beispielhaft zeigen wir Fund- und Erinnerungsstücke, eine Bilderserie des Wittener Künstlers Helmut Schäfer und Bergbau-Modelle. Die dazugehörige Fotoausstellung ›Zeche Nachtigall – Schrottplatz, Ruine, Denkmal‹ zeigt stellvertretend für andere ähnliche Industrieobjekte den ruinösen Zustand dieses heute so geschätzten Denkmals.

Im östlichen Ringofen:
Der Ausstellungsbereich
Ziegelei Dünkelberg

*Wer eine herrliche Gegend kennenlernen will, findet hier reiche Befriedigung;*
*denn alles, was eine heitere Landschaft zu schmücken vermag,*
*ist hier in einem Bezirke von wenigen Stunden vereint anzutreffen:*
*Ein liebliches Tal, von heiter'n Bergen bekränzt,*
*Ritterburgen und Ruinen, fruchtbare Fluren und duftende Wiesen*
*und dabei blühender Gewerbfleiß und Handel.*

[J.F. Wilhelmi, 1828]

**Das Ruhrtal bei Blankenstein**
**Ölgemälde von William Heaton Rudolph, um 1840**
[Museum für Kunst und Kulturgeschichte Dortmund]

# 1789 – 1900:
# Zeitreise ins Ruhrtal bei Witten



Tiefgreifende Veränderungen in Gesellschaft, Wirtschaft und Politik haben sich in den Jahrzehnten seit 1789 vollzogen. Die französische Revolution und ihre Ideen veränderten Europa. Die Kriege Napoleons führten zu Besetzungen und neuen Grenzziehungen. Die geistlichen Territorialherrschaften wurden in Deutschland abgeschafft. Mit dem Übergang von der adeligen zur bürgerlichen Gesellschaft, gefördert durch die politisch-administrative Modernisierung während der napoleonischen Besetzung, setzte ein tiefgreifender Wandel der Lebensverhältnisse ein.

Einige Stichworte müssen hier genügen, um die gesellschaftlichen und wirtschaftlichen Umbrüche auf deutschem Territorium zu skizzieren: Die Bauernbefreiung, die Einführung der Gewerbefreiheit, der deutsche Zollverein, die industrielle Revolution mit dem Einsatz der Dampfkraft in Industrie, Verkehr und Landwirtschaft, der Ausbau der Verkehrswege, die Verarmung der unteren Schichten im Vormärz, Hungersnöte, Auswanderung, die Revolution von 1848, die Gründung des Deutschen Reiches 1871 und die nachfolgenden wirtschaftlich erfolgreichen Gründerjahre. All das betraf auch die Menschen im Ruhrtal bei Witten.

Die Postkutsche im Untergeschoss des Maschinenhauses steht im Zentrum der Ausstellungsszenerie zur Gründungs- und Betriebszeit der Zeche Nachtigall.

Mit inszenierten Bildräumen im Eingangsbereich des Museums ist ein Zeit- und Sinnzusammenhang zum besseren Verständnis der Geschichte der Zeche Nachtigall in dieser ereignisreichen Epoche geschaffen worden. Im Mittelpunkt steht dabei eine audio-visuelle Zeitreise ins Ruhrtal. Sie beginnt in vorindustrieller Zeit und endet im Zeitalter der Hochindustrialisierung um 1900. Darüber hinaus ergänzen und vertiefen flankierende Ausstellungsbereiche die sinnlichen Eindrücke dieser Bilderschau. Am Beispiel der Zeche Nachtigall und der Namensgebung von Bergwerken wird der Entwicklung des Ruhrbergbaus im 19. Jahrhundert spielerisch nachgespürt. Ein kulturgeschichtlicher Exkurs stellt die Namensgeberin der Zeche, die viele Menschen inspirierende Nachtigall, vor. Die Ausstellungseinheit ›Der mühsame Weg ins Industriezeitalter‹ schließlich verfolgt den im wahrsten Sinne des Wortes mühsamen Weg der Kohlentransporte bis ins Eisenbahnzeitalter.

*Die Grafschaft Mark ist ein reiches Land in seinen Erzeugnissen; sie hat Getreide, Viehweide, Obst, Salz, Holz, Kohlen etc. in Überfluss. Abgesehen von dem Ruhm, den ihre vielfachen Fabrikate ... bringen, so ist doch die Steinkohle als unentbehrliches dem reichen Boden genommenes Erzeugniß vorzüglich zu beachten, [...] da sie Tausende von Bergleuten, Fuhrleuten und Schiffern nährt, da sie das Ruhrthal vom Hardenstein bis Steele nicht nur lebendig, nein, wohlhabend macht, [...]*

[Friedrich Rautert, 1825]

## In der Postkutsche: Eine Bilderschau mit Musik



**Ruhrinsel**

**Aquarell von Fritz Böcker, 1898**

[Märkisches Museum, Witten]

Der zeitgeschichtliche Hintergrund der fast zwei Jahrhunderte dauernden Zechengeschichte Nachtigall ist komplex. Anhand zeitgenössischer Bilder und Musik können Besucher als Passagiere einer Postkutsche in das gesellschaftliche Umfeld dieser Zeit »hineinschnuppern«. Die historischen Ereignisse werden durch wiedererkennbare aussagekräftige Situationsbilder ins Gedächtnis gerufen. Vorhandenes Geschichtswissen kann aktiviert werden.

Die visuelle Präsentation ist chronologisch angelegt und wird durch bewegte Bilder der Ruhr gegliedert. Diese ist die einzige Konstante und Zeugin der kontinuierlichen und sich beschleunigenden Veränderungen an ihren Ufern.

**Die Musik**
Ausschnitte aus folgenden Musikstücken hören Sie in der Postkutsche:

Ludwig van Beethoven: Symphonie Nr. 6, 1. Satz
Johann Joachim Quantz: Konzert c-Moll, 1. Satz
Ludwig van Beethoven: Septett op. 20
Ludwig van Beethoven: Symphonie Nr. 3
Frédéric Chopin: Etüden
Ludwig van Beethoven: Septett op. 20
Felix Mendelssohn-Bartholdy: Konzert d Moll, 3. Satz

## 1789: Die französische Revolution

Für Freiheit, Gleichheit und Brüderlichkeit

**Sturm auf die Bastille 14. Juli 1789**
**Zeitgenössisches Gemälde von**
**Jean Baptiste Lallemand**
Das französische Volk erstürmte an diesem Tag das berüchtigte französische Staatsgefängnis in Paris.
[Photothèque des Musées de la Ville de Paris]

**Die Ruhrwiesen unterhalb**
**von Haus Steinhausen**
**Ölgemälde, um 1835**
[Familie Freiherr von Elverfeldt, Canstein]

**Die Ruhr bei Blankenstein**
**Kolorierte Radierung von**
**Johann Heinrich Bleuler, um 1810**
Zahlreiche Mühlen arbeiteten mit der Wasserkraft der Ruhr.
[Slg. WIM, Dortmund]

**Die Burgruine Hardenstein**
**an der Ruhr**
**Stahlstich von C. Schlickum/**
**H. Winkler, 1841**
[Slg. WIM, Dortmund]

*Vor einem dieser Steine ist ein Schleifer in seinem Geschäfte abgebildet. Er lehnt sich gegen ein schwankendes Brett, und macht dadurch seinen ganzen Körper elastisch. Er hat Holzschuhe an, und vor die Schienen Klötze, oder sogenannte hölzerne Stiefel geschnallt, worauf er das zu schleifende Stück […] eine Schüppe, oder Spade, dergleichen hier abgebildet sind, legt, und mit einer Zange an den Stein presset.*

[F. C. Müller beschrieb 1789 die Arbeit an einem Schleifstein]

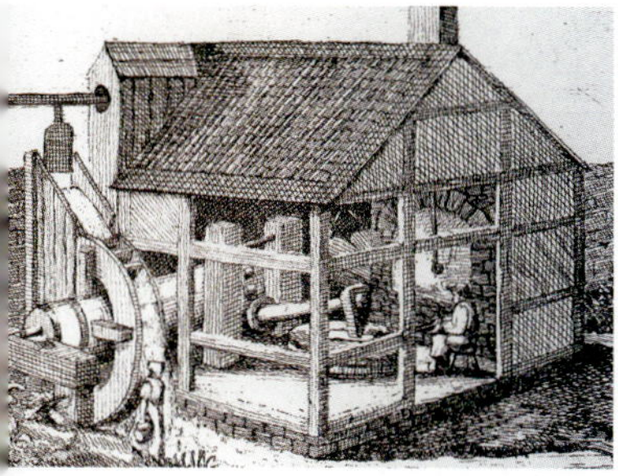

Die Kupferstiche des Schwelmer Pastors und Astronomen Friedrich Christoph Müller (1751–1808) erschienen 1789. Die hier abgebildeten Grafiken zeigen die mit Wasserkraft arbeitenden Metallgewerbe. [Museum und Stadtarchiv Haus Martfeld, Schwelm]

Von links nach rechts:
**Ein Reck-Hammer**
Der Schmied sitzt vor dem Amboß und hält ein glühendes Stück Eisen, dass »gereckt«, d.h. in die Länge ausgeschmiedet werden soll.
**Das Innere eines Rohstahlhammers**
Schmiede bei der Arbeit:
Am Herdfeuer und neben dem Amboß.
**Ein Schleifkotten**
Arbeit an den Schleif- bzw. Poliersteinen

**Napoleons Einzug in Berlin am 27. Oktober 1806. Stich nach einer Zeichnung von Ludwig Wolf.**
Von 1803–1815 wurden auch die Kleinstaaten an der Ruhr als Ruhrdépartement französisch verwaltet. [bpk/Berlin]

## Die 1840er Jahre: Massenarmut in Westfalen

**Die Auswanderer nach Amerika**
**Ölgemälde von Franz Wilhelm Harsewinkel, um 1850**
Auch aus Westfalen wanderten Menschen, die in ihrer Heimat keine Verdienstmöglichkeiten sahen, nach Amerika aus, sofern sie sich die Überfahrt leisten konnten.
[Westfälisches Landesmuseum für Kunst und Kultur, Münster]

**Die Harkortsche Maschinen-Fabrik auf der Burg Wetter**
**Gemälde von Alfred Rethel, 1834**
[DEMAG, Wetter]

Von oben nach unten:
**Briefkopf der Firma Lindner**
Witten 1909
**Briefkopf der Firma Lohmann und Stolterfoht**
Witten 1907
**Briefkopf der Firma Heinrich Schulte**
Witten 1909
[Alle: Stadtarchiv, Witten]

Vor allem seit 1850 gründeten sich in und um Witten viele neue Fabriken: Puddel-, Walz- und Hammerwerke, Stahl- und Gussstahlwerke, Maschinenfabriken, Gießereien, Kesselfabriken und viele andere mehr. Neue Arbeitsplätze entstanden.

Zu den ersten Fabriken auf heutigem Wittener Stadtgebiet gehörte die 1825 gegründete Glasfabrik Crengeldanz bei Witten. Für die Standortentscheidung war damals die Nähe zu den Steinkohlenzechen an der Ruhr mitentscheidend.

**Glasfabrik Crengeldanz der Gebrüder Mühlensiefen, um 1860**
Dieser Industriebetrieb besteht bis heute in Witten, nun als ›Pilkington Automotive Deutschland GmbH‹.

**Gustav Müllensiefen (1799–1874)**
**Theodor Müllensiefen (1802–1879)**
Die Gründer der Glasfabrik Crengeldanz bei Witten.

**Mitarbeiter der Glasfabrik Müllensiefen mit ihren Werkzeugen**
[Alle Abbildungen: Festschrift der Glasfabrik Crengeldanz 1825–1925]

## Die deutsche Revolution von 1848
### Für Einheit, Freiheit und Gerechtigkeit

**Barrikade in Berlin am 19. März 1848**
[bpk/Berlin]

**Die Werkshallen und Gleisanlagen der ›Central-Werkstätte‹ der Bergisch-Märkischen Eisenbahn in Witten. Fotografie um 1875**
[Privatbesitz: H.U. Hake, Witten]

**Alter Bahnhof Witten-West**
**Kolorierte Lithografie von Friedrich Gottlieb Müller, um 1880**
Vorzeichnung zu einem Panorama der Stadt Witten
[Märkisches Museum, Witten]

## 1835: Das Eisenbahnzeitalter beginnt

**Mit der englischen Lokomotive ›Adler‹ wurde am 7. Dez. 1835 die 6,1 km lange Ludwigsbahn von Nürnberg nach Fürth als erste deutsche Dampf-Eisenbahnstrecke eröffnet.**
1839 folgte die 115 km lange Fernstrecke von Leipzig nach Dresden. 1850 besaß Deutschland bereits 5.470 km Eisenbahnstrecken. Bis 1904 hatte sich die Länge der Strecken bereits verzehnfacht. Die Eisenbahn hatte sich zu einem Massenverkehrsmittel entwickelt, das die Mobilität der Menschen ungemein erhöhte.
[DB Museum, Nürnberg]

**Zeichnung des Bahnhofs Bommern der Ruhrtalbahn Postkarte um 1900**
[Slg. WIM, Dortmund]

**Postkarte von 1903**
Von einer Dampflok gezogener Güterzug auf der Bergisch-Märkischen Eisenbahnstrecke Richtung Witten.
Im Vordergrund: Anschlussgleise der Zechen ›Timmerbeil‹ und ›Bergmann‹
[Slg. WIM, Dortmund]

*Wie bekannt, ist diese Grube mittels Pferdebahn und Ponton Brücke über die Ruhr, mit dem Bahnhofe zu Witten verbunden und sind von diesem Bahnhofe aus die Kohlen dieser Grube nach Osten hinaus über Dortmund auf die Cöln-Mindener Bahn nach Hamm, Bielefeld auch weiter bis Magdeburg + Halberstadt von Hamm seitwärts per Westphälische Bahn nach Münster + Emsdetten, sowie von Dortmund aus nach der Westphälischen Bahn nach Soest und auf dieser Bahn nach Hessen + Thüringen, sodann nach Westen hin, von Witten aus nach verschiedenen Stationen an der Bergisch-Märkischen und Ruhr-Sieger-Bahn an ersterer bis nach Siegen und auch noch weiter an der Deutz-Giessener-Bahn bis Wetzlar, Giessen und von da an der Main-Weser-Bahn bis nach Frankfurt versandt worden.*
[Betriebsbericht der Zeche Louisenglück vom 1. Semester 1865, Staatsarchiv Münster]

**Die ›Steinhauser Kohlenbrücke‹ auf dem Stahlstich ›Witten a.d. Ruhr‹ von J. Lübke, um 1860**
Sie stellte die Verbindung von der Zeche Louisenglück zum Bahnhof Witten der Bergisch-Märkischen Eisenbahn her.
[Märkisches Museum, Witten]

**König Wilhelm I. von Preußen wird in Versailles zum deutschen Kaiser ausgerufen**
Gemälde von Anton von Werner, 1877
[bpk/Berlin]

## 1871: Gründung des Deutschen Reiches

**Die Herbeder Schleuse und das Schleusenwärterhaus lagen unterhalb von Nachtigall an der Ruhr**
Postkarte von 1905
[Slg. WIM, Dortmund]

**Bergmannskotten in Bommerholz bei Witten, vor 1914**
[Volkskundliche Kommission für Westfalen]

**Die Großfamilie Brocke vor der eigenen Metzgerei in Herbede, 1910**
[Herbeder Fotoladen, Witten-Herbede]

**Gruppe alter Bergmannshäuser**
im Muttental in unmittelbarer Nähe des Bethauses und der Zeche Nachtigall
[H. Spethmann. Das Ruhrgebiet, 1933]

## Die Bergbaugemeinde Bommern

1818 zählte man in Bommern 659 Köpfe. Bis zum Ende des 19. Jahrhunderts stieg die Bevölkerungszahl um das Sechsfache. Die Neubürger kamen zunächst häufig aus Gemeinden der näheren Umgebung, später wuchs die Zahl derer, die von weit her kamen. Viele der Zuwanderer waren Bergleute oder Tagelöhner. 1854 waren in Bommern etwa zwei Drittel der Berufstätigen im Bergbau beschäftigt.

**Witten an der Ruhr**
**Lithografie um 1840**
Im Vordergrund sind Gebäude und Bergleute der Zeche Louisenglück in Bommern abgebildet. Im Hintergrund die Stadtsilhouette von Witten.
[Märkisches Museum, Witten]

**Zeche Bommerbänker**
**Tiefbau, Bommern**
Detail aus der Panoramafotografie Wittens von Friedrich Goebel, 1886
[Reproduktion: Davide Bentivoglio]

**Zeche Ringeltaube, Witten**
[Slg. WIM, Dortmund]

**Bergleute**
Vignette aus dem Aquarell ›Witten 1897‹ von Fritz Böcker
[Märkisches Museum, Witten]

*Wie wir näher kommen, begegnen uns immer zahlreicher Männer mit berußten bleichen Gesichtern, das Grubenlicht oder Arbeitsgeschirr in der Hand, [...]*

[F.J. Pieler. Das Ruhrthal, 1881]

Oben:

**Belegschaft der Zeche Blankenburg im Hammertal, 1885**

[Märkisches Museum, Witten]

Unten:

**Abteufen der Schächte I und II auf dem Steinkohlenbergwerk Herbede (auch Holland genannt)**

Die Bergleute tragen Arbeitskleidung und zeigen die Arbeitsgeräte für das Niederbringen eines Schachtes.

[Privatbesitz: H.U.Hake]

***Hagen, 23. Januar [...]***

*Bei den westphälischen Städten ist [...] bemerkenswerth, wie sehr die Städte mit mehr ackerbaulicher Einwohnerschaft und Umgebung gegen die Städte der Industriebezirke zurückbleiben. Hervorzuheben ist, daß die Seelenzahl von Witten seit 1818 von 1696 sich auf 10.146 gehoben hat.*

[Hagener Kreisblatt vom 26.1.1865, Institut für Zeitungsforschung, Dortmund]

**Die Tagesanlagen der Zeche Ver. Franziska Tiefbau mitten in Witten. Fotografie von Friedrich Goebel, 1890**

[Slg. WIM, Dortmund]

*Dass* [an der Ruhr] *alle bekannten einheimischen Singvögel vertreten waren, ist selbstverständlich, so war wohl kein noch so kleines Tal, wenn in demselben eine kleine Wasserrinne war, wo nicht die Königin der Sänger, die Nachtigall zu hören war.*

[Aus den Erinnerungen von Karl Krampe, 1858–1934]

## Die Zeche muss heißen …



Warum Friedrich Christian Theodor von Elverfeldt seiner Zeche den Namen Nachtigall gab, ist nicht überliefert. Im Muttental und am Ruhrufer lebten viele Nachtigallen, denn der dichte Auwald bot dem scheuen Vogel einen idealen Lebensraum. Heute kennt die Nachtigall jeder aus Liedern, Gedichten und Sprichworten, aber immer weniger Menschen haben den Gesang einmal in der Natur gehört und kaum jemand hat die Meistersängerin schon gesehen.

Oben:
**Zeche Nachtigall bei Witten um 1850**
Ausschnitt aus der Karte der Bergisch-Märkischen- und der Prinz-Wilhelm-Eisenbahn. Das Ruhrtal von Hohen Syburg bis Werden.
[Slg. WIM, Dortmund]

Rechts:
**Freiherr Friedrich Christian Theodor von Elverfeldt (1699–1781) war seit 1743 Besitzer der Zeche Nachtigall. Vermutlich vergab er den Namen Nachtigall.**
[Archiv Familie Freiherr von Elverfeldt, Canstein]

[Foto: M. Arndt]



## Die Namensgebung in den Bergordnungen

Die ersten Bergordnungen für den Ruhrbergbau forderten die Namensgebung von Zechen noch nicht. Im Laufe des 18. Jahrhunderts begann der preußische Staat in der Grafschaft Mark, den Bergbau stärker unter seine Kontrolle zu bringen, um sich Einkünfte zu sichern. In den Jahren 1735/36 verfassten preußische Beamte zahlreiche Berichte über den Bergbau und die dortigen Zechen. Sie stießen auf das Problem, dass zahlreiche Bergwerke gar keine Namen hatten und daher nicht eindeutig zu unterscheiden waren. In der Bergordnung von 1737, die als Folge ihrer Berichte entstand, wird erstmals die Namensgebung bei der Gründung einer Zeche verpflichtend:
*In dem Muthe. Zettul oder der Muthung soll deutlich aufgeführt werden / was der Lehnträger an Fund: Gruben / Massen oder Stollen gemuthet / an welchem Tage und Stunde es geschehen / und an welchem Gebürge das Gemuthtete lieget / auch wie die Fund.Grube / Maaszen oder Stollen genennet werden…*

Vor der Genehmigung einer Zeche forderte das 1738 in Bochum gegründete Märkische Bergamt von den zukünftigen Besitzern genaue Angaben zu Lage, Größe und Namen der Zeche. Erst wenn dieser Muthzettel mit den notwendigen Angaben vorlag, wurde das Recht zum Kohlenabbau verliehen.

Im Gegensatz zu anderen Bergbaurevieren durften aber in der Grafschaft Mark dieselben Namen mehrmals vergeben werden. In allen nachfolgenden Bergordnungen war die Namensgebung für Zechenbesitzer verpflichtend.

**Titelblatt der ›Renovierten Bergordnung für die Grafschaft Mark‹ von 1737**
[Stiftung Bibliothek des Ruhrgebiets, Bochum]

Renovirte
Berg-Ordnung
Vor
Die Graffschafft Marck.
ANNO 1737.
Cleve gedruckt bey Jacob de Vries, Königl. Preuß. Hoff-Buchdr.

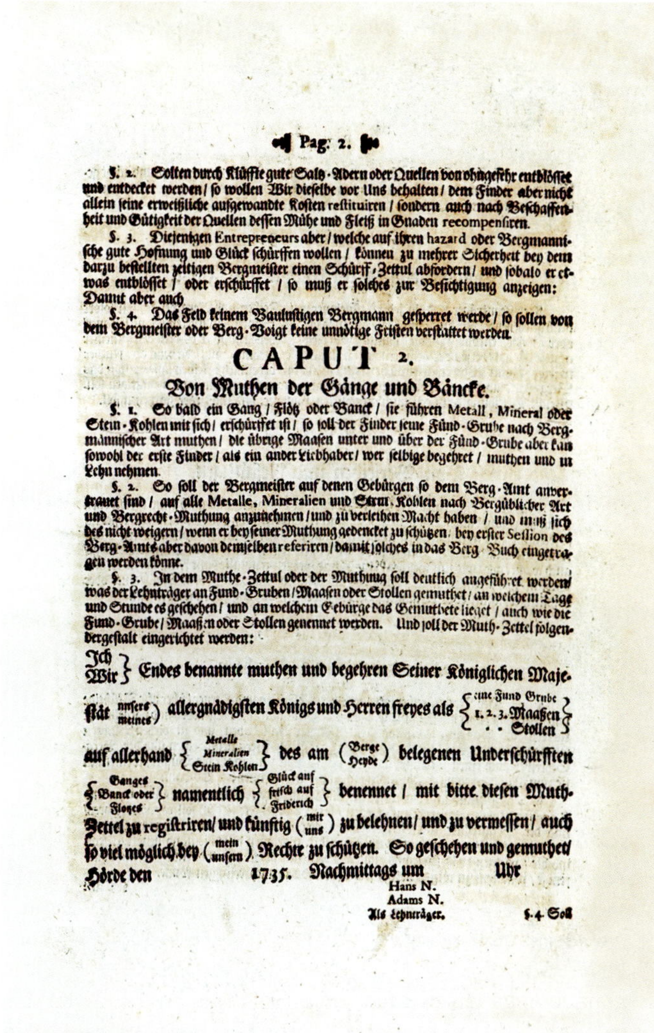

Pag: 2.

§. 2. Solten durch Klüffte gute Saltz-Adern oder Quellen von ohngefehr entblösset und entdecket werden / so wollen Wir dieselbe vor Uns behalten / dem Finder aber nicht allein seine erweißliche aufgewandte Kosten restituiren / sondern auch nach Beschaffenheit und Gütigkeit der Quellen dessen Mühe und Fleiß in Gnaden recompensiren.

§. 3. Diejenigen Entrepreneurs aber / welche auf ihren hazard oder Bergmannische gute Hofnung und Glück schürffen wollen / können zu mehrer Sicherheit bey dem darzu bestellten zeitigen Bergmeister einen Schürff-Zettul abfordern / und sobald er etwas entblösset / oder erschürffet / so muß er solches zur Besichtigung anzeigen: Damit aber auch

§. 4. Das Feld keinem Baulustigen Bergmann gesperret werde / so sollen von dem Bergmeister oder Berg-Voigt keine unnötige Fristen verstattet werden.

CAPUT 2.

Von Muthen der Gänge und Bäncke.

§. 1. So bald ein Gang / Flötz oder Banck / sie führen Metall, Mineral oder Stein-Kohlen mit sich / erschürffet ist / so soll der Finder seine Fünd-Grube nach Bergmännischer Art muthen / die übrige Maasen unter und über der Fünd-Grube aber kan sowohl der erste Finder / als ein ander Liebhaber / wer selbige begehret / muthen und in Lehn nehmen.

§. 2. So soll der Bergmeister auf denen Gebürgen so dem Berg-Amt anvertrauet sind / auf alle Metalle, Mineralien und Stein-Kohlen nach Bergüblicher Art und Bergrecht-Muthung anzunehmen / und zu verleihen Macht haben / und muß sich des nicht weigern / wenn er bey seiner Muthung gedencket zu schützen, bey erster Session des Berg-Amts aber davon demselben referiren / damit solches in das Berg-Buch eingetragen werden könne.

§. 3. In dem Muthe-Zettul oder der Muthung soll deutlich angeführet werden / was der Lehnträger an Fund-Gruben / Maasen oder Stollen gemuthet / an welchem Tage und Stunde es geschehen / und an welchem Gebürge das Gemuthete lieget / auch wie die Fund-Grube / Maaßen oder Stollen genennet werden. Und soll der Muth-Zettel folgendergestalt eingerichtet werden:

{Ich / Wir} Endes benannte muthen und begehren Seiner Königlichen Majestät (unsers / meines) allergnädigsten Königs und Herren freyes als {eine Fund Grube / 1. 2. 3. Maaßen / . . Stollen} auf allerhand {Metalle / Mineralien / Stein Kohlen} des am (Berge / Heyde) belegenen Underschürfften {Ganges / Banck oder / Flozes} namentlich {Glück auf / frisch auf / Friderich} benennet / mit bitte diesen Muth-Zettel zu registriren / und künftig (mir / uns) zu belehnen / und zu vermessen / auch so viel möglich bey (mein / unsern) Rechte zu schützen. So geschehen und gemuthet / Hörde den 1735. Nachmittags um Uhr

Hans N.
Adams N.
Als Lehnträger.

§. 4. Soll

**Titelblatt und ›Muthzettel‹ der Bergordnung von 1737**
[Stiftung Bibliothek des Ruhrgebiets, Bochum]

1.

2.

3.

4.

**Die Entwicklung der Zechennamen im Ruhrgebiet**

Häufig ist schon an dem Namen einer Zeche zu erkennen, wann sie angelegt worden ist und in welcher Region sie liegt, da der Bergbau ausgehend vom Ruhrtal immer weiter nach Norden wanderte und zu bestimmten Zeiten bevorzugt bestimmte Namenstypen vergeben wurden.

Die im 18. Jahrhundert gegründeten Zechen im südlichen Ruhrgebiet waren meist nach Tieren, Pflanzen oder Landschaften benannt und zeigen die enge Verbindung der Menschen zu der sie umgebenden Natur in der noch landwirtschaftlich geprägten Region. Viele Bergwerke wurden nach ihrer geographischen Lage benannt: *Zeche Bommerbank*, *Zeche Steinkuhle* oder *Zeche Wolfsbach*. Gerne vergaben die Eigentümer auch einheimische Tiernamen wie *Nachtigall*, *Frosch*, *Adler* oder *Ringeltaube*. Andere Zechen gingen auf Pflanzennamen zurück und hießen *Schlehbusch*, *Kirschbaum* oder *Pfingstblume*.

**1. Zeche *Hansa*, Dortmund**
Mit dem Namen knüpften die Besitzer der 1856 in Dortmund entstandenen Zeche Hansa an die Tradition Dortmunds als Hansestadt an.
[Slg. WIM, Dortmund]
Vorderseite hierzu: **Hansekogge**
Mosaikfußboden im Hafenamt Dortmund
[Museum für Kunst- und Kulturgeschichte, Dortmund]

**2. Zeche *Friedlicher Nachbar*, Bochum**
Man kann nur vermuten, dass der Name dem Wunsch nach guter Nachbarschaft Ausdruck verleiht.
[Slg. WIM, Dortmund]
Vorderseite hierzu: **Else Kling** aus der ARD Fernsehserie ›Lindenstraße‹
[Geißendörfer Film- und Fernseh-Produktions GmbH, Köln]

**3. Zeche *Vollmond*, Bochum**
Himmelskörper wurden immer wieder gerne als Namensgeber für Zechen verwendet.
[Slg. WIM, Dortmund]
Vorderseite hierzu:
Rückseite eines Medaillions aus dem **Engelsgruß von Veit Stoß**, 1518
[Evangelische Kirchengemeinde St. Lorenz, Nürnberg]

**4. Zeche *Alte Haase*, Sprockhövel**
[Aus: 25 Jahre VEW. 1925–1950, Firmenfestschrift, Dortmund
Vorderseite hierzu: **Junger Feldhase** von Albrecht Dürer, 1502
[Grafische Sammlung Albertina, Wien]

**Zeche Minister Stein in Dortmund**
Postkarte von 1912
[Slg. WIM, Dortmund]



**Karl Reichsfreiherr von und zum Stein (1757–1831)**
Ölgemälde von J. Chr. Rincklake um 1804. Als Direktor des Bergamts Wetter setzte er in der Provinz Westfalen eine strikte staatliche Aufsicht über den Bergbau (Direktionsprinzip) durch. Später führte von Stein als Minister die Bauernbefreiung und die städtische Selbstverwaltung ein.
[Westfälisches Landesmuseum für Kunst und Kulturgeschichte, Münster]

Mit dem Beginn des Tiefbaus um 1830 und mit zunehmender Größe der Betriebe wiesen sich Zechen durch ihren Namen als Tiefbauzeche aus wie die *Zeche Helene Tiefbau* oder zeigten durch einen Doppelnamen, dass sie durch Zusammenlegung zweier Zechen entstanden. So wurden in dem poetischen Namen *Fröhliche Morgensonne* die Namen der zwei zusammengelegten Grubenfelder *Fröhlich* und *Morgensonne* vereint. Seit 1850 investierten ausländische Unternehmer Kapital in neue Ruhrgebietszechen und erinnerten mit Namen wie *Schottland*, *Hibernia*, *Holland* oder *Mont Cenis* an ihre Heimat. Die Länder- und Städtenamen verweisen häufig auf die Herkunft der Besitzer. Auch Jan Jacob van Braam, Miteigentümer der Zeche Nachtigall, erinnerte mit seiner *Zeche Java* in Duisburg an seine Herkunft.

Um 1870 hatte der Bergbau die Emscherregion erreicht. Der nach der Gründung des Deutschen Reichs einsetzende Wirtschaftsboom und die zeittypische patriotische Begeisterung führten zu neuen Zechennamen wie *Fürst Bismarck*, *Deutscher Kaiser* oder *Unser Fritz*. Andere Zechen dieser Zeit wurden nach hohen Militärs wie *Scharnhorst* oder *Graf Moltke*, Verwaltungsbeamten wie den um den Bergbau verdienten *von der Heydt* und Politikern wie *Minister Stein* oder *Fürst Hardenberg* benannt. Gerne wurden auch Namen der älteren und mittelalterlichen Geschichte wie *Hannibal* oder *Karolus Magnus* vergeben. Auch politische Ereignisse spiegelten sich in den Zechennamen wider. So erinnerte die *Zeche Zollverein* an die Gründung des Deutschen Zollvereins 1834, dem die meisten Deutschen Staaten beitraten, um einen einheitlichen Wirtschaftsraum ohne Binnenzölle zu schaffen.

Zahlreiche Unternehmer vergaben auch Vornamen von Familienangehörigen, ein Namenstypus, der insbesondere bei den Kleinzechenbesitzern nach 1945 wieder auflebte.

Von Namen wie *Aufgottgewagt*, *Gottvertraut*, *Glückstern*, *Ausdauer* oder *Findeviel* erhofften sich die Zechenbesitzer Schutz, Glück und eine reiche Ausbeute. Dieser Namenstyp ist natürlich in allen Jahrhunderten vergeben worden!

### Die Namensentwicklung der Zeche Nachtigall



Für die spätere Zeche Nachtigall ist aus ihrer Frühzeit der Name *Kohlbank im Hettberger Holtz* überliefert. Zwei Bauern aus Herbede erhielten 1714 eine Genehmigung zum Abbau der Kohle. 1743 kaufte der adlige Großgrundbesitzer Freiherr Friedrich Christian Theodor von Elverfeldt alle Kuxe (Anteile) des Bergwerks, das nun *Zeche Nachtigall* hieß. Der Name Nachtigall ist spätestens seit den 1730er Jahren verwendet worden und wurde im folgenden Jahrhundert immer wieder abgewandelt.

**Schloss Steinhausen**

[Märkisches Museum, Witten]

**Briefkopf der Zeche Nachtigall**
[Märkisches Museum, Witten]

Die Familie von Elverfeldt schloss sich mehrmals mit benachbarten Bergwerksbesitzern zusammen, um eine größere Kapitalbasis zu gewinnen. Der Tiefbau mit aufwändigeren Tagesanlagen für die neuen Maschinen, größeren Grubengebäuden und den schließlich mehr als 100 Meter tiefen Schächten musste finanziert werden.

So gründete Ludwig von Elverfeldt 1832 mit anderen in der Umgebung gelegenen Zechen die Zeche *Vereinigte Nachtigall*. Alle Teilhaber, zu denen die Zechen *Eleonore & Nachtigall*, Theresia, Wiederlage, Aufgottgewagt-, Braunschweig-, und Turteltaube Nordflügel gehörten, brachten erst zusammen genügend Kapital auf, um 1832 gemeinsam den Schacht Neptun als ersten Tiefbauschacht im Hardensteinschen Revier abteufen zu können.



1839 schloss sich von Elverfeldt unter dem Namen *Nachtigall & Aufgottgewagt* mit anderen Zechen zu einer weiteren Konsolidation zusammen, um einen zweiten, noch tieferen Schacht Hercules anzulegen. Nun existierten zwei übereinander liegende Nachtigall-Zechen: Die Zeche *Vereinigte Nachtigall*, die Kohle über den Schacht Neptun abbaute und die Zeche *Nachtigall & Aufgottgewagt*.

1852 verkaufte Ludwig von Elverfeldt seine Anteile der beiden Nachtigall-Zechen und seinen Wohnsitz Schloss Steinhausen an eine Gruppe niederländischer Investoren. Die neue Konsolidation nannte sich seit 1854 *Vereinigte Nachtigall Tiefbau*. Viele im Ruhrgebiet neu gegründete Zechen, in denen ausländische Investoren Kapital einbrachten, trugen Namen, die an die Herkunft der Besitzer erinnerten. Die neuen Eigentümer von Nachtigall behielten in diesem Fall den lange eingeführten Namen bei.

**Selbstporträt des Niederländers Jan van Braam, der seit 1851 Anteilseigner der Zeche Nachtigall war**
[Westfälisches Wirtschaftsarchiv, Dortmund]

Gewerkschaft Helene-Nachtigall

Steinkohlen-Bergwerk.

Eisenb.-Anschl. Witten B.-M. für Schacht Helene.
„ „ Bommern „ „ Nachtigall.

Fernsprech-Anschluss Nr. 26 Amt Bochum.

Postsendungen sind nach Witten zu adressiren,
Telegramme nach Bommern.

Witten a./d. Ruhr, den



**Briefkopf der Zeche Helene-Nachtigall von 1889**
Nur noch wenige Jahre rentierte sich der Abbau in dem Verbundbergwerk. 1892 wurde die Zeche Nachtigall stillgelegt, 1896 die Zeche Helene. Zu stark war die Konkurrenz der Bergwerke im nördlichen Ruhrgebiet. [Privatbesitz H. U. Hake]

1883 vereinigte sich Nachtigall mit der nördlich der Ruhr gelegenen Zeche Helene zur Zeche *Helene-Nachtigall*. Die beiden Namensteile stammten aus früheren Zeiten und waren für Zechennamen in der Hochindustrialisierung nicht mehr typisch. Häufig hat sich mit neuen Besitzern auch der Name der Zeche Nachtigall geändert, aber der Namensteil ›Nachtigall‹ blieb. Er lebt heute in dem Museum Zeche Nachtigall und dem Straßennamen Nachtigallstraße fort.

**Zeche Holland, Gelsenkirchen/Wattenscheid**
Der holländische Besitzer Jan van Braam übertrug der Zeche den Namen seines Heimatlandes. [Slg. WIM, Dortmund]
Vorderseite hierzu:
**Postkarte aus den Niederlanden**
[Slg. Hannah Schmidt, Bielefeld]

Nachtigall (Luscinia vera) und Sprosser (Luscinia philomela). 2/3.

*Es war die Nachtigall und nicht die Lerche*

[William Shakespeare (1564–1616), Romeo und Julia]

*Vor dem Wald in einem Tal,*
*tandaradei, sang so süß die Nachtigall!*

[Walther von der Vogelweide (um 1170-1230), Unter der Linde]

*Nachtigall ick hör dir trapsen!*

[Redensart]

# Die Nachtigall



**Name**
Nachtigall, *Luscina megarhynchos*, Philomele, Königin der Nacht

**Aussehen**
Gefieder oberseits einheitlich braun, Unterseite graubraun, Schwanz rostbraun

**Körpermaße**
16–17 cm groß, 21–24 g schwer

**Ruf**
ansteigendes *huit*, knarrendes *karr* und gedämpftes *taktak*

**Besondere Kennzeichen**
abwechslungsreicher, lautstarker Gesang mit großem Ton- und Strophenumfang; bewegt sich am Boden hüpfend fort und hebt und senkt dabei langsam den Schwanz

**Verbreitung**
Weite Teile Europas, Nordafrika, Vorderasien und Westsibirien; überwintert im tropischen Afrika nördlich des Äquators

**Lebensraum**
Lichte Wälder, Flusslandschaften, Parks, Friedhöfe und Heckenlandschaften; benötigt dichtes Unterholz; Flachlandbewohner

**Nahrung**
Insekten und Larven, besonders Käfer, kleine Schmetterlingsraupen und Ameisen; im Herbst auch Beeren

**Bestand**
In Nordrhein-Westfalen nur noch ca. 6000 Brutpaare

**Nest**
Sehr versteckt im Unterwuchs oder am Boden mit 4–6 Eiern

**Zum Verwechseln ähnlich**
Der Sprosser

Bruno Geisler

Der Vogelkundler Johann Andreas Naumann versuchte, den Gesang der Nachtigallen in Lauten zu beschreiben und kam zu folgendem Ergebnis:

*Ih ih ih ih ih watiwatiwati!*
*Diwati qoi quoi quoi quoi quoi qui,*
*Ita lülülülülülülülülülü watiwatiwatih!*
*Ihih titagirarrrrrrrrr itz*
*Lü lü lü lü lü lü lü lü watitititit ;*
*Twoi woiwoiwoiwoiwoiwoi ih,*
*Lülülülülülülü dahidowitz,*
*Twor twor twor twor twor twor twor tih!*
*Dadada jetjetjetjetjetjetjetjetjet,*
*Tü tü tü tü tü tü tü qui zatnzatnzatnzi;*
*Iht iht iht iht iht iht zirhading,*
*I iiiiii a zatn zi,*
*Rihp rihp rihp rihp rihp rihp rihp rihp rihp ih!*
*Zezezezezezezezäzäzäzäzäzäzäzazazazazazazazi!*
*Ji jih güh güh güh güh güh dadahidowitz.*

[J.A. Naumann, 1905]

**»Ein Dichter nennt sie gar den singenden Staub…«**

[Zedlers Universallexikon 1746]

Im Gegensatz zu dem unscheinbaren Äußeren gehört der Gesang der Nachtigall zu den abwechslungsreichsten Vogelgesängen der Welt. Trotz ihres Namens – Nachtsängerin – trägt die Nachtigall ihren Gesang auch tagsüber vor. Aber Vorsicht ist angebracht – nicht alle Vögel, die nachts singen, sind Nachtigallen. Viele andere Singvögel werden heute durch die helle Beleuchtung in den Städten irritiert und singen auch zu später Stunde. Bis zu 260 Strophentypen beherrscht eine männliche Nachtigall. Sie lockt mit ihrem Repertoire die Weibchen an und kommuniziert mit Artgenossen.

Leisen Anfangstönen folgen laute, rhythmisch wiederholte klangvolle Silben, die schnarrend oder ratternd klingen können, was auch als Nachtigallenschlag bekannt ist. Typisch für die Nachtigall ist ferner das in den Nachtstunden zu hörende Schluchzen, eine Serie von gedehnten immer lauter werdenden Pfeiftönen, die einen wehmütigen Charakter haben.

Rechts oben:
**Präparierte Nachtigall**
[Leihgabe des Westfälischen Museums für Naturkunde, Münster]

Links:
**Nachtigall (oberer Vogel mit geöffnetem Schnabel) und Sprosser**
Farblithographie von Bruno Geisler
[Slg. WIM, Dortmund]

*Die Nachtigall war in früheren Zeiten hier sehr selten, indem überall, wo sich hier eine Nachtigall, Motacilla Luscina, sehen ließ, ein Nachtigallfänger aus dem Bergischen alsbald sich einstellte, der die Nachtigallen wegfing. Seitdem indeß das Halten der Nachtigallen besteuert und das Fangen derselben verboten ist, haben sich diese lieblichen Vögel zur Freude aller Naturfreunde bedeutend vermehrt.*

[Aus: ›Die Chronik von Sprockhövel‹ des Amtmann Noelle von 1848]

## Unheimliches Verschwinden eines heimlichen Vogels

Die Nachtigall galt seit der Antike als geschätzte Sängerin und wurde wegen ihres abwechslungsreichen Gesangs in Käfigen gehalten. Die Vogelfänger machten ein gutes Geschäft, dachten aber nicht daran, dass ihr Verhalten die Bestände in ganzen Landstrichen bedrohte. Bereits 1686 verbot Friedrich Wilhelm von Brandenburg erstmals ganzjährig den Fang von Nachtigallen. Sein Nachfolger Friedrich III. erweiterte den Erlass und untersagte, Nachtigallen aus fremden Ländern einzuführen und sie in Käfigen zu halten. *Damit nun diesem Unwesen auf einmal abgeholfen werde, so wollen Seine Churfürstliche Durchlaucht ferner nicht, das jemand, wer der auch sey, sich unterstehen soll, von nun an Nachtigallen in Käfichen oder Vogel-Bauern oder sonst irgends zu haben, und sollen diejenige, welchen dergleichen haben, selbige alsofort wegfliegen lassen.*

Verschiedene Städte wie Barmen oder Sprockhövel besteuerten die Käfighaltung und versuchten auf diese Weise den Fang von Nachtigallen einzuschränken. Nachtigallen wurden wie Drosseln, Meisen oder andere Kleinvögel manchmal auch als Spezialität verzehrt. Von 1900–1935 trug das Klima mit außergewöhnlich kühlen Sommern dazu bei, dass die Bestände noch weiter zurückgingen.

**Der Vogelfänger Hölscher aus Kattenvenne im Münsterland, 1918**
Im Münsterland wurden vielerorts Drosseln, auch Krammetsvögel genannt, in Netzen mit einem Vogelschlag gefangen. Ähnlich kann man sich auch den Fang von Nachtigallen vorstellen. [Volkskundliche Kommission für Westfalen, Münster]

*Verbot des Ausnehmens der Vogelnester u. des Einfangens der Vögel: Bei der Annäherung des Frühlings finden wir uns veranlasst, allen Eltern, Schullehrern und Aufsehern von Kindern zur angelegentlichen Pflicht zu machen, dahin zu sehen und mit Ernst und Strenge darauf zu halten, dass die Nester der Vögel, insbesondere der Singvögel, von der Jugend nicht muthwillig zerstört oder ausgenommen werden, wie solches in den letzten Jahren sehr häufig geschehen ist. Eben so werden sämmtliche Polizeibehörden zu gleicher Aufmerksamkeit […] aufgefordert. Übertretungen müssen nach bestehenden polizeilichen Strafbestimmungen geahndet werden. Arnsberg, den 16. April 1821*

[Aus: Amtsblatt der Königlich Preußischen Regierung zu Arnsberg]

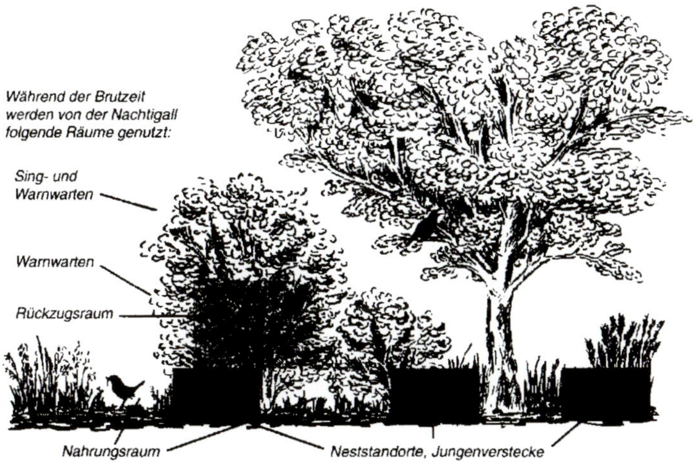


Während der Brutzeit werden von der Nachtigall insbesondere die Kraut- und Strauchschichten genutzt. Fehlen sie, findet die Nachtigall weder Nahrung noch Brutmöglichkeiten.
[Aus: NABU 1995]



In Nordrhein-Westfalen steht die Nachtigall seit 1986 auf der Roten Liste und ist als gefährdet eingestuft. Das heißt, dass die Nachtigall in großen Teilen des Landes merklich zurückgegangen ist und durch laufende oder absehbare menschliche Einwirkungen bedroht ist.

Der Rückgang der Bestände, den der Vogelkundler Naumann schon um 1900 beklagte, ist heute mehr denn je Realität. Das Trockenlegen von Aulandschaften, das Anpflanzen von monotonen Nadelwäldern und intensive Garten- und Parkpflege zerstören den Lebensraum der Nachtigall. Daher rät der Naturschutzbund Deutschland, in Grünanlagen und Gärten dichtes Unterholz zu dulden und die schützende Laubschicht nicht überall zu entfernen.

*Von den Vögeln hat man die Nachtigall, den Kuckuck, hier und dort Störche, kleine Habichte, Eulen und selten Schwäne […]* schreibt Johannes Schmidt 1804 in einem Reisebericht über die Tierwelt in der Grafschaft Mark. In der Tat benötigt die Nachtigall für ihr Gedeihen große undurchdringliche Buschkomplexe in unmittelbarer Nähe von Gewässern, so dass die lichten Wälder an der Ruhr vor 250 Jahren ein idealer Lebensraum waren. Heute sind nur noch Reste des ursprünglichen Auwaldes vorhanden. Noch bis in die 1920er Jahre lebten im Ruhrtal und in Witten zahlreiche Nachtigallen. Seitdem verschob sich die Brutgrenze immer weiter nach Norden. Sie verläuft gegenwärtig entlang der Ruhr, weswegen die Nachtigall in Witten nur sehr selten vorkommt. Heute sind nur im nördlichen Ruhrgebiet und im Münsterland noch größere Bestände anzutreffen. In manchen Jahren ist Nachtigallen-Gesang aber in der Wassergewinnungsanlage gegenüber der Zeche Nachtigall zu hören.

**Max Ernst,**
**Die Chinesische Nachtigall**
Fotocollage von 1920
[Musée de Grenoble/
VG-Bild-Kunst 2003]



**»Hungriger Magen kennt keine Gnade…«**

sagt der Fuchs und frisst die Nachtigall auf. In der Fabel von La Fontaine kann selbst der schöne Gesang der Nachtigall den gierigen Fuchs nicht gnädig stimmen und sie davor retten, gefressen zu werden.

In Geschichten, Gedichten, Fabeln und Märchen aus ganz Europa ist die Nachtigall mit ihrem bezaubernden Gesang ein beliebtes Motiv. Seit der Antike entstand immer neue Literatur, in der der Vogel als Haupt- oder Nebenperson eingebunden ist. Die Nachtigall nimmt dabei verschiedene Rollen ein. Während sie in Gedichten häufig die Botin des Frühlings und der Liebe ist, wird sie in Märchen und Sagen wie in ›Jorinde und Joringel‹ der Brüder Grimm oder in den ›Metamorphosen‹ von Ovid eher als Figur verwendet, deren Auftreten einen Umbruch innerhalb der Erzählung markiert und die Wendung des Geschehens herbeiführt.

**Illustration zu dem Märchen ›Die Nachtigall‹ von Hans Christian Andersen**
[Slg. WIM, Dortmund]

**Bettina von Arnim**

**(1785 – 1859)**

[Der große Brockhaus, 1928]

**James Krüss**

**(1926 – 1997)**

[Foto: Konrad Piepenburg]

*Brief an Johann Wolfgang von Goethe*

*[...] Die Nachtigall stieg herab von Ast zu Ast und kam immer näher, sie hing sich an den äußersten Zweig, um mich zu sehen; ich wendete leise mich zu ihr, um sie nicht zu scheuchen, und siehe da! Aug' im Nachtigallenaug'! Wir blickten uns an und hielten's aus.*
*Vollkommen schön war dies Ereignis, dies erste Annähern zweier gleich unbewussten, unschuldigen Naturen, die noch nicht erfahren hatten, dass aus Liebesdurst, aus Liebeslust das Herz im Busen stärker und stärker klopft. Gewiss, ich war erfreut und gerührt durch das Annähern der Nachtigall, wie ich mir denke, dass du allenfalls freundlich bewegt werden könntest durch meine Liebe, aber was hat die Nachtigall bewogen, mir nachzugehen; warum kam sie herab vom hohen Baum und setzte sich mir so nah, dass ich sie mit der Hand hätte haschen können? Warum sah sie mich an, und zwar mir ins Aug'? [...]*

*Ein Frosch ist keine Nachtigall*

*Ein Frosch ist keine Nachtigall.*
*Drum kann er auch nicht singen.*
*Und doch will er uns überall*
*Sein Lied als Ständchen bringen.*

*Er quakt vom frühen Morgen an,*
*er quakt ganz herzbewegend.*
*Er quakt, weil er nicht singen kann,*
*Und hüpft so durch die Gegend.*





In dem Märchen ›Die Nachtigall‹ von Hans Christian Andersen bevorzugt der Kaiser von China eine mechanische Spieldosen-Nachtigall, weil diese jederzeit auf Befehl singen kann. Als der Kaiser jedoch sterbenskrank ist, vermag ihn nur die echte Nachtigall durch ihren variationsreichen Gesang vor dem Tod zu retten. Dieser Gegensatz von lebensbejahender Natur und das Leben bedrohender Technik ist ein Motiv, das der Künstler Max Ernst in einer Collage, die nach dem Märchen von Hans Christian Andersen benannt ist, aufgreift. Das Werk kann als ein Bild für das Leid gesehen werden, das die vom Menschen entwickelte Kriegstechnik im Ersten Weltkrieg über Europa gebracht hat.

In der bildenden Kunst kommt die Nachtigall als Motiv vergleichsweise selten vor. Meist wird dann wie im Fall von Max Ernst oder wie in Phillip Otto Runges ›Die Lehrstunde der Nachtigall‹ literarischer Stoff aufgegriffen.

*Der Geiger war noch so jung,*
*dass er, wie man in Rotterdam sagt,*
*gerade eben über seine Holzschuhe pinkeln kann,*
*aber spielen, unglaublich …*
*er kann seine Geige singen lassen wie eine Nachtigall,*
*die mit Singfutter aufgezogen worden ist …*

[Maarten 't Haart, 1999]



# Wenn die Nachtigall singt …

## Die Nachtigall in der Musikgeschichte

Die Nachtigall ist eines der geheimnisvollsten Symbole in der Musik. Mit ihrem kunstvollen, abwechslungsreichen und einschmeichelnden Gesang weckt sie Gefühle beim Menschen wie kaum ein anderer Vogel.

Die Nachtigall singt zu Beginn des Frühlings, wenn die Natur wieder erwacht. Die Natur erneuert sich und die Menschen sind offen für die Liebe. Den Wonnemonat Mai begleitet die Nachtigall mit ihren schmelzenden, sehnsüchtig ziehenden Tönen. Ihr Lied hat mehrere Strophen und klingt klagend, schluchzend, flötend. Kaum ein Vogelgesang ist faszinierender als der der Nachtigall mit seinen trillernden Tönen, anschwellenden Motiven und schmetternden Teilen. Mit seinem nächtlichen Gesang lockt das Männchen die Weibchen an.

Nachtigall bedeutet Nachtsängerin. Deshalb wird sie auch oft bewundernd ›Königin der Nacht‹ genannt. Der Name kommt aus dem Althochdeutschen: ›naht‹ heißt Nacht; ›galan‹ heißt singen. Das Wort ›gellen‹ steckt darin. Es heißt aber auch »Zauberformeln singen und hersagen, verzaubern, hexen, Lärm machen«. Ursprünglich hatte der Name noch die Bedeutung Schall, Ton, Lärm, Geräusch. Weitere Bedeutungen sind Zaubergesang, Zauberei, Betrug.

**Philipp Otto Runge:**
**Das Nachtigallengebüsch. 1810**
[Kunsthalle Hamburg / Bildarchiv Preußischer Kulturbesitz, Berlin]

Seit der Antike ist die Nachtigall berühmt wegen ihres außergewöhnlichen und faszinierenden Gesangs. Der griechische Philosoph Aristoteles nannte die abgerundete Zunge der Nachtigall als Grund für ihre stimmgewaltige und musikalische Virtuosität. Auch der Römer Plinius bewunderte den Vogel sehr und beschrieb seine Gelehrigkeit. Er wußte zu berichten, dass *die Nachtigallen manchmal Wettbewerbe* veranstalten. *Unterliegt die eine, so kommt es oft vor, dass sie stirbt, weil ihr eher der Atem ausgeht als der Gesang.* Ein Regensburger Domherr des 14. Jahrhunderts beschrieb ebenfalls dieses Verhalten der Nachtigall. *Die Nachtigall singt so emsig und vermessen weit über ihre Kraft, dass sie davon so krank wird, dass sie sterben muss.* In weiteren Schriften wurde sogar behauptet, dass die Nachtigallen die Gespräche der Menschen belauschen und sich untereinander verständigen können. Der kunstvolle Gesang der Nachtigall regt die Menschen zum Phantasieren an. Es entstanden Erzählungen, die immer weiter ausgemalt wurden und schließlich aus dem Vogel einen Mythos machten.



Wir finden die Nachtigall in Frühlingsliedern ›*Aufzug des Frühlings, Grüss Gott du schöner Maien, Jetzt fängt das schöne Frühjahr an*‹ – im Morgenlied ›*Am frühen Morgen, Wacht auf ihr schönen Vögelein*‹ – in Abendliedern ›*Abendstille überall, Alles schweiget*‹ – aber auch in Liedern über die Geburt als den Beginn des Lebens ›*Lieb Nachtigall wach auf*‹, besonders im religiösen Bereich bezogen auf die Geburt Jesu. Die Nachtigall steht in Frühlings- und Morgenliedern besonders für den Neuanfang im Jahreskreis und für den Beginn der neuen Liebe. Man findet sie aber auch in Herbstliedern, wenn die Menschen wehmütig den Abschied vom Sommer beklagen, und in Winterliedern als Zeichen der Hoffnung auf einen Neubeginn.

Es ist der wunderschöne und gleichzeitig klagende Gesang, der die Nachtigall zu einem Symbol der Liebe gemacht hat. In einigen Liedern wird sie in Bezug gesetzt zu einer roten Blume oder einer Rose, einem weiteren Liebessymbol, das aber nicht immer für Erfüllung, sondern auch für unerfüllte Liebessehnsucht steht. Beispiele sind die Lieder von Robert Franz ›*Es hat die Rose sich beklagt*‹, Franz Abt ›*Rose und Nachtigall*‹

oder Alban Berg ›*Nachtigall*‹. Auch Täuschung, Häme und Qual werden von enttäuschten Liebenden mit der Nachtigall in Verbindung gebracht. Besonders der Komponist Johannes Brahms hat die Nachtigall häufig in seinen Liedern besungen: *In Waldeseinsamkeit, Sommerabend, Es liebt sich so lieblich im Lenze, Die Mainacht, Nachtigall sie singt so schön, Nachtigallen schwingen.*

**Nachtigall-Pfeife, die mit Wasser gefüllt wird**
Durch Blasen an dem Mundstück entsteht der Nachtigall-Schlag. Solche Pfeifen werden in der Kindersinfonie von Leopold Mozart eingesetzt.
[Slg. WIM, Dortmund]

Das Mittelalter mit seinen Minneliedern und die Romantik mit ihren Liebesliedern haben die Nachtigall am deutlichsten als Liebessymbol gesehen. Aber auch die unterschiedlichsten Instrumente wurden eingesetzt, um den Gesang der Nachtigall zu imitieren. In der Zeit des Barock und der Vorklassik erleben wir noch eine strenge, konventionell komponierte Nachtigall. Leopold Mozart lässt in seiner ›*Kindersinfonie*‹ das Spielzeug Nachtigall – eine Art Pfeife – erklingen. Berühmt ist das Orgelkonzert ›*Der Kuckuck und die Nachtigall*‹ von Georg Friedrich Händel. Als zu Beginn des 20. Jahrhunderts die tonalen Bindungen wegfielen und die Dissonanz sich emanzipierte, konnte man den Gesang der Nachtigall fast tongetreu nachkomponieren. In der Neuen Musik finden wir berühmte Werke für Solovioline von Sarasate ›*El Canto del Ruise or*‹ und Strawinsky ›*Le Chant du Rossignol*‹. Der französische Komponist Olivier Messiaen stellt die Nachtigall auf dem Klavier dar ›*Réveil des oiseaux*‹; während der italienische Komponist Ottorino Respighi echte Vogelstimmen in seine Werke aufgenommen hat ›*L'usignuolo*‹. Der Komponist Maurizio Kagel hat in einer Orgelkomposition verschnupfte Nachtigallen dargestellt ›*Rossignols enrhumés*‹. An einigen Orgeln findet man sogar ein Register, das Nachtigall heißt. Hier wird ein Behälter mit Wasser gefüllt, und die Pfeifen blasen mit ihrem Wind auf das Wasser, das dann das Zwitschern imitiert. Günter Bialas schließlich stellt in seinem ›*Haiku*‹ für Sopran und Flöte auf komische Art die täuschende, hinterlistige Nachtigall dar.

Die menschliche Stimme ist wohl das flexibelste Instrument in der Musik. Im Bereich der Gesangspädagogik kennt man seit Julius Stockhausen den Begriff ›Nachtigallenschlag‹ für einen besonderen Ansatz der hohen Sopranstimme. Die höchsten Töne eines Koloratursoprans in den großen Opernarien werden im so genannten Flageolettregister gesungen. Flageolett heißt ursprünglich Flöte, und die höchsten Töne einer Sängerin erinnern an einen luftgetragenen Flötenton. Auch die höchsten

Links:
**Schallplattenhülle**
[Slg. WIM, Dortmund]

Rechts:
**Filmprospekt**
**›Die schwedische Nachtigall‹**
[Slg. WIM, Dortmund]

Töne einer Geige werden als Flageolett bezeichnet. In der Oper *›Die Zauberflöte‹* von Wolfgang Amadeus Mozart heißt gleich eine ganze Opernpartie die *›Königin der Nacht‹*. Sie wird natürlich von einem Koloratursopran gesungen!

Eine der größten Koloratursopranistinnen des 20. Jahrhunderts war die Sängerin Maria Callas. Die Dichterin Ingeborg Bachmann bezeichnete sie als *die natürliche Nachtigall dieser Jahre, dieses Jahrhunderts. Sie war das letzte Märchen, die letzte Wirklichkeit, deren ein Zuhörer hofft, teilhaftig zu werden.* Es sind Koloratursoprane, die die *›Königin der Nacht‹*, aber auch andere Lieder und Arien singen, die viele Koloraturen aufweisen: Sylvia Geszty, Editha Gruberowa und nicht zuletzt Jenny Lind, die auch die schwedische Nachtigall genannt wurde.

In den Jahreszeiten, im Tageskreis, auf zahlreichen Instrumenten, und in allen Epochen wurde die Nachtigall besungen, imitiert und als Mythos verehrt. Für den Beginn des Frühlings, für Liebe, Hoffnung, Sehnsucht und die neu erwachenden Kräfte in der Natur und im Menschen ist sie mit ihrem betörenden Gesang wohl das schönste Symbol.

## Der mühsame Weg ins Industriezeitalter

Heute sind dem Warenverkehr und der persönlichen Mobilität in den reichen Industriestaaten kaum noch Grenzen gesetzt. PKW und LKW, Eisenbahnen, Flugzeuge und große Transportschiffe stehen für den Güter- und den indiviuellen Verkehr nach Nah und Fern zur Verfügung. Im frühen 19. Jahrhundert war das anders. Man ging zu Fuß »in die weite Welt hinaus«. Nur wohlhabende Menschen verfügten über Pferd und Wagen zum Reisen. Massengüter wie Steinkohlen konnten abseits der Wasserwege nur auf Pferderücken oder Kohlefuhrwerken transportiert werden. Ein spärliches und schlecht unterhaltenes Wegenetz erschwerte Transporte und Reisen. Hohe Frachtkosten verteuerten die Waren und begrenzten auch den Kohlenabsatz der Zeche Nachtigall. Erst mit dem Eisenbahnbau gab es seit den 1840er Jahren regelmäßige und schnelle Transport- und Reisemöglichkeiten.

**Anholt im Münsterland von Osten Lithographie von Adolf Esselbrügge, 1840**

Die meisten Wege waren unbefestigt. Wagenräder und Tierhufe hinterließen deutliche Spuren. Regenwetter weichte diese Straßen auf und machte sie schnell unpassierbar.
[Westfälisches Landesmuseum für Kunst und Kulturgeschichte, Münster]

**Das münsterländische Musikantenpaar Flör und Kösters auf Wanderschaft Ölgemälde von Friedrich Wilhelm Büchtemann, 1838**
[Westfälisches Landesmuseum für Kunst und Kulturgeschichte, Münster]

1.

2.

3.

**Der Fußweg von Witten nach Hattingen betrug 3 Stunden.**

**Der Fußweg von Witten über Volmarstein nach Wetter betrug 2 ¾ Stunden.**

**1. Hattingen um 1855, Ausschnitt aus der Lithographie ›Hattingen a. d. Ruhr (vom Winzerberge aufgenommen)‹** [Stadtmuseum, Hattingen]



**2. Volmarstein um 1870 Stahlstich nach Carl Schlickum** [Slg. WIM, Dortmund]

**3. Wetter a. d. Ruhr um 1840 Stahlstich von Carl Schlickum** [Slg. WIM, Dortmund]

Die Ruhrtalbahn fuhr um 1880 die Strecke von Herbede nach Blankenstein in sechs Minuten, von Blankenstein nach Hattingen in neun Minuten und von Volmarstein nach Bommern in acht Minuten.

## »Auf Schusters Rappen«

Eine Reise mit der Postkutsche konnten sich nur Adelige, Diplomaten, hohe Beamte, Geistliche oder Kaufleute leisten. Dagegen legten Handwerker, Studenten, Wanderhändler, Bauern, Tagelöhner, Spielleute, oder Saisonarbeiter selbst weite Wege zu Fuß zurück. Zufußgehen gehörte zum Alltag. Waren und Arbeitsgeräte wurden auf dem Rücken getragen. Wenn die Umstände es erforderlich machten, marschierten selbst Adelige weitere Strecken zu Fuß – zum Beispiel wenn das Geld knapp wurde – so ist es von einer Italienreise des Fürsten Hermann Pückler-Muskau überliefert. Die Dichterin Annette von Droste-Hülshoff ging um 1830 den etwa einstündigen Weg von ihrem Wohnort Rüschhaus nach Münster zu Fuß, wenn die Wege entweder schlecht zu befahren waren oder keine Kutsche zur Verfügung stand. Entfernungen wurden auf Wegsteinen bis ins 19. Jahrhundert nicht in Meilen oder Ruten, sondern in ›Wegstunden‹ angegeben. Das Tempo des Fortkommens unterschied sich kaum, egal ob man zu Fuß oder mit dem Wagen unterwegs war.

**Reiselust**

[Ruhrtalmuseum Schwerte]

## Reiselust?

Das Wege- und Straßennetz blieb in Deutschland mit seinen vielen kleinen Staaten bis ins 19. Jahrhundert schlecht und lückenhaft. Es gab Wege von Ort zu Ort oder zu Höfen, sowie – für den Fernverkehr – die Heer- und Handelsstraßen.

Reisen mit der Kutsche waren nicht für jedermann erschwinglich und vermutlich nicht sehr komfortabel. Trotzdem: Auch wenn es für uns heute eine mühselige, beschwerliche Art des Reisens scheint, für die Zeitgenossen war es ein enormer Fortschritt. Hegel fuhr mit dem preußischen Postwagen nach St. Petersburg, Goethe mit der Kutsche nach Italien. Weite Reisen wurden möglich, neue Horizonte öffneten sich. Von den Erkenntnissen und Beschreibungen profitieren wir noch heute, auch von den negativen. Besonders der Norden Deutschlands kam schlecht weg. Westfalens Straßen und Wege wurden in zeitgenössischen Reiseberichten als »elend, holperig, schlammig, unpassierbar und kotig« beschrieben. Goethe schilderte 1792 die Strecke von Warendorf nach Paderborn: *Gar oft kein gebahnter Weg, man fuhr bald hüben, mal drüben, begegnete und kreuzte sich. Heidegebüsch und Gesträuche, Wurzelstumpfen, Sand, Moor und Binsen, eins so unbequem wie das andere.*

**Reisende an einer Poststation**

**Zeichnung um 1830**

Rechts im Bild sind wandernde Handwerksburschen zu sehen. [Museum für Kommunikation, Frankfurt a.M.]

**›Witten bei Licht besehen! oder wie die Straßen der Stadt beschaffen sind‹**
**Zeichnung um 1850**
Die Karikatur stellt ein Problem dar, das viele Ruhrgebietsstädte plagte: Die miserablen Straßen und Wege. Damit die Postkutsche durch Witten fahren konnte, wurde 1837 die erste Straße gepflastert, die sogenannte Pflasterstraße.
[Märkisches Museum, Witten]



## Wittens erste Postkutsche

**Ruhrlandschaft bei Witten mit einer Postkutsche vor einer hölzernen Brücke über den Mühlenkanal**
**Ölgemälde um 1835**
Die Postroute von Witten nach Elberfeld führte zwischen Witten und Bommern an der ›Wittener Schifffahrt‹ über die Ruhr. Mit einer Fähre wurde übergesetzt. Eine Ruhrbrücke wurde erst 1882 errichtet.
[Privatbesitz Familie Freiher von Elverfeldt in Canstein]

Witten lag lange abseits der Fernstraßen. Erst 1831 wurde eine regelmäßige Postkutschenverbindung von Hagen über Witten nach Bochum eingerichtet. Im Jahr darauf fuhr diese Postkutsche bis Duisburg. Die Fahrtzeit von Hagen bis Duisburg betrug 12 Stunden. 1837 eröffnete eine weitere Postroute zwischen Witten und Elberfeld. Zu dieser Zeit kostete die Fahrt pro Person und Meile (1 Meile waren ungefähr 7,5 km) 5 Silbergroschen. Für die Strecke Witten-Elberfeld mussten 18 Silbergroschen und 9 Pfennig zuzüglich Fährgeld über die Ruhr gezahlt werden. Damit waren die Fahrtkosten für diese Strecke fast doppelt so hoch wie der durchschnittliche Tageslohn eines Bergarbeiters in Witten. Eine Postkutschenfahrt war für den Großteil der Bevölkerung also kaum erschwinglich.

**F. W. August Pott (1849–1924)**
Verleger, Gründer und Ehrenmitglied des Vereins für Orts- und Heimatkunde in der Grafschaft Mark zu Witten.

**Königlich-preußischer Postillion**
**Aquarell um 1820**
[Museum für Kommunikation, Frankfurt a. M.]

## »Trara, die Post ist da«

In seinem Beitrag zum Postwesen Wittens schildert Pott die Ankunft der ersten Postkutsche in Witten.

*Es war ein langersehntes, freudiges Ereignis für Witten, als am 1. September 1831 der erste Postwagen in Witten erschien, der Alt und Jung auf die Beine brachte. Erwartungsvoll stand die Menge zur fahrplanmäßigen Ankunftszeit auf der Landstraße, die von Bochum über den Crengeldanz und Schnee nach Herdecke und Hagen führt.*

*Viele von ihnen hatten gewiß in ihrem Leben ein solches Beförderungsmittel noch nicht gesehen. Pünktlich traf der gelblackierte, mit zwei kräftigen Pferden bespannte Wagen im scharfen Trabe ein, dessen Dach unter schwarzer Lederdecke die eingelieferten Pakete und das Freigepäck der Fahrgäste barg und auf dessen Bock in dunkelblauer mit roten Paspeln garnierter Uniform der Postillon saß, mit dem glanzledernen Posthute und der schwarzweißen Kokarde daran auf dem Kopfe.*

*Und nun setzte er unter Peitschenknall das Posthorn an und blies in langgezogenen, weit hin durch das Gelände hallenden, wehmutsvollen Tönen das alte, schöne, schwäbische Volkslied: »Muß' i denn, muß' i denn zum Städtele 'naus, …«*

*Die bequem beförderten und gut gelaunten Fahrgäste nahmen freundlichen Abschied von Witten und setzten in heiterer Stimmung die erinnerungsreiche Fahrt fort. – Lange blieb dies Ereignis im Gedächtnis der mitlebenden Wittener und hinterließ einen umso wirkungsvolleren Eindruck, als man allgemein der Ansicht war, daß Witten jetzt eine vorzügliche Postverbindung habe.*

*Der bergisch-märkische Fabrikdistrict, welcher einen der gewerbsamsten und bewohntesten Theile der preußischen Monarchie bildet, erstreckt sich von Westen nach Osten vom Rheine bis einige Meilen über die Lenne hinaus; derselbe wird nördlich von der Ruhr begrenzt, und reicht südlich bis in die Gegenden des Aggerthales.*

[Ludwig Henz, 1836]



## Von Kohlenstraßen, Wegegeldern und rauen Gesellen

Kohlentreiber und Fuhrleute transportierten neben der vor Ort verbrauchten Kohle die Steinkohlen von der Ruhr schon im 18. Jahrhundert vor allem zu den Metall verarbeitenden Betrieben in der Grafschaft Mark, im Bergischen Land und im Siegerland. Auch Glashütten, Kalkbrennereien, Textilfabriken, Ziegeleien, die Saline in Unna, Schmieden und Privathaushalte nutzten den Brennstoff Kohle, soweit er verfügbar und nicht zu teuer war. Ansonsten kauften Verbraucher das preiswertere Brennholz, bzw. verwendeten weiter Holzkohle.

**›Aussicht von der Schwelmer Graenze ins Bergische‹. Kupferstich von I. G. Prestel, nach einer Zeichnung von F. Ch. Müller, 1788** [aus: F. Ch. Müller: Choragraphie von Schwelm, Lemgo/Leipzig, 1789. Museum und Stadtarchiv Haus Martfeld, Schwelm]

Ausstellungsinszenierung im Maschinenhaus

Wegegelder, Zölle und Fuhrlöhne verteuerten die Kohlen bei den Verbrauchern bis zum 9-fachen des Kohlenpreises ab Zeche. Nicht jeder Weg, in den oftmals bergigen Regionen dieser Landesteile, war von schweren Fuhrwerken zu befahren, so dass die Kohle dann nur in Säcken auf Pferderücken befördert werden konnte. Die hohen Kosten und schlechte Wege begrenzten daher Umfang und Reichweite des Kohlenhandels. Noch 1836 beschrieb Ludwig Henz, königlich preußischer Wasserbaumeister an der Ruhr, die Situation für den bergisch-märkischen Bezirk wie folgt: *Bei allem Eifer der Staatsbehörden, [...] scheint es doch an die Unmöglichkeit zu grenzen, die Straßendecke in einen solchen Zustand der Festigkeit und Glätte zu bringen und zu erhalten, welcher einen schnellen und wohlfeilen Landtransport zulässig macht.*

So blieben die schwierigen Verkehrsverhältnisse bis in die 1840er Jahre ein Hemmschuh nicht nur für den Absatz der Steinkohle sondern für die gesamte Wirtschaftsentwicklung.

Absatz der märkischen Steinkohlen in Prozenten und absoluten Zahlen 1787/88 [nach Michael Fessner, 1998]

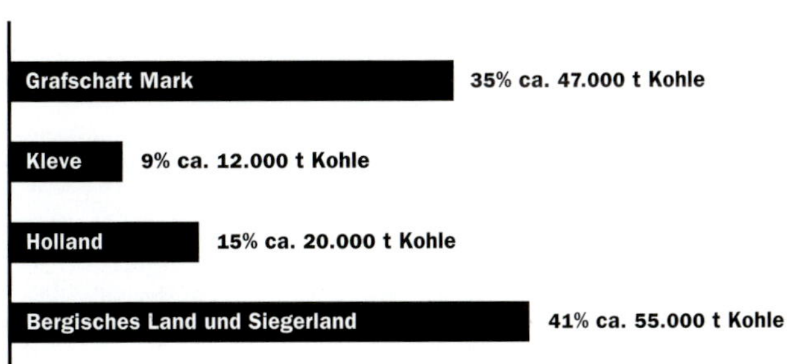

*Einsender sieht sie [die Kohlentreiber] oft zurückkommen von ihrer langen Tagereise, durch und durch durchnäßt, oft sind die Kleider von Eisregen überzogen, oft von bitterer Kälte erstarrt, oft in stockfinstern Abenden ihre Heimath in den unwegsamsten Straßen suchend, so daß nicht selten inniges Bedauern seinerseits diesen Leuten folgt. [...] Wie man nun dieses Geschäft ein leichtes nennen könne, kann dem Augenzeugen nicht einleuchten, ...*

[Hermann. Zeitschrift von und für Westphalen, 1825]

## Die Kohlenfuhrleute

4500 Karren Steinkohle mussten aus dem Märkischen nach Solingen zu den Degen- und Messerklingenschmieden geliefert werden, berechnete der Hof-Kammerrat F. H. Jakobi für das Jahr 1774. Wenig ist über die Arbeitsverhältnisse der Kohlentransporteure überliefert. 1789 schreibt der Schwelmer Pastor Friedrich Christian Müller über die mehr als 300 Kohlentreiber seiner Region. Jeder hatte drei bis vier Pferde: *Ueberhaupt mögen jährlich wohl 110 bis 120 tausend Pferdeladungen Kohlen ins Bergische transportiret werden. [...] Die Kohlentreiber sind in der Nachbarschaft als eine sehr rohe Nation verschrien. Sie haben sich aber diesen übelen Ruf vielleicht mehr durch ihr äußerst schwarzes, schmutziges Aussehen, als durch ihren Charakter zugezogen. [...]*

**Aussicht auf die Emper Straße**
Friedrich Christoph Müller beschreibt 1789 die Szene: »Ein Kohletreiber kommt am Abend von seiner Reise zurück. Die ermatteten Pferde keichen den Berg hinan. Die Kinder laufen dem Vater entgegen, [...]« [aus: F. Ch. Müller: Choragraphie von Schwelm, Lemgo/Leipzig, 1789. Museum und Stadtarchiv Haus Martfeld, Schwelm]

Nro. des Journals. Gratis.

**Legitimations-Karte**

auf gültig.

Dem aus

im landräthlichen Kreise

Regierungs-Bezirks Arnsberg, wird, zur Reise nach

und zurück, die gegenwärtige, von heute an auf

gültige Legitimations-Karte ertheilt.

Der Inhaber muß diese Legitimations-Karte jederzeit auf der Reise bei sich tragen, um sich, auf Erfordern, der Polizei oder Gensd'armerie als unbescholten auszuweisen, widrigenfalls er angehalten und durch Transport zurückgeschickt wird.

den ten 182

Der Bürgermeister

Person-Beschreibung.

1. Alter
2. Größe Fuß Zoll.
3. Haare
4. Stirn
5. Augenbraunen
6. Augen
7. Nase
8. Mund
9. Bart
10. Kinn
11. Gesicht
12. Gesichtsfarbe
13. Statur
14. Besondere Zeichen

Unterschrift des Inhabers

Diese Karte ist nur auf die bemerkte Dauer, für den in derselben benannten Inhaber gültig. Derselbe darf solche keinem Andern zum Gebrauch überlassen.

**Legitimation für Kohlentreiber und Kohlenfuhrleute**

Seit 1827 war jeder Kohlentreiber und -fuhrmann verpflichtet, sich diese Legitimationskarte bei der heimatlichen Polizeidienststelle ausstellen zu lassen. Diese Karte berechtigte ihn, sein Gewerbe auszuführen.

[Amtsblatt der Regierung Arnsberg, Juli 1827]

Die Dimension des Gewerbes für eine andere Region wird aus einer Eingabe an das Oberbergamt Dortmund ersichtlich: Wittener und Sprockhöveler Bergwerksbesitzer sahen 1826, als erste Eisenbahnpläne von den Zechen an der Ruhr nach Elberfeld diskutiert wurden, die Arbeitsplätze von 600 bis 1000 Kohlenfuhrleuten bedroht. Sicher ist, dass das Transportgewerbe mit lohnabhängigen und selbstständigen Kohlentreibern und Fuhrleuten für die Zechenbesitzer, die Bergbehörden und die Abnehmer der Kohle unentbehrlich war.

Die Kohlentreiber und Fuhrleute lieferten mit ihren Pferden die Kohlen unter oft schwersten Arbeitsbedingungen von den Zechen zu den Verbrauchern. Die auf eigene Kosten tätigen Kleinunternehmer hatten oft einen landwirtschaftlichen Nebenerwerb, der ihre Pferde ernährte. Aber es gab auch Bergwerke, die die Transporte selbst organisierten. Handelsunternehmen wie die Familie Harkort und vermutlich auch Kohlenhändler beschäftigen ebenfalls Fuhrleute.

Am 29. März, Mittwoch, Nachmittags 1 Uhr, lasse ich an meiner Wohnung meine sämmtlichen 9 kräftigen Zugpferde, als: 4 Apfel-, 1 Blauschimmel, 1 Fuchs und 3 Braunen sammt Geschirr, einen ganz neuen 6- und einen 4zölligen Fracht-, zwei 3zöllige Kohlen- und einen Bollerwagen, öffentlich meistbietend aus freier Hand verkaufen.

Barmen, den 20. März 1848.

J. H. Usener.

**Bochumer Kreisblatt, 1848**

[Stadtarchiv Hattingen]

Für manche Kohlenfuhrleute und ihre Pferde war die Arbeit auf den damals katastrophalen Verkehrswegen offenbar so hart, dass es sogar zu Arbeitsverweigerungen kam. Dienstverpflichtete Bauern, die Pferd und Wagen für den Transport der Kohle zur Saline nach Unna bereitstellen mußten, konnten Ende des 18. Jahrhunderts mitunter nur mit Strafen und sogar militärischem Zwang dazu gebracht werden. In einem offenen Brief in der westfälischen Zeitschrift ›Hermann‹ von 1826 klagt ein Theobald über die katastrophalen Arbeitsbedingungen auf der Wittener Kohlentransportstraße: *Kein Fuhrmann ist imstande, das sonst gewöhnliche Maß fortzuschaffen, oder er muß Vorspannpferde nehmen, wodurch ihm sein ohnehin schmales Verdienst fast ganz verkümmert wird. Manche bleiben wirklich stecken, und es kostet Stunden Zeit, den in ein Loch gerathenen Karren wieder herauszuschaffen. Die armen Leute dauern mich von Herzen, sie sind dem Mißmuthe, ja manche sogar der Verzweiflung nahe, [...].*

Wiederum Henz sieht 1836 als Ursache der ›Straßen-Misere‹ und damit auch der schweren Arbeitsbedingungen die altertümlichen Kohlenfuhrwerke, die mit ihrer schweren Last die Wege immer wieder zerstörten: [Sie] *befinden sich noch genau in demselben Zustande wie vor Hundert und mehreren Jahren. Fast ausschließlich werden zu den Transporten noch die zweirädrigen Karren angewendet, von einer Reihe hintereinander gespannter Pferde, ohne Zügellenkung gezogen.* Er berichtet außerdem, dass täglich lange Züge von Treiber-Pferden beobachtet werden können, *welche auf guten Chausseen 4 bis 5 Meilen weit, jedes drei Scheffel Kohlen, auf dem Rücken tragen!*

**Hagener Kreisblatt, 1854**

[Institut für Zeitungsforschung, Dortmund]

(1241.)

**Verkauf von Wagen und Pferden.**

Mit Aufgeben des eigenen Kohlentransports seitens der Gewerkschaft der Zeche „Ver. Engelsburg" sollen die vorhandenen Wagen und Pferde am

**3. October d. J., Vormittags 10 Uhr**

an der Behausung des Wirths Kramwinkel zu Steele öffentlich gegen Credit verkauft werden.

Es kommen zum Verkaufe 22 gesunde, starke und in gutem Zustande befindliche Pferde von größtentheils brabanter Race mit dem, jedem Pferde angepaßten Geschirre, 24 vollständige Wagen mit 120 Scheffel fassenden Kasten und sehr schweren Axen, sowie mehrere überzählige Geschirre, 16 Stück sechszöllige und 4 Stück vierzöllige Räder, mehrere Vorderwaagen, Winden, Ketten und viele Stallutensilien.

Kauflustige wollen sich einfinden.

Bochum, den 9. September 1854.

**Natorp,** Notar.

**Ausschnitt aus der Lithografie: ›Mühlheim sur Ruhr‹ von A. Maugendre, um 1850**
Die Grafik zeigt Industrieanlagen und im Vordergrund die Chaussee nach Essen.
[Slg. WIM, Dortmund]



## Die Transportwege

Bis zum Ende des 18. Jahrhunderts hatte es in der Grafschaft Mark noch keine sachgerecht angelegten ›Kunststraßen‹, wie sie von den Zeitgenossen genannt wurden, gegeben. Die Verkehrsverbindungen waren ausgespülte, schlecht instandgehaltene Hohlwege. Schwere Fuhrwerke zerfurchten die Wege noch mehr. Je nach Jahreszeit und Witterungsverhältnissen weichten die Wege bei Regenwetter auf oder vereisten bei Frostwetter. Fuhrwerke konnten dann entweder gar nicht fahren oder sie brauchten mehrere Vorspannpferde. Im schlimmsten Fall konnten die Kohlen nur sackweise auf Pferden befördert werden.

Um 1800 wurden in der preußischen Grafschaft Mark, der späteren Provinz Westfalen, recht früh zwei neue Chausseen angelegt. Sie sorgten für einen überregionalen Verkehrsanschluss dieser wirtschaftlich bedeutenden Region. Eine führte von Essen über Witten-Crengeldanz und Hagen nach Frankfurt a.M.. Die andere verlief von Düsseldorf über Schwelm nach Unna.
In der Folge entstanden Verbindungswege zu diesen Chausseen, die zum Teil privat finanziert und unterhalten wurden, sogenannte Aktienstraßen wie z. B. die Herbeder Kohlenstraße 1841 oder die Verbindung Witten – Wetter 1844.

*Diejenigen Wege, auf welchen zunächst die Kohlen aus den Revieren nach den umliegenden Oertern und Haupt-Chausseen transportiert werden, begreift man unter dem Namen: Kohlenstraßen.*
*Diese stehen unter der Regierung; es wird ein Wegegeld wie auf anderen Chausseen darauf erhoben und sie werden von den Wegebaubeamten beaufsichtigt.*

[Märkisches Bergamt Bochum, 1826]

Die Verkehrsinfrastruktur zu Lande war noch Anfang des 19. Jahrhunderts ein großes Problem. Debatten in den Regionalzeitungen, die Bildung von Straßenbau- und später Eisenbahn-Comitees sowie Forderungen von Zechenbesitzern und anderen Unternehmern für bessere Transportwege machten dies deutlich. Ein geschlossenes Straßennetz wurde erst nach Ende der napoleonischen Herrschaft durch eine systematische Straßenbaupolitik Preußens im Verlauf der ersten Hälfte des 19. Jahrhunderts geschaffen.

Für den Bau der Chausseen und Wege entwickelte Preußen ein umfangreiches Regelwerk. Die Straßendecke musste ganzjährig gut zu befahren sein. Zu diesem Zweck wurden die Straßen höher angelegt, mit einem festen Unterbau und einer gewölbten Straßendecke, die aus Kies oder Steinen bestand. Chausseewärter hielten sie instand. Als Gegenleistung wurde für die Benutzung ein Wegegeld erhoben, das an den Schlagbäumen, sogenannten Barrieren, den Geldeinnehmern zu zahlen war. In ›Wege-Ordnungen‹ waren die Pflichten der Chaussee- und Weganwohner festgelegt.

**Karte zum Chausseebau in Westfalen**

[Fritz Sälter, Witten 1917]

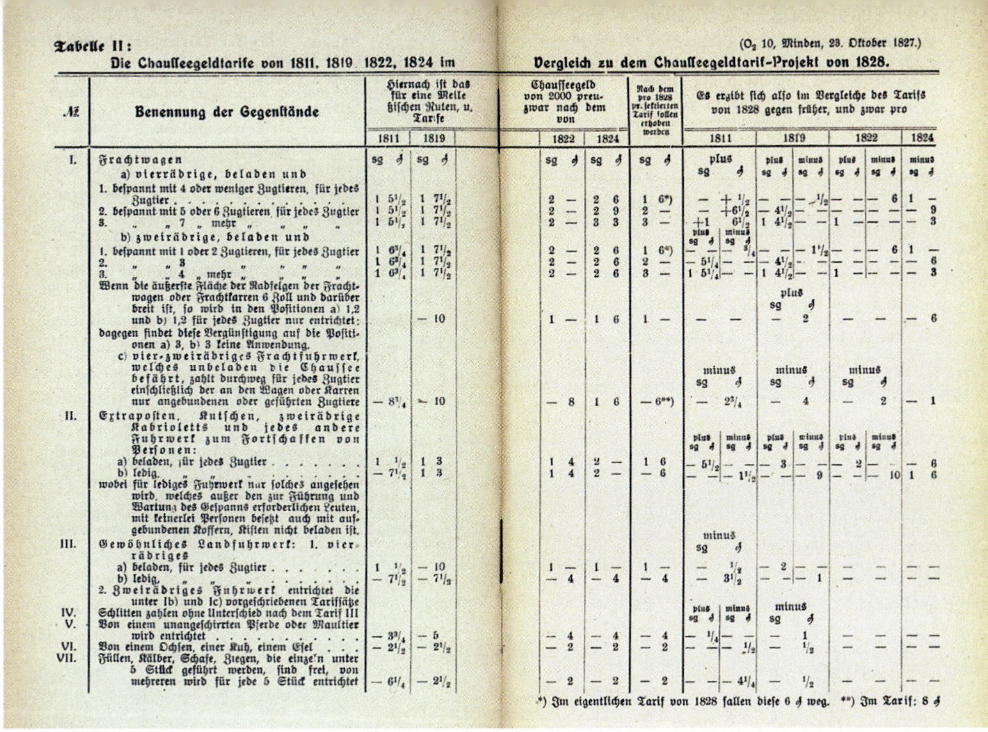

Tabelle II:

($O_2$ 10, Minden, 23. Oktober 1827.)

Die Chausseegeldtarife von 1811, 1819, 1822, 1824 im Vergleich zu dem Chausseegeldtarif-Projekt von 1828.

| № | Benennung der Gegenstände | Hiernach ist das für eine Meile ... Ruten, u. Tarife 1811 | 1819 | Chausseegeld von 2000 preu... zwar nach dem ... von 1822 | 1824 | Nach dem pro 1828 projektierten Tarif sollen erhoben werden | Es ergibt sich also im Vergleiche des Tarifs von 1828 gegen früher, und zwar pro 1811 | 1819 | 1822 | 1824 |
|---|---|---|---|---|---|---|---|---|---|---|
| | | sg ₰ | sg ₰ | sg ₰ | sg ₰ | sg ₰ | plus sg ₰ | plus sg ₰ / minus sg ₰ | plus sg ₰ / minus sg ₰ | minus sg ₰ |
| I. | Frachtwagen | | | | | | | | | |
| | a) vierrädrige, beladen und | | | | | | | | | |
| | 1. bespannt mit 4 oder weniger Zugtieren, für jedes Zugtier | 1 5½ | 1 7½ | 2 — | 2 6 | 1 6*) | — +½ | — — / — ½ | — — / — 6 | 1 — |
| | 2. bespannt mit 5 oder 6 Zugtieren für jedes Zugtier | 1 5½ | 1 7½ | 2 — | 2 9 | 2 — | — +6½ | — 4½ / — — | — — / — — | — 9 |
| | 3. „ „ 7 „ mehr „ „ „ „ | 1 5½ | 1 7½ | 2 — | 3 3 | 3 — | +1 6½ | 1 4½ / — — | 1 — / — — | — 3 |
| | b) zweirädrige, beladen und | | | | | | plus sg ₰ / minus sg ₰ | | | |
| | 1. bespannt mit 1 oder 2 Zugtieren, für jedes Zugtier | 1 6¾ | 1 7½ | 2 — | 2 6 | 1 6*) | — — / — ¾ | — — / — 1½ | — — / — 6 | 1 — |
| | 2. „ „ 3 „ „ „ „ | 1 6¾ | 1 7½ | 2 — | 2 6 | 2 — | — 5¼ / — — | — 4½ / — — | — — / — — | — 6 |
| | 3. „ „ 4 „ mehr „ „ „ „ | 1 6¾ | 1 7½ | 2 — | 2 6 | 3 — | 1 5¼ / — — | 1 4½ / — — | 1 — / — — | — 3 |
| | Wenn die äußerste Fläche der Radfelgen der Frachtwagen oder Frachtkarren 6 Zoll und darüber breit ist, so wird in den Positionen a) 1,2 und b) 1,2 für jedes Zugtier nur entrichtet: dagegen findet diese Vergünstigung auf die Positionen a) 3, b) 3 keine Anwendung. | | — 10 | 1 — | 1 6 | 1 — | — — | plus sg ₰: — 2 | — — | — 6 |
| | c) vier-zweirädriges Frachtfuhrwerk, welches unbeladen die Chaussee befährt, zahlt durchweg für jedes Zugtier einschließlich der an den Wagen oder Karren nur angebundenen oder geführten Zugtiere | — 8¾ | — 10 | — 8 | 1 6 | — 6**) | minus sg ₰: — 2¾ | minus sg ₰: — 4 | minus sg ₰: — 2 | — 1 |
| II. | Extraposten, Kutschen, zweirädrige Kabrioletts und jedes andere Fuhrwerk zum Fortschaffen von Personen: | | | | | | plus sg ₰ / minus sg ₰ | plus sg ₰ / minus sg ₰ | plus sg ₰ / minus sg ₰ | |
| | a) beladen, für jedes Zugtier | 1 ½ | 1 3 | 1 4 | 2 — | 1 6 | — 5½ / — — | — 3 / — — | — 2 / — — | — 6 |
| | b) ledig, „ „ | — 7½ | 1 3 | 1 4 | 2 — | — 6 | — — / — 1½ | — — / — 9 | — — / — 10 | 1 6 |
| | wobei für lediges Fuhrwerk nur solches angesehen wird, welches außer den zur Führung und Wartung des Gespanns erforderlichen Leuten, mit keinerlei Personen besetzt auch mit aufgebundenen Koffern, Kisten nicht beladen ist. | | | | | | | | | |
| III. | Gewöhnliches Landfuhrwerk: 1. vierrädriges | | | | | | minus sg ₰ | | | |
| | a) beladen, für jedes Zugtier | 1 ½ | — 10 | 1 — | 1 — | 1 — | — ½ | — 2 / — — | — — | — — |
| | b) ledig, „ „ | — 7½ | — 7½ | — 4 | — 4 | — 4 | — 3½ | — — / — 1 | — — | — — |
| | 2. Zweirädriges Fuhrwerk entrichtet die unter Ib) und Ic) vorgeschriebenen Tarifsätze | | | | | | | | | |
| IV. | Schlitten zahlen ohne Unterschied nach dem Tarif III | | | | | | plus sg ₰ / minus sg ₰ | minus sg ₰ | | |
| V. | Von einem unangeschirrten Pferde oder Maultier wird entrichtet | — 3¾ | — 5 | — 4 | — 4 | — 4 | — ¼ / — — | — 1 | — — | — — |
| VI. | Von einem Ochsen, einer Kuh, einem Esel | — 2½ | — 2½ | — 2 | — 2 | — 2 | — — / — ½ | — ½ | — — | — — |
| VII. | Füllen, Kälber, Schafe, Ziegen, die einzeln unter 5 Stück geführt werden, sind frei, von mehreren wird für jede 5 Stück entrichtet | — 6¼ | — 2½ | — 2 | — 2 | — 2 | — — / — 4¼ | — ½ | — — | — — |

*) Im eigentlichen Tarif von 1828 fallen diese 6 ₰ weg. **) Im Tarif: 8 ₰

**Preußische Chausseegeldtarife**

[Fritz Sälter, Witten 1917]

## Die Wittener Kohlenstraße

Die Wittener Kohlenstraße führte von Witten zu den Gewerbegebieten im Bergischen Land. Sie war für das Wirtschaftsleben der Grafschaft Mark von großer Bedeutung. Trotz des hohen Verkehrsaufkommens, das vor allem durch die Kohlentransporte verursacht wurde, unterblieb ein angemessener Ausbau dieser Straße bis 1834.

Ein Artikel mit dem bezeichnenden Titel ›Wegejammer‹ in Form eines Briefes in der Zeitschrift ›Hermann‹ von 1826 zeugt vom katastrophalen Zustand dieser Straße: *Ein wahrer Jammer ist es nun, wenn man sieht, wie entsetzlich die armen Kohlenfuhrleute sich und ihre Pferde abarbeiten müssen. Ueberall auf dem Steinwege sind tiefe Löcher, und haben sich die Pferde aus dem einen herausgequält, stürzen sie sofort in ein andres […]*

Zu einem ähnlichem Zustandsbericht kommt die Denkschrift des Bergamtes Bochum von 1826: *[…] sie hat eine Form, die keiner Kunststraße ähnlich sieht, keine gewählte, sondern nur zufällige Richtung, keine gehörige Breite, keine ordentliche Steindecke und Besatz, keinen offenen Graben, kein hinlängliches und gutes Material zur Ausbeßerung, keine thätigen Hände usw. Daher ist es besonders bei abgehendem Frost oder anhaltendem Regenwetter für den Fuhrmann und Treiber eine wahre Quälerey, diesen Weg zu passiren.*

*Wir befinden uns hier so recht im Kohlenlande, überall rings umher ragen die Schornsteine empor, ...*
[F. J. Pieler, 1881]

**Witten. Aquarell von Fritz Böcker, 1897**
Das Bild zeigt die Stadt mit ihren Industrieanlagen. Die beiden Lünetten verweisen auf die zwei bedeutenden Wirtschaftszweige Wittens, den Bergbau und die Stahlindustrie. [Märkisches Museum, Witten]

**Friedrich Harkort (1793–1880) auf Gut Harkorten bei Hagen geboren, auf einem Ölgemälde von Georg Wilhelm Volkhart, 1860.**
In seiner 1819 gegründeten Mechanischen Werkstatt in der Burg Wetter a.d. Ruhr wurden vor allem Dampfmaschinen für den Ruhrbergbau gebaut. 1832 lieferte seine Firma die erste Dampfmaschine für den Schacht Neptun der Zeche Nachtigall. [Karl Ernst Osthaus-Museum, Hagen. Foto: Achim Kukulies, Düsseldorf]

## Im Kohlenlande: »Das Schienenzeitalter«



Friedrich Harkort, westfälischer Unternehmer, Publizist und engagierter Sozialpolitiker war ein Pionier der Eisenbahnentwicklung in Deutschland. In seinem berühmt gewordenen Artikel ›Eisenbahnen. (Railroads.)‹ formulierte er 1825 für ein größeres Publikum seine wegweisende Vision.

***Die Eisenbahnen werden manche Revolution in der Handelswelt hervorbringen.***

*Durch die rasche und wohlfeile Fortschaffung der Güter wird der Wohlstand eines Landes bedeutend vermehrt, welches Kanäle, schiffbare Ströme und gute Landstraßen hinlänglich bewähren. Der Staat sollte aus diesem Grunde die Wegegelder nicht als eine Finanz-Quelle betrachten, sondern nur die Kosten einer vorzüglichen Unterhaltung erheben. Größere Vortheile wie die bisherigen Mittel, scheinen Eisenbahnen zu bieten. […] Die sämmtlichen Ruhrzechen erhielten durch eine Eisenbahn den unschätzbaren Vortheil eines raschen, regelmäßigen Absatzes unter großen Fracht-Ersparungen. […] Möge auch im Vaterlande bald die Zeit kommen, wo der Triumphwagen des Gewerbfleißes mit rauschenden Kolossen bespannt ist, und Gemeinsinn die Wege bahnen!*

**Karte der Bergisch-Märkischen und der Prinz-Wilhelm-Eisenbahn, um 1850, handcolorierter Stahlstich**
Die Karte entstand vermutlich anlässlich der Eröffnung der Bergisch-Märkischen-Eisenbahnstrecke von Elberfeld nach Dortmund. Die Bilder auf der Karte zeigen den Zeitgenossen – neben den vertrauten Landschaften – das Neue in ihrer Zeit: Die Bergwerke und den Elberfelder Bahnhof mit einer Dampflokomotive. [Slg. WIM, Dortmund]

Er forderte ein weitgespanntes Schienennetz, das die industriellen Zentren in Westfalen und im Bergischen Land mit den Seehäfen verband. Harkort bezog sich auf Planungen und erste Versuche mit Dampfeisenbahnen in England. Die erste europäische Fernbahn von Manchester nach Liverpool wurde jedoch erst 1830 eröffnet.

In Deutschland gab es zu dieser Zeit erste hölzerne und gußeiserne Schienenwege von den Zechen zu den Flüssen – zur Verladung auf Schiffe – und zu Landstraßen. 1836 existierten in den Bergrevieren an der Ruhr 44 eiserne Schienenwege mit Pferdebetrieb. Sie beförderten die Kohle unter und über Tage. Es vergingen aber noch Jahre, bis dampfbetriebene Eisenbahnen in Deutschland dichte überregionale Transportverbindungen herstellten. Die erste Eisenbahnstrecke über eine längere Distanz eröffnete 1839 ihren Betrieb von Leipzig nach Dresden.

Bekanntmachung.
Bei der binnen Kurzem stattfindenden Vollendung resp. Eröffnung unserer Bahn fordern wir hiermit die in der Nähe der Bahn belegenen Steinkohlen-Zechen auf, ihre Erklärung über den Anschluß an unsere Bahn mittelst Zweigbahnen baldigst abzugeben, da der Anschluß durch zeitige Vorbereitung desselben wesentlich erleichtert wird.
Elberfeld, den 27. September 1848.
Die Direction der Bergisch-Märkischen Eisenbahn-Gesellschaft.

**Bahnverbindungen**

Auch regional gab es schon sehr früh Bestrebungen, Bahnverbindungen – noch dachte man an Pferdeeisenbahnen – von den Zechen des Ruhrtals ins Bergische zu bauen. Das finanziell Machbare wurde verwirklicht: Statt einer geplanten Bahn vom Hardensteiner Revier südlich von Witten nach Barmen bauten die Wittener Unternehmer und Bergwerksbesitzer Carl Berger und Ludwig von Elverfeldt 1829 eine Pferdeeisenbahn von den Steinkohlengruben des Muttentales zur Kohlenstraße von Witten nach Elberfeld. Hier konnte die Kohle in einem Magazingebäude gelagert und dann in Fuhrwerke umgeladen werden.



Ludwig Henz, der später auch den Bau der Bergisch-Märkischen Eisenbahn begleitete, plante 1835/36 eine Pferdeeisenbahn von Elberfeld über Hagen nach Witten, die unterhalb Steinhausens enden sollte, zu den Zechen südlich der Ruhr. Eine Streckenerweiterung nach Hörde, heute Dortmund, hatte er bereits angedacht. Es blieb ein Projekt, das nicht verwirklicht wurde. All diesen Projekten und Visionen lag zugrunde, Massengüter wie die Kohle kostengünstiger und schneller zu Verbrauchern im Hinterland abseits der Flüsse zu transportieren.

**Farblithographie:**
**Gut Steinhausen mit Zeche Theresia und Pferdeeisenbahn, die sog. Muttentalbahn, um 1860**
[Slg. WIM, Dortmund]

Fahnenfragment der
›Central-Locomotiven-Werkstatt‹
der Bergisch-Märkischen Eisenbahn,
die 1863 in Witten eröffnet wurde.
[Foto: G. Krause, Werl]



Wie der Wege- und Straßenbau war auch der Eisenbahnbau ein in den Regionalzeitungen viel besprochenes Thema. Offene Briefe für die finanzielle Entlastung des Landtransports auf Kunststraßen und für Beschränkungen des Güterverkehrs mit der Eisenbahn gab es ebenso wie Argumente für den Eisenbahnbau. Der günstigere Preis der Kohlen und die Konkurrenzfähigkeit wurden auf dieser Seite angeführt. Durch abgedruckte Petitionen der Eisenbahn-Comitees, Stellungnahmen der Ministerien, Berichte des Landrats an die preußische Regierung, Leserbriefe von Bürgern oder der ›Kohlenzechen-Repräsentanten‹ wurde argumentativ für die eigene Position gekämpft und Überzeugungsarbeit geleistet. Im ›Märkischen Sprecher‹ wie im ›Bochumer Kreisblatt‹ wurde über die zweckmäßigste Streckenführung, die Vereinigung einzelner Eisenbahnen oder den finanziellen Einsatz diskutiert bzw. berichtet.

**Stahlstich: Witten an der Ruhr von J. Lübke, um 1860.**
Der neue Bahndamm der Bergisch-Märkischen Eisenbahn und die Zubringer-Bahnen der Wittener und Bommeraner Zechen sind gut zu erkennen.
[Märkisches Museum, Witten]

**Rekonstruktion der Verladestelle der Zeche Nachtigall-Tiefbau, um 1875**
Die Kohlenloren aus dem Schacht wurden mit einer handbetriebenen Kippvorrichtung direkt in die Eisenbahnwaggons entleert.
**Maßstab 1:32, Modellbauer: M. Knapp, Olfen**
[Slg. WIM, Dortmund]

Hohe Beamte in Ministerien und Bergbehörden, der Westfälische Provinziallandtag und Kommunalvertreter unterstützen die regionalen Bestrebungen der Unternehmer zum Eisenbahnbau, um neue Absatzmärkte zu erschließen. Ein finanzielles staatliches Engagement blieb zunächst aber aus. Konkurrenzprojekte und Finanzierungsschwierigkeiten verhinderten die rasche Realisierung der gewünschten Bahnverbindungen von der Ruhr zu den Verbrauchszentren im Bergischen Land.

Im Dezember 1848 – zuletzt doch mit staatlicher Unterstützung gebaut – wurde die Bahnstrecke der Bergisch-Märkischen-Eisenbahn von Elberfeld über Witten nach Dortmund für den Güterverkehr eröffnet. Dort bestand Anschluß an die nur ein Jahr zuvor eröffnete erste rheinisch-westfälische Fernstrecke von Köln nach Minden.

Seit Eröffnung der Bergisch-Märkischen-Eisenbahn schaffte die südlich der Ruhr gelegene Zeche Nachtigall ihre Kohlen mit einer Pferdeeisenbahn zunächst per Fähre, später über die 1853 zu diesem Zweck erbaute Nachtigallbrücke, zu Lagerplätzen am Bahnhof Witten. Dort konnte die Kohle in Eisenbahnwaggons umgeladen werden. Mit der Ruhrtalbahn bekam die Zeche Nachtigall 1874 einen direkten Bahnanschluss. Vom Förderschacht gelangte die Kohle nun ohne Umwege zur Verladung in die Güterwagen.

*Die Ruhrfahrt*

*Das Thal, das seine Woge stolz durcheilet,*
*Der hohe Felsen, der das Thal umschanzt,*
*Der dichte Wald, wo Philomele weilet,*
*Die grüne Matte, wo die Heerde tanzt,*
*Der Erde Tiefen selbst, wo Erze rasten:*
*Das Alles giebt dem Flusse reiche Lasten.*

*Und gerne trägt er auf dem stolzen Rücken*
*Den Schatz der Mark zum fernen Ausland hin,*
*und freu't sich, wenn die Schiffe schwer ihn drücken,*
*Je schwerer, desto größer der Gewinn!*
*So hat er seinen Ufern emsig Leben,*
*Dem Handel frohe Regsamkeit gegeben.*

[Friedrich Rautert, 1827]

**Das Ruhrtal bei Blankenstein Farblithografie von Wilhelm Riefstahl, 1860**
[Westfälisches Landesmuseum für Kunst und Kulturgeschichte, Münster]

# Kohlenschifffahrt auf der Ruhr



Die Ruhr hat dem Ruhrgebiet ihren Namen gegeben. Dass der Fluss, heute Ziel für Erholungssuchende, vor 180 Jahren ein viel befahrener Verkehrsweg war, verwundert auf den ersten Blick. Tatsächlich stauten sich in der ersten Hälfte des 19. Jahrhunderts vor den Schleusen zwischen Witten und Ruhrort die Kohlenschiffe, die den ›Schatz der Mark‹, die Steinkohle, zum Rhein beförderten. Hunderte von Schiffern, Schiffsknechten und Pferdetreibern verdienten in der Ruhrschifffahrt ihren Lebensunterhalt. Schleusenwärter und Wasserbaubeamte sorgten für den reibungslosen Ablauf des Verkehrs.

Der Fluss entwickelte sich zur Hauptschlagader der frühen Industrialisierung, nicht nur als Verkehrsweg, sondern auch als treibende Kraft für Mühlen und Hammerwerke. Um 1840 drohte diese Ader sogar unter dem stetig steigenden Verkehrsaufkommen zu verstopfen, aber trotz unterschiedlicher Bemühungen wurde der Schritt zum industrialisierten und kanalisierten Verkehrssystem nicht vollzogen. Es entstanden keine aufwändigen Hafen- und Verladeanlagen, die Schiffe wurden bis zuletzt von Pferden stromaufwärts gezogen. Gegen die um 1850 auftretende Konkurrenz der Eisenbahn kam der Fluss nicht an, die Verkehrsströme verlagerten sich wie der Bergbau nach Norden.

Der Ruhrnachen *Ludwig Henz* steht im Mittelpunkt der Ausstellungslandschaft.

Der Ruhrnachen *Ludwig Henz* steht im Mittelpunkt der Ausstellungslandschaft. Verschiedene Ansichten zeigen typische Situationen: Von einer Seite sieht es aus, als würde er gerade auf einem Schiffbauplatz repariert, von einer anderen, als würde er an einer Kohlenniederlage beladen. Auf einem Stück historischen Leinpfads stehen die Treidelpferde bereit... Unterschiedliche Eindrücke, unterschiedliche Themen einer Ausstellung, die die Kohlenschifffahrt auf der Ruhr lebendig werden lassen soll.

Für die Zeche Nachtigall war die Ruhrschifffahrt ein wichtiger wirtschaftlicher Faktor. Nur wenige hundert Meter vom jetzigen Liegeplatz des Museumsschiffs sind heute noch die Reste der Kohlenniederlage der Zeche zu erkennen. In unmittelbarer Nähe lag der Ausgangspunkt der Kohlenschifffahrt, denn oberhalb Wittens war die Ruhr nicht mehr schiffbar. Dieser lokale Bezug soll die Perspektive nicht einengen. Vielmehr öffnet er durch Fallbeispiele den Blick auf übergreifende Themen der Ruhrschifffahrt zwischen Witten und Ruhrort.

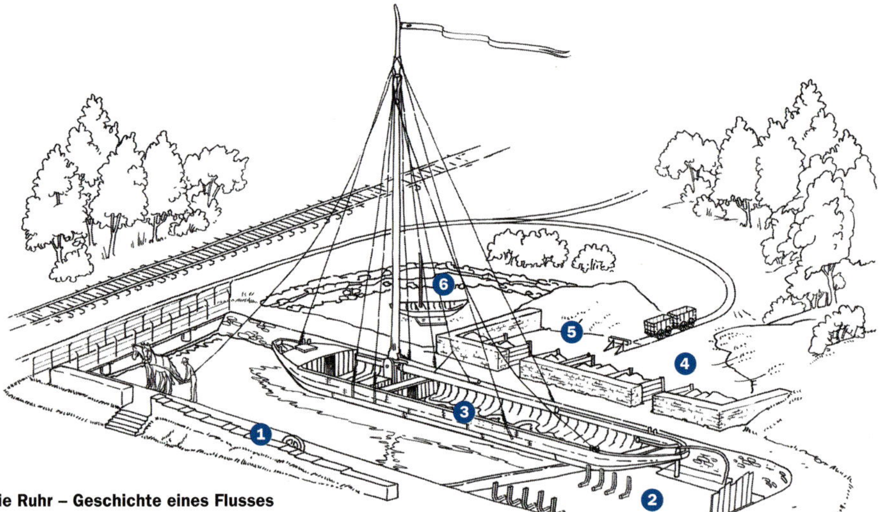


**1 Die Ruhr – Geschichte eines Flusses**

**2 Schiffsbauplatz**

**3 Kohle Kurs Ruhrort – Ruhrnachen *Ludwig Henz***

**4 Kohlenniederlage – Vom Schacht zum Schiff**

**5 Ruhrschifffahrt vor Ort**

**6 Wasserspielplatz**

Die erste urkundliche Erwähnung: Konrad II. verleiht 1033 der Abtei Werden das Recht der freien Schifffahrt auf der Ruhr. [Landesarchiv NRW, Hauptstaatsarchiv Düsseldorf]

## Die Ruhr



Die Ruhr entspringt bei Winterberg und mündet nach 235 Kilometern bei Duisburg-Ruhrort in den Rhein. Die geologischen Strukturen ihres Einzugsgebiets bewirken, dass kaum Wasserverluste durch Versickerung eintreten. Bei starken Regenfällen und Tauwetter kommt es zu schnell durchlaufendem Hochwasser, in trockenen Perioden zu Niedrigwasser. Beide Faktoren waren für die Entwicklung der Schifffahrt von Bedeutung.

Von Schifffahrt auf der Ruhr ist erstmals in einer Urkunde für die Abtei Werden die Rede:
*Außerdem haben wir durch unsere kaiserliche Macht dem Abt und dem ganzen Volk, das dem vorgenannten Kloster dient, erlaubt, den Schifffahrtsweg von dem Ort, wo die Ruhr in den Rhein fließt, hinauf gegen die Strömung der Ruhr bis zum Kloster Werden mit dem Schiff zu befahren.*
[Kaiser Konrad II., 1033]

Diese erste Erwähnung ist Bestandteil einer Urkunde, in der Kaiser Konrad II. im April 1033 der Abtei Werden umfangreiche Rechte zusicherte. Das Recht auf freie Schifffahrt war von besonderer Bedeutung, da Flüsse wichtige Verkehrswege waren. Im Gegensatz zu den im Mittelalter (und lange Zeit danach) katastrophalen Wegeverhältnissen boten sie beste Grundvoraussetzungen für die wirtschaftliche Entwicklung. Ob sich zu dieser Zeit tatsächlich eine nennenswerte Schifffahrt zwischen Werden und dem Rhein entwickelte, ist fraglich, denn die Ruhr wurde auch zum Antrieb zahlreicher Mühlen genutzt.

**Die Herrschaft Witten 1620**
Die Zeichnung zeigt die intensive Nutzung der Ruhr durch Mühlen.
[Märkisches Museum, Witten]



Um die Kraft des Wassers so gut wie möglich ausnutzen zu können, waren Eingriffe in den Flusslauf notwendig: Mühlenwehre, an der Ruhr ›Schlachten‹ genannt, wurden quer zur Strömung angelegt und blockierten so die freie Schifffahrt. Diese war schließlich nur noch unterhalb der Stadt Mülheim möglich, doch auch dort wurde sie durch wechselnde Wasserstände, unsicheres Fahrwasser und Untiefen behindert.

Die wirtschaftliche Entwicklung Mülheims wurde durch diese Rahmenbedingungen wesentlich gefördert. Hier wurde die in den umliegenden Revieren geförderte Kohle auf Schiffe verladen und zum Rhein befördert. Mülheim entwickelte sich zu einem Zentrum des Kohlenhandels. Die Mülheimer Kohlenkaufleute bestimmten durch Vermischen der angelieferten Kohlen die Qualität der Kohle und die Preise. Als Reaktion auf die Mülheimer Vormachtstellung im 18. Jahrhundert war besonders Preußen daran interessiert, die am Oberlauf der Ruhr in der preußischen Grafschaft Mark geförderte Kohle unter Umgehung des Mülheimer Markts in die ebenfalls preußischen Gebiete am Rhein zu befördern.

**Mülheim um 1850**
Die Stadt entwickelte sich zu einem Zentrum der Ruhrschifffahrt und des Kohlenhandels.
[Städtisches Museum, Mülheim an der Ruhr]

**König Friedrich II. von Preußen**
[Haniel-Museum, Duisburg-Ruhrort]
**Abt Anselm Sonius**
[Probsteigemeinde St. Ludgerus, Essen-Werden]
**Fürstäbtissin Franziska Christine von Pfalz-Sulzbach**
Ölgemälde von Josef Schmitz
[Fürstin Franziska Christine-Stiftung, Essen-Steele]
**Kurfürst Carl Theodor von der Pfalz**
Ölgemälde von Heinrich Carl Brandt
[Reiss-Engelhorn-Museum, Mannheim]
**Marie Luise Albertine von Leiningen**
Ölgemälde von Johann Christian Fiedler
[Hessische Hausstiftung Kronberg, Schlossmuseum Darmstadt]

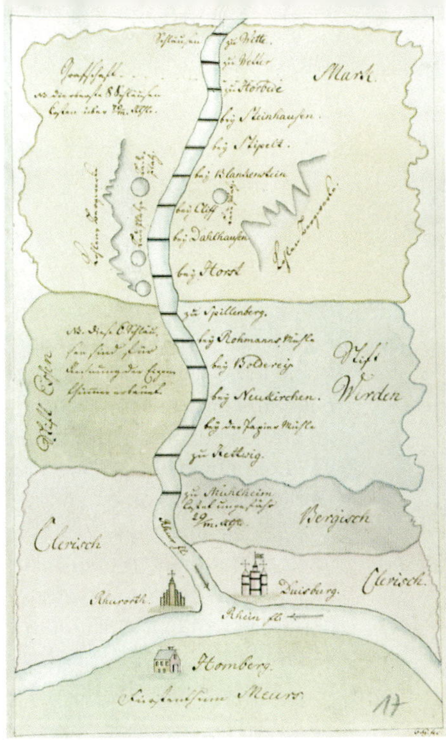


**Die Ruhr**
**Karte von 1780**
Sie zeigt die territorialen Verhältnisse und die neu erbauten Schleusen.
[Stadtarchiv Wesel]

## 1780: Ein Weg für Salz und Kohle!

Im Jahr 1735 untersuchte der preußische Landvermesser Konrad Henning die Ruhr, um festzustellen, ob und wie der Fluss durchgängig schiffbar gemacht werden könnte. Er fand zahlreiche Mühlenwehre, die den Fluss blockierten und durch den Bau von Schleusen umgangen werden mussten. Die oft jahrhundertealten Mühlenrechte stellten für die Schiffbarmachung der Ruhr ein eben so großes Hindernis dar wie der Umstand, dass mehrere selbstständige Staaten an das Flussufer grenzten. An eine schnelle Öffnung des Flusses für die Schifffahrt war unter diesen Umständen kaum zu denken.

Als Friedrich II. schließlich die Schiffbarmachung vorantrieb, gehörte die Grafschaft Mark mit ihren reichen Steinkohlenvorkommen zu Preußen, ebenso die Ruhrmündung im Herzogtum Kleve. Dazwischen lagen mehrere eigenständige Territorien: In Werden regierte der Abt Anselm Sonius, in Essen die Fürstäbtissin Franziska Christine von Pfalz-Sulzbach. Das Herzogtum Berg wurde von Kurfürst Carl Theodor von der Pfalz regiert und die Herrin der Mülheimer Herrschaft Broich, Marie Luise Albertine von Leiningen, war mit dem Landgrafen von Hessen verheiratet. Alle Landesherren hatten eigene Interessen und es bedurfte zäher Verhandlungen. Schließlich stimmten 1773 alle Beteiligten der Schiffbarmachung und dem Bau von Schleusen zur Umgehung der Mühlenwehre zu.

**Siegel der Salzkommission, 1800**

[Familienarchiv Gethmann]

Das Interesse des preußischen Staates an einer schiffbaren Ruhr hatte mehrere Ursachen. Natürlich war der Absatz der Kohle ein wichtiger Faktor. Besonders die Versorgung des ebenfalls preußischen Herzogtums Kleve am Niederrhein lag im staatlichen Interesse. Während hier durch Abgaben und Zölle die Kohle aus anderen Bergbaugebieten effektiv vom Markt gedrängt werden konnte, musste in anderen Ländern mit großer Konkurrenz gerechnet werden. Die in den Steinkohlerevieren der unteren Ruhr geförderten Kohlen, die zumeist in Mülheim auf Schiffe verladen wurden, konnten sich hier in der Regel behaupten. Für das auf der KÖNIGLICHEN SALINE KÖNIGSBORN bei Unna gewonnene Salz schien die Flussschifffahrt weitaus bessere Perspektiven zu eröffnen, denn dieses konnte durch die neue Wasserstraße Gewinn bringend zum Nieder- und Mittelrhein exportiert werden.



Nach dem Bau von 17 Schleusen konnte die Ruhr zwischen Langschede bei Unna und dem Rhein ab 1780 durchgängig befahren werden. Unterhalb Wittens wurde die Kohle schnell zum wichtigsten Transportgut. Oberhalb entwickelten sich die Dinge jedoch anders als erwartet: Der Salztransport blieb weit hinter den Prognosen zurück. Im Jahr 1801 wurden die drei obersten Schleusen bei Witten, Wetter und Herdecke aufgegeben.

**Die Ruhr bei Wetter**
**Radierung von Johann Heinrich Bleuler, um 1804**

Die Darstellung der Aak auf diesem Bild stellt eine Besonderheit dar, da das Schiff mit einem festen Verdeck ausgerüstet ist, wie es für den Salztransport von der Saline Königsborn vorgeschrieben war. Als das Bild entstand, war die Schifffahrt in Wetter bereits wegen Unwirtschaftlichkeit eingestellt worden.

[Museum der Grafschaft Mark, Altena]

**Blankenstein**
**Radierung von Johann Heinrich Bleuler, um 1810**
Auf der Ruhr wurde nicht nur Kohle verschifft. Auch andere Güter, zum Beispiel Mühlenprodukte, wurden verladen.
[Slg. WIM, Dortmund]



## 1815: Die Ruhr wird preußisch

Die napoleonischen Kriege führten an der Ruhr zu großen Veränderungen. Nach der Auflösung der geistlichen Herrschaften in Essen und Werden kamen ihre Gebiete 1803 unter preußische Verwaltung. Drei Jahre später, Preußen war von Napoleon besiegt worden, wurde der gesamte Ruhrlauf dem französisch kontrollierten Großherzogtum Berg zugeschlagen. Erst nach der Niederlage Napoleons kam der Fluss 1814 wieder an Preußen, dass nun erstmals die gesamte schiffbare Ruhr von Witten bis zum Rhein kontrollierte. Für den reibungslosen Verkehrsfluss auf dem Strom sorgte von nun an die Königlich Preussische Ruhrschifffahrtsdirektion.

Bald wurde ein strukturelles Grundproblem der Ruhrschifffahrt offensichtlich: Auf der Ruhr entwickelte sich ein Einbahnstrassenverkehr. Für die Fahrt zum Rhein stand mit der Kohle ein begehrtes Frachtgut in bester Qualität und großer Menge zur Verfügung, bei der Fahrt stromauf blieben die Schiffe jedoch zumeist leer. Die Folge war, dass sich auf der Ruhr Verhältnisse herausformten, die im Vergleich zu anderen Flussrevieren der Zeit bemerkenswerte Besonderheiten aufwiesen. Durch die Strukturen der Ruhrschifffahrtsdirektion und der staatlichen Bergverwaltung wachten preußische Behörden sehr genau darüber, was mit der Kohle auf ihrem Weg von der Zeche bis zu den Kohlenlagern in Ruhrort passierte. Auf der anderen Seite standen Kohlenkaufleute und Reeder, allen voran die Industriepioniere Franz Haniel aus Ruhrort und Mathias Stinnes aus Mülheim, die im Regelfall auch an Bergwerken beteiligt waren. Die Folge war letztlich ein hermetisch abgeschlossener Markt, der sich für Außenstehende kaum öffnete. An der Ruhr gab es keine selbstständigen Schiffer, die auf dem Fluss ihr Auskommen hätten finden können. Hier hatten die Schiffe keine Namen, nur Nummern, die von der Ruhrschifffahrtsdirektion vergeben wurden.

**Blankenstein**

**Stich von Henry Winkles nach Carl Schlickum, 1842**

Um 1840 wurde der Schiffsverkehr immer dichter.

[Slg. WIM, Dortmund]



Ab 1830 nahm der Verkehr auf der Ruhr ständig zu. Ein Grund war die gestiegene Nachfrage nach westfälischer Kohle in den Niederlanden, die die eigenen Kohlenreviere durch die Unabhängigkeit Belgiens verloren hatten. Eine Ausdehnung des Absatzes im Einzugsgebiet des Rheins war auch im Interesse der Bergbehörden, Zechenbesitzer und der Kohlenkaufleute. Um der gestiegenen Nachfrage begegnen zu können, fingen die ersten Zechen mit dem Bau von leistungsfähigen, aber teuren Tiefbauschächten an, um die tiefer liegenden Kohlenflöze abbauen zu können. Auch auf der Zeche Nachtigall begann im Jahr 1832 mit der Schachtanlage Neptun die Zeit des Tiefbaus. Immer mehr Kohle wurde auf der Ruhr verschifft. Zwischen 1830 und 1840 verdoppelte sich die Transportmenge. Nun traten die Schwachstellen des Systems zu Tage: An den einzelnen Schleusen konnten pro Tag maximal 65 Schiffe geschleust werden. Zeitweise warteten jedoch bis zu 150 Kohlennachen auf die Durchfahrt. An den Schleusen stauten sich die Schiffe. Die Wartezeiten, und somit auch die Reisedauer der einzelnen Kohlennachen, wurden immer länger.

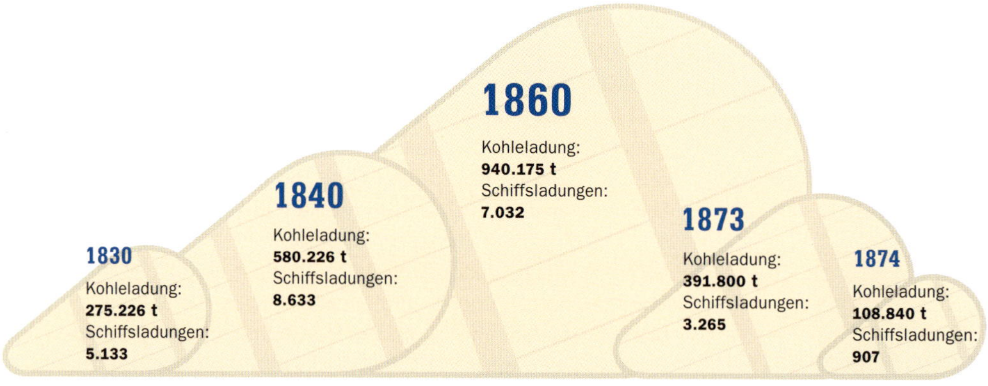


[nach Wilhelm Sopp, 1920]

Hinzu kam, dass der Fluss nicht das ganze Jahr über befahren werden konnte. Wenn Hochwasser oder Niedrigwasser auftraten oder Eis die Schiffe behinderte, musste die Schifffahrt eingestellt werden. Es gab Jahre, in denen sie über ein halbes Jahr lang ruhte. Wenn dann noch eine Schleuse wegen Bauschäden ausfiel, drohte der Verkehrsweg zusammenzubrechen. Eine Einstellung der Schifffahrt wirkte sich auch unmittelbar auf die Zechen aus: In den Niederlagen am Fluss wuchsen die Kohlenhalden.

**Ludwig von Vincke**
**Stich von Hermann Sagert**
**nach Friedrich Boser**
Ludwig von Vincke wurde 1815 zum Oberpräsidenten der neu gegründeten Provinz Westfalen ernannt. Bis zu seinem Tod setzte er sich für die Entwicklung des Landes ein. Als Ruhrschifffahrtsdirektor förderte er die Ruhrschifffahrt in besonderem Maße. [Slg. WIM, Dortmund]

### Im Dienst für die Ruhr: Die Ruhrschifffahrtsdirektion



Die Wirren der napoleonischen Kriege wirkten sich auch auf die Ruhr aus. Die geistlichen Herrschaften in Werden und Essen wurden 1803 aufgelöst, drei Jahre später musste Preußen nach der Niederlage gegen die napoleonische Armee die Westprovinzen räumen, die gesamte Ruhr gehörte nun zum Großherzogtum Berg, einem französischen Satellitenstaat. Erst mit der Niederlage Napoleons wurde der Fluss 1814 preußisch. Die schiffbare Ruhr floss nun durch die Rheinprovinz und Westfalen. Dies spiegelte auch die Struktur der neu eingerichteten Ruhrschifffahrtsdirektion wieder: Zum Ruhrschifffahrtsdirektor wurde der Oberpräsident der Provinz Westfalen, Ludwig von Vincke, ernannt, die oberste Fachaufsicht für die Wasserbauarbeiten lag bei der Regierung Düsseldorf, also in der Rheinprovinz.

Vincke bestimmte, dass alle von der Ruhrschifffahrtskasse eingenommenen Schleusengelder, Abgaben und Strafgelder direkt dem Ausbau der Ruhrschifffahrt und der Förderung des Kohlenabsatzes dienen sollten. Mit diesen Einnahmen wurde zunächst der Ausbau des Ruhrorter Hafens finanziert. Dort, an der Verbindungsstelle zwischen Ruhr und Rhein, entstanden Hafenanlagen und Kohlenlagerplätze. Auch in die Erneuerung der vorhandenen Schleusen wurde immer wieder Geld investiert.

Trotz des stetig steigenden Verkehrs war die personelle Struktur der Ruhrschifffahrtsdirektion weitgehend statisch. Für die Unterhaltung und den Ausbau des Flusses wurden zwei Baubeamte angestellt. Sie waren für die Planung, Vergabe, Durchführung und Beaufsichtigung aller Wasserbauarbeiten zuständig, achteten auf den guten Zustand der Schleusen und Leinpfade

Die Neukircher Schleuse
in Essen-Werden



und beaufsichtigten die Schleusenwärter. Obwohl sie in ihrer Arbeit von Bauaufsehern unterstützt wurden, die nach Beendigung ihrer Ausbildung auf eine feste Stelle in der preußischen Bauverwaltung warteten, war die Arbeitsbelastung und Verantwortung der Baubeamten groß:

*Ich sitze hier bis über beide Ohren in der Arbeit, da plötzlich eine Privatschleuse baufällig geworden ist, dass ich – davon abbrechen lassen mußte und große Mühe haben werde, sie beim Beginn der Schiff-Fahrt wieder im Gang zu haben. Alemann ist von der Ruhr abgegangen, da für ihn keine Hoffnung mehr zu definitiven Anstellung gab; Jacobiny ist zum großen Manoeuver, und so lastet denn alles auf meinen Schultern.*

[Wasserbaumeister Ludwig Henz, 1836]

Die Bauarbeiten standen unter einem enormen Zeitdruck, da sie nach Möglichkeit nur durchgeführt wurden, wenn die Schifffahrt während der Sommermonate wegen Niedrigwassers ruhte. Sobald der Fluss wieder befahrbar war, musste der Verkehr reibungslos laufen. Damit sich die Baubeamten fortlaufend über den Gesamtzustand des Flusses informieren und die Arbeit an den Schleusen und auf den Baustellen kontrollieren konnten, ersetzte man ihnen die Kosten für ein Reitpferd. In jedem Frühjahr und Herbst fanden regelmäßige Flussbefahrungen statt, bei denen auch Vertreter der Kohlenkaufleute und Uferanlieger ihre Vorschläge vortragen konnten.

**Gusstafel mit preußischem Adler von der Neukircher Schleuse, 1829**
[Leihgabe des Landes Nordrhein-Westfalen, Staatliches Umweltamt Duisburg]

**Rechts:**
Der Verkehr auf dem Fluss wurde durch zahlreiche Verordnungen geregelt, die auch heute noch einen Eindruck von der Arbeit auf der Ruhr vermitteln.

Wir befehlen demnach allen und jeden auf das Ufer des leinen Pfads anschiessenden Eignern nach dieser Vorschrift den leinen Pfad beständig rein zu halten.

[Königliche Preußische Wasser- und Uferordnung für den Ruhr-Strom, 1781]

Derjenige, welcher auf eine Schleusenwärter-Stelle Anspruch machen will, muß eine leserliche Hand schreiben, etwas rechnen können, dem Trunk nicht ergeben seyn und überhaupt das Zeugnis eines moralisch guten Lebenswandels aufzuweisen haben.

[Instruktion für die Schleusenwärter auf der Ruhr, 1816]

Der Wasserbaumeister muß bemüht sein, sich durch Aneignung einer möglichst genauen Kenntniß von der Natur des Stromes, dem Schifffahrtsverkehre und allen sonstigen Local-Verhältnissen, die weitere Verbesserung des Stromes und dessen Fahrbarkeit zu befördern. Derselbe muß auch von den Schifffahrts- und Handlungsverhältnissen des Stromes sich in Kenntniß setzen und deren Vervollständigung sich stets eifrig angelegen seyn lassen.

[Instruktion für den Wasserbaumeister, 1844]

**Aus der Ruhr-Polizei-Ordnung, 1846**

**§10** Jedes Schiff muss, bevor es den Ruhrstrom befahren darf, bei dem Ruhrschiffahrts-Amte unter einer bestimmten Nummer mit Angabe des Eigenthümers registrirt und mit dieser Nummer an beiden Seiten des Mastkochers in schwarzer Farbe auf weißem Grunde versehen sein.

**§16** Die Ruhrschiffe führen die preußische Flagge.

**§20** Als Steuermann ist nur derjenige zugelassen, der wenigstens vier Jahre lang als Schiffsknecht auf der Ruhr gefahren hat und lesen und schreiben kann. Die gegenwärtig als Steuerleute in Dienst stehenden Schiffer sind von dem Erfordernisse, lesen und schreiben zu können,befreit.

**§23** Unfähig zur Schifffahrt sind alle diejenigen
I. welche das sechzehnte Lebensjahr noch nicht vollendet, oder welche das siebenzigste Lebensjahr überschritten haben, (ausnahmsweise darf das Ruhrschifffahrtsamt in besondern Fällen die Benutzung eines über siebenzig Jahre alten Menschen für die Schifffahrt gestatten),
II. welche kein Dienstbuch führen,
III. durch deren grobe Fahrlässigkeit oder Unvorsichtigkeit ein Schiff wiederholt gesunken ist,
IV. welche sich öfters Trunkenheit bei Ausübung des Schifffahrtsdienstes schuldig gemacht und dieserhalb von dem Ruhrschifffahrtsamte für unfähig zum Dienste an der Ruhr erklärt sind,
V. welche wegen Entwendung, Betrugs, Unterschlagung, Fälschung, Vermögensbeschädigung aus Bosheit oder Rache oder wegen Beschädigung mit gemeiner Gefahr,
VI. welche mit einer längern als dreijährigen Freiheitsstrafe,
VII. welche fünfmal nach der gegenwärtigen Polizei-Ordnung bestraft sind.

**§26** Die Schiffsmannschaft ist stets den Befehlen des Schiffseigenthümers und die Schiffsknechte und Pferdetreiber auf der Fahrt den Befehlen des Steuermannes Folge zu leisten

**§59** Wer durch grobe Fahrlässigkeit oder Unvorsichtigkeit ein Schiff zum Sinken bringt, den trifft eine Strafe von fünf bis zwanzig Thalern.

**§82** Wer ohne Anweisung oder wider den Willen des Schleusenwärters eine Schleuse öffnet, verfällt in eine Strafe von zehn bis fünfzig Thalern.

**§129** Die Strafgelder fließen zur Ruhrschifffahrts-Kasse. Denunciantantheile finden nicht statt.

**Franz Haniel (1779 – 1868)**
Haniel erlernte wie sein Großvater und Vater den Beruf des Speditionskaufmanns. Um 1800 begann er mit sechs Ruhrnachen eine Kohlenhandlung. Das Unternehmen entwickelte sich schnell. Haniel beteiligte sich an Zechen und Hüttenwerken und gründete in Ruhrort eine Werft. Hier entstand 1844 der erste in Deutschland gebaute Rheinschleppdampfer. Er erhielt den Namen ›Die Ruhr‹.
[Haniel Museum Duisburg-Ruhrort]



**Mathias Stinnes (1790 – 1845)**
Stinnes wurde als Sohn eines Ruhrschiffers in Mülheim geboren. Mit 13 Jahren fuhr er als Schiffsjunge auf einer Ruhraak. Fünf Jahre später, 1808, gründete er ein eigenes Unternehmen für Schifffahrt und Kohlenhandel. 1820 gehörten ihm bereits 66 Kohlenschiffe auf Ruhr und Rhein. Stinnes blieb trotz seines unternehmerischen Erfolgs eine volkstümliche Gestalt. Die Schiffer sahen den ›Ahlden Mathes‹ als einen der ihren an.
[Stinnes AG, Mülheim an der Ruhr]

## Die treibende Kraft: Die Kohlenkaufleute

An der Ruhr herrschten im 19. Jahrhundert besondere Verhältnisse: Die Ruhrschifffahrtsdirektion und das Bergamt kontrollierten sehr genau den Weg der Kohle vom Schacht bis zum Zielhafen. Immer wieder wurde die Ladung der Schiffe an den Schleusen kontrolliert, um zu verhindern, dass Kohle veruntreut wurde. Dem Unternehmer blieb scheinbar nur wenig Spielraum.

Die eigentliche Kohlenschifffahrt war jedoch Sache von Unternehmern. Diese beschränkten sich nicht nur auf den Schiffsbetrieb. Es war üblich, dass der Reeder Anteile an Bergwerken besaß und die dort geförderte Kohlen auf eigenen Schiffen zum Rhein transportierte und dort verkaufte. Persönlichkeiten wie Mathias Stinnes und Franz Haniel legten an der Ruhr den Grundstein für ihre Unternehmen, aber auch der heute kaum mehr bekannte Blankensteiner Kaufmann CARL FRIEDRICH GETHMANN verband erfolgreich Bergwerksbesitz, Reederei und Kohlenhandel. An der Ruhr zeigte sich schon früh die Tendenz, Produktion, Transport und Handel in einem Unternehmen zusammen zu fassen.

Diese Strukturen führten zu einem abgeschlossenen Markt, der Mitbewerbern, zum Beispiel selbständigen Schiffern, keinen Raum gab. Die Kohlenkaufleute vertraten selbstbewusst ihre Interessen gegenüber den Behörden. Sie einigten sich in gemeinsamer Absprache auf allgemeingültige Regeln, die den Verkehr auf der Ruhr organisieren sollten und neben der Ruhrpolizei-Ordnung der Schifffahrtsdirektion anerkannt waren und Bestand hatten. Auch der Treidellohn für die Pferdetreiber wurde in Absprachen festgelegt.

Als die Ruhr um 1840 an der Grenze der Belastbarkeit angelangt war, forderten die Kohlenkaufleute nachdrücklich Verbesserungen der Infrastruktur. Viele setzten sich zu dieser Zeit aber auch schon mit den Möglichkeiten auseinander, die der Bau von Eisenbahnen eröffnete. Die reichen Kohlenvorkommen der Emscherzone standen nun im Mittelpunkt unternehmerischen Handels. Die Interessen verlagerten sich: Im Jahr 1862 sprach sich der Verein für bergbauliche Interessen im Oberbergamtsbezirk Dortmund gegen einen weiteren Ausbau der Ruhr aus, der als ›barockes Projekt‹ abgetan wurde. Die Zechenbesitzer verloren das Interesse an der Ruhr.



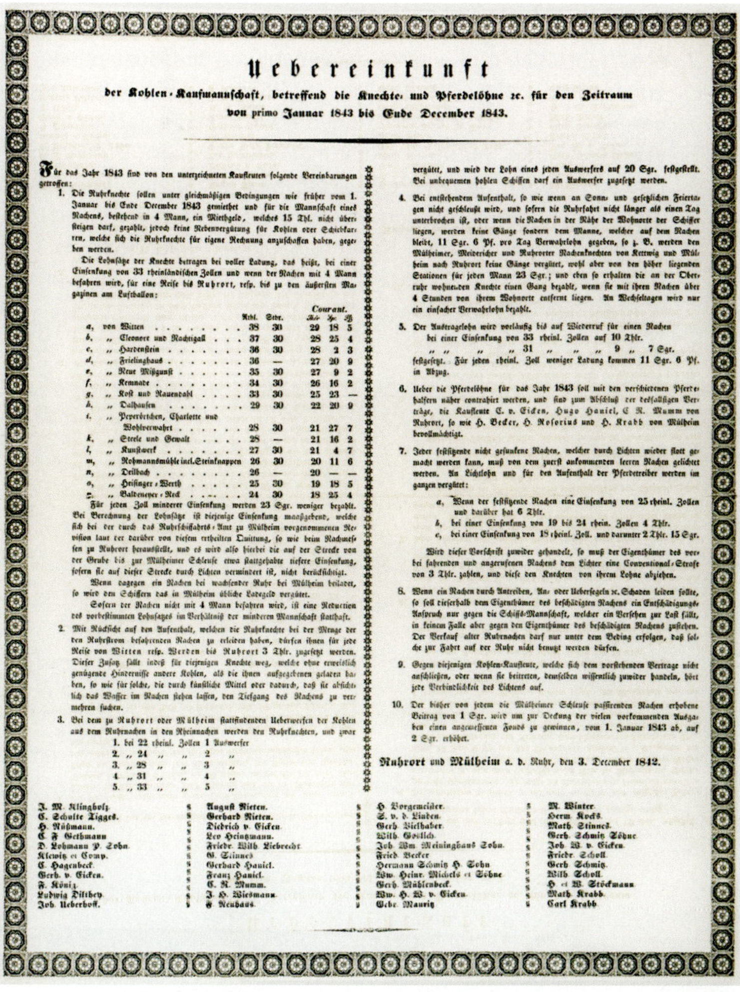

# Uebereinkunft

**der Kohlen-Kaufmannschaft, betreffend die Knechte- und Pferdelöhne ꝛc. für den Zeitraum von primo Januar 1843 bis Ende December 1843.**

Für das Jahr 1843 sind von den unterzeichneten Kaufleuten folgende Vereinbarungen getroffen:

1. Die Ruhrknechte sollen unter gleichmäßigen Bedingungen wie früher vom 1. Januar bis Ende December 1843 gemiethet und für die Mannschaft eines Nachens, bestehend in 4 Mann, ein Miethgeld, welches 15 Thl. nicht übersteigen darf, gezahlt, jedoch keine Nebenvergütung für Kohlen oder Schiebkarren, welche sich die Ruhrknechte für eigene Rechnung anzuschaffen haben, gegeben werden.

Die Lohnsätze der Knechte betragen bei voller Ladung, das heißt, bei einer Einsenkung von 33 rheinländischen Zollen und wenn der Nachen mit 4 Mann befahren wird, für eine Reise bis Ruhrort, resp. bis zu den äußersten Magazinen am Luftballon:

| | | Rthl. | Stbr. | Courant. Thlr | Sgr | Pf |
|---|---|---|---|---|---|---|
| a, | von Witten | 38 | 30 | 29 | 18 | 5 |
| b, | „ Eleonore und Nachtigall | 37 | 30 | 28 | 25 | 4 |
| c, | „ Hardenstein | 36 | 30 | 28 | 2 | 3 |
| d, | „ Frielinghaus | 36 | — | 27 | 20 | 9 |
| e, | „ Neue Mißgunst | 35 | 30 | 27 | 9 | 2 |
| f, | „ Kemnade | 34 | 30 | 26 | 16 | 2 |
| g, | „ Kost und Nauendahl | 33 | 30 | 25 | 23 | — |
| h, | „ Dalhausen | 29 | 30 | 22 | 20 | 9 |
| i, | „ Peperörtchen, Charlotte und Wohlverwahrt | 28 | 30 | 21 | 27 | 7 |
| k, | „ Steele und Gewalt | 28 | — | 21 | 16 | 2 |
| l, | „ Kunstwerk | 27 | 30 | 21 | 4 | 7 |
| m, | „ Rohmannsmühle incl. Steinknappen | 26 | 30 | 20 | 11 | 6 |
| n, | „ Deilbach | 26 | — | 20 | — | — |
| o, | „ Heisinger-Werth | 25 | 30 | 19 | 18 | 5 |
| p, | „ Baldeneyer-Neck | 24 | 30 | 18 | 25 | 4 |

Für jeden Zoll minderer Einsenkung werden 23 Sgr. weniger bezahlt. Bei Berechnung der Lohnsätze ist diejenige Einsenkung maaßgebend, welche sich bei der durch das Ruhrschiffahrts-Amt zu Mülheim vorgenommenen Revision laut der darüber von diesem ertheilten Quittung, so wie beim Nachmessen zu Ruhrort herausstellt, und es wird also hierbei die auf der Strecke von der Grube bis zur Mülheimer Schleuse etwa stattgehabte tiefere Einsenkung, sofern sie auf dieser Strecke durch Lichten vermindert ist, nicht berücksichtigt.

Wenn dagegen ein Nachen bei wachsender Ruhr bei Mülheim beiladet, so wird den Schiffern das in Mülheim übliche Ladegeld vergütet.

Sofern der Nachen nicht mit 4 Mann befahren wird, ist eine Reduction des vorbestimmten Lohnsatzes im Verhältniß der minderen Mannschaft statthaft.

2. Mit Rücksicht auf den Aufenthalt, welchen die Ruhrknechte bei der Menge der den Ruhrstrom befahrenden Nachen zu erleiden haben, dürfen ihnen für jede Reise von Witten resp. Werden bis Ruhrort 3 Thlr. zugesetzt werden. Dieser Zusatz fällt indeß für diejenigen Knechte weg, welche ohne erweislich genügende Hindernisse andere Kohlen, als die ihnen aufgegebenen geladen haben, so wie für solche, die durch künstliche Mittel oder dadurch, daß sie absichtlich das Wasser im Nachen stehen lassen, den Tiefgang des Nachens zu vermehren suchen.

3. Bei dem zu Ruhrort oder Mülheim stattfindenden Ueberwerfen der Kohlen aus dem Ruhrnachen in den Rheinnachen werden den Ruhrknechten, und zwar
   1. bei 22 rheinl. Zollen 1 Auswerfer
   2. „ 24 „ „ 2 „
   3. „ 28 „ „ 3 „
   4. „ 31 „ „ 4 „
   5. „ 33 „ „ 5 „

vergütet, und wird der Lohn eines jeden Auswerfers auf 20 Sgr. festgestellt. Bei unbequemen hohlen Schiffen darf ein Auswerfer zugesetzt werden.

4. Bei entstehendem Aufenthalt, so wie wenn an Sonn- und gesetzlichen Feiertagen nicht geschleußt wird, und sofern die Ruhrfahrt nicht länger als einen Tag unterbrochen ist, oder wenn die Nachen in der Nähe der Wohnorte der Schiffer liegen, werden keine Gänge sondern dem Manne, welcher auf dem Nachen bleibt, 11 Sgr. 6 Pf. pro Tag Verwahrlohn gegeben, so z. B. werden den Mülheimer, Meidericher und Ruhrorter Nachenknechten von Kettwig und Mülheim nach Ruhrort keine Gänge vergütet, wohl aber von den höher liegenden Stationen für jeden Mann 23 Sgr.; und eben so erhalten die an der Oberruhr wohnenden Knechte einen Gang bezahlt, wenn sie mit ihren Nachen über 4 Stunden von ihrem Wohnorte entfernt liegen. An Wechseltagen wird nur ein einfacher Verwahrlohn bezahlt.

5. Der Austragelohn wird vorläufig bis auf Widerruf für einen Nachen
   bei einer Einsenkung von 33 rheinl. Zollen auf 10 Thlr.
   „ „ „ „ 31 „ „ „ 9 „ 7 Sgr.
   festgesetzt. Für jeden rheinl. Zoll weniger Ladung kommen 11 Sgr. 6 Pf. in Abzug.

6. Ueber die Pferdelöhne für das Jahr 1843 soll mit den verschiedenen Pferdehalfern näher contrahirt werden, und sind zum Abschluß der deßfallsigen Verträge, die Kaufleute C. v. Eicken, Hugo Haniel, C. R. Mumm von Ruhrort, so wie H. Becker, H. Rosorius und H. Krabb von Mülheim bevollmächtigt.

7. Jeder festsitzende nicht gesunkene Nachen, welcher durch Lichten wieder flott gemacht werden kann, muß von dem zuerst ankommenden leeren Nachen gelichtet werden. An Lichtlohn und für den Aufenthalt der Pferdetreiber werden im ganzen vergütet:
   a, Wenn der festsitzende Nachen eine Einsenkung von 25 rheinl. Zollen und darüber hat 6 Thlr.
   b, bei einer Einsenkung von 19 bis 24 rhein. Zollen 4 Thlr.
   c, bei einer Einsenkung von 18 rheinl. Zoll. und darunter 2 Thlr. 15 Sgr.

Wird dieser Vorschrift zuwider gehandelt, so muß der Eigenthümer des vorbei fahrenden und angerufenen Nachens dem Lichter eine Conventional-Strafe von 3 Thlr. zahlen, und diese den Knechten von ihrem Lohne abziehen.

8. Wenn ein Nachen durch Antreiben, An- oder Uebersegeln ꝛc. Schaden leiden sollte, so soll dieserhalb dem Eigenthümer des beschädigten Nachens ein Entschädigungs-Anspruch nur gegen die Schiffs-Mannschaft, welcher ein Versehen zur Last fällt, in keinem Falle aber gegen den Eigenthümer des beschädigten Nachens zustehen. Der Verkauf alter Ruhrnachen darf nur unter dem Beding erfolgen, daß solche zur Fahrt auf der Ruhr nicht benutzt werden dürfen.

9. Gegen diejenigen Kohlen-Kaufleute, welche sich dem vorstehenden Vertrage nicht anschließen, oder wenn sie beitreten, demselben wissentlich zuwider handeln, hört jede Verbindlichkeit des Lichtens auf.

10. Der bisher von jedem die Mülheimer Schleuse passirenden Nachen erhobene Beitrag von 1 Sgr. wird um zur Deckung der vielen vorkommenden Ausgaben einen angemessenen Fonds zu gewinnen, vom 1. Januar 1843 ab, auf 2 Sgr. erhöhet.

**Ruhrort** und **Mülheim** a. d. Ruhr, den 3. December 1842.

| | | | |
|---|---|---|---|
| J. M. Klingholz. | August Nieten. | H. Borgemeister. | M. Winter. |
| C. Schulte Tigges. | Gerhard Nieten. | L. v. d. Linden. | Herm. Kocks. |
| H. Nüßmann. | Diedrich v. Eicken. | Gerh. Vielhaber. | Math. Stinnes. |
| C. F. Gethmann | Leo Heintzmann. | Wilh. Göllich. | Gerh. Schmitz Söhne. |
| D. Lohmann P. Sohn. | Friedr. Wilh. Liebrecht. | Joh. Wm. Meininghaus Sohn. | Joh. W. v. Eicken. |
| Klewitz et Comp. | G. Stinnes. | Fried. Becker. | Friedr. Scholl. |
| C. Hagenbeck. | Gerhard Haniel. | Hermann Schmitz H. Sohn. | Gerh. Schmitz. |
| Gerh. v. Eicken. | Franz Haniel. | Wm. Heinr. Michels et Söhne. | Wilh. Scholl. |
| F. König. | C. R. Mumm. | Gerh. Mühlenbeck. | H. et W. Stöckmann. |
| Ludwig Dilthey. | J. H. Wiesmann. | Wm. H. W. v. Eicken. | Math. Krabb. |
| Joh. Ueberhoff. | Jrh. Neuhaus. | Gebr. Mauritz. | Carl Krabb. |

**Übereinkunft der Kohlenkaufmannschaft für das Jahr 1843**

Die Kohlenkaufleute stellten in Absprache untereinander Regeln für den Verkehr auf der Ruhr auf. Sie einigten sich über die Löhne der Schiffsbesatzungen, die Kosten für das Treideln und das Verhalten der Schiffsbesatzungen bei Unglücksfällen.

[Haniel Archiv, Duisburg-Ruhrort]

## 1890: Das Ende der Ruhrschifffahrt

Um 1840 wussten die Baubeamten der Ruhrschifffahrtsverwaltung, die Kohlenkaufleute und viele andere, dass die Ruhr an der Grenze ihrer Leistungsfähigkeit angekommen war. Die Schiffer, Schiffsknechte, Treidler und Schleusenwärter spürten die Auswirkungen jeden Tag. Der Schifffahrtsbetrieb wurde hektischer, der Umgangston rauer. Es gab unterschiedliche Lösungsvorschläge: Ludwig Henz, der Hattinger Wasserbaumeister, plante die Kanalisierung des Flusses; die Kohlenkaufleute forderten den Bau von zusätzlichen Schleusen. Alle Pläne verliefen im Sand.

Eine Änderung trat erst ein, als 1845 nach dem Tod des Ruhrschifffahrtsdirektors Vincke die Verwaltung des Flusses neu organisiert wurde. Unter der Leitung Eduard Adolf Nobilings, der sich an der Saar einen Namen als Wasserbaufachmann erworben hatte, wurde die Ruhr bis 1864 reguliert. Durch den Bau von Buhnen, an der Ruhr ›Nobilings‹ genannt, wurde die Strömung reguliert. Grundschwellen im Flussbett verringerten die Fließgeschwindigkeit. Mehrere Schleusen, darunter die Schleuse Steinhausen gegenüber der Zeche Nachtigall, wurden aufgegeben und abgerissen.

**Winterlandschaft in Ruhrort**
**Aquarell von Alphonse Haniel**
Um 1845 tauchten auf dem Rhein die ersten Dampfschleppschiffe auf. Diese modernen Schiffe konnten die Ruhr aufgrund der geringen Schleusenabmessungen jedoch nicht befahren. Das Aquarell zeigt im Vordergrund eine abgetakelte Aak in Ruhrort. Im Hintergrund befährt ein moderner Schleppzug den Rhein. [Haniel-Museum Duisburg-Ruhrort]

**Ruhrnachen vor der Mülheimer Eisenbahnbrücke, um 1865**
Mit dem Bau der Eisenbahnen verlor die Ruhrschifffahrt zunehmend an Bedeutung.
[Stadtarchiv Mülheim an der Ruhr]



Gerade im Raum Witten traten die Einflüsse des Eisenbahnbaus auf den Kohlenverkehr zu dieser Zeit bereits deutlich zu Tage. Die meisten Zechen beförderten ihre Kohle seit 1848 mit der Bergisch-Märkischen Eisenbahn. Eine Folge dieser Entwicklung war die Entscheidung der Ruhrschifffahrtsdirektion, die große Regulierung der Ruhr nur bis zur Schleuse Blankenstein unterhalb Wittens durchzuführen.

In den anderen Kohlenrevieren war der Fluss um 1860 immer noch der wichtigste, teilweise der einzige Absatzweg. Die Tatsache, dass in diesem Jahr mit 940.175 t die größte Transportleistung der Ruhrschifffahrt erbracht wurde, war hierfür ein deutliches Indiz. Letztlich blieb der Kohlenschifffahrt jedoch nur eine Schonfrist, auch dadurch begründet, dass es den Eisenbahngesellschaften vornehmlich darum ging, zunächst die neuen Großzechen im Norden des Ruhrgebiets anzuschließen. Als endlich 1874 die Ruhrtalbahn ihren Betrieb aufnahm, wurde der Kohlenverkehr vom Fluss abgezogen. 1890 war die Geschichte der Kohlenschifffahrt endgültig zu Ende. Der letzte Ruhrnachen, der noch viele Jahre an der Mülheimer Schleuse lag, wurde 1916 abgewrackt.

**Postkarte, gestempelt 1908**
Der letzte Ruhrnachen lag viele Jahre an der Mülheimer Schleuse und wurde 1916 abgewrackt.
[Slg. WIM, Dortmund]

**Freiherr Clemens August von Elverfeldt**

[Familie Freiherr von Elverfeldt, Canstein]

# Ruhrschifffahrt vor Ort – Das Beispiel Zeche Nachtigall



Für viele Jahrzehnte war die Ruhr ein wichtiger Standortfaktor für die Zeche Nachtigall. Die Besitzer der Zeche zogen Ihren Nutzen aus der Kohlenschifffahrt und waren bereit, erhebliche Investitionen auf sich zu nehmen. Erst als mit der Eisenbahn ein neues Verkehrssystem zur Verfügung stand, wurde der Fluss in ihren Planungen unwichtig.

**Karte des Ruhrstroms, Section I, 1845**
Der Ausschnitt zeigt, wie eng die Verbindung der Zeche Nachtigall zur Ruhrschifffahrt war. Schleuse und Kohlenniederlage befanden sich in unmittelbarer Nähe. [Landesarchiv NRW, Hauptstaatsarchiv Düsseldorf]

### 1780 – Schleusenbau

Einer der Mühlenbesitzer, die von der Schiffbarmachung der Ruhr betroffen waren, war CLEMENS AUGUST VON ELVERVELDT. Einerseits war er als Besitzer der Zeche Nachtigall durchaus an der Öffnung des Flusses für die Schifffahrt interessiert, andererseits fürchtete er, dass die Schiffbarmachung der Steinhauser Mühle das notwendige Wasser entziehen würde. Als ihm der preußische Staat das Recht auf die Schleusengelder anbot, wenn er die Kosten des Schleusenbaus zur Umgehung des Steinhauser Mühlenwehrs übernähme, lenkte Clemens August von Elverfeldt ein. Die 1780 eröffnete hölzerne Steinhauser Schleuse war 40 Meter lang und 5,60 Meter breit.



Die Hoffnung auf wachsende Einkünfte durch Schleusengelder erfüllte sich nicht. Das Verkehrsaufkommen an der Schleuse Steinhausen blieb hinter den Erwartungen zurück und die Einstellung der Schifffahrt oberhalb Wittens 1801 verschärfte die Situation, da nun nur noch die wenigen Schiffe, die in Witten beladen wurden, die Schleuse nutzten. Nach langwierigen Verhandlungen übernahm der Staat schließlich 1806 die Schleuse von der Familie von Elverfeldt, für die sich diese als enorme finanzielle Belastung erwiesen hatte.

Trotz immer wieder auftretender schwerer Schäden – ein steinerner Neubau stand mehrfach zur Diskussion, wurde aber nicht realisiert – blieb die Schleuse bis 1856 in Betrieb. Dann wurde sie abgebrochen.

**Die Schleuse in Herbede**
**Zeichnung von Johann Caspar Huber, 1788**
Von der ähnlich aussehenden hölzernen Schleuse Steinhausen ist keine Abbildung überliefert.
[Märkisches Museum Witten]

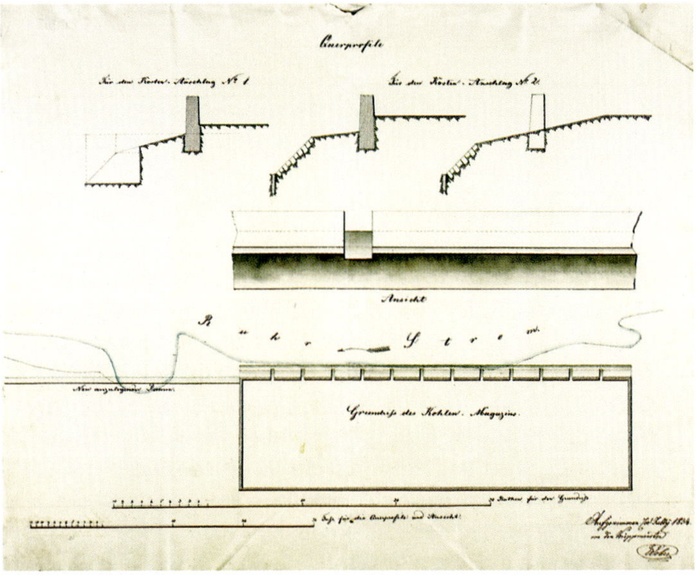

**Die Niederlage der Zeche Nachtigall**

**Zeichnung von Weber, 1834**

[Familie Freiherr von Elverfeldt, Canstein]



**1834 – Die neue Kohlenniederlage**

Schon mit Beginn der Ruhrschifffahrt wurde an der Zeche Nachtigall eine Kohlenniederlage angelegt. Diese Niederlagen, ummauerte, hochwassersichere Lagerplätze, stellten die Verbindung zwischen der Zeche und der Ruhrschifffahrt dar. Sie waren notwendig, um die Kohle bis zum Abtransport durch Ruhrnachen am Flussufer lagern zu können. Da die Schifffahrt in der Regel mehrere Monate im Jahr nicht möglich war, mussten die Lagerplätze entsprechend groß sein.

Als die Zeche zum Tiefbau überging und die Förderzahlen anstiegen, musste die bestehende Niederlage erweitert werden, damit sie die Kohlenförderung eines Jahres aufnehmen konnte. Die heute östlich der Nachtigallbrücke sichtbaren Überreste umfassen eine Lagerfläche von ca. 1.600 m².

## 1854 – Die Nachtigallbrücke

Während der Hochphase der Ruhrschifffahrt gab es zwischen Witten und dem Rhein nur bei Hattingen eine Brücke. Mit Beginn des Eisenbahnzeitalters entstanden jedoch immer mehr Brücken, die die Schifffahrt behinderten. Wie sehr sich der Fluss in dieser Zeit vom Verkehrsweg zum Hindernis entwickelte, zeigt beispielhaft der Bau der Nachtigallbrücke.

Schon 1829 beteiligte sich der Besitzer der Zeche Nachtigall, LUDWIG VON ELVERFELDT, am Bau der Muttentalbahn, einer Pferdeeisenbahn, die die Zechen mit der Ruhr und der Straße nach Elberfeld verband. Obwohl diese Eisenbahn auch der Unterstützung der Schifffahrt diente, war sie doch deutlicher Ausdruck dafür, dass die Unternehmer nach Transportalternativen suchten.



Zwanzig Jahre später erhielt Witten einen Eisenbahnanschluss. Das Interesse, die Nachtigall-Kohle auf der Schiene abzusetzen, war groß. Leider lag die Zeche auf der ›falschen‹ Ruhrseite. Eine Fähre löste das Problem kurzfristig, aber wenig befriedigend. Der Antrag auf den Bau einer festen Brücke zwischen der Zeche und dem Bahnhof Witten führte jedoch zu Diskussionen über die Frage, welchem Verkehrsträger der Vorzug gegeben werden sollte: der Ruhrschifffahrt oder der Eisenbahn. 1854 schließlich wurde die Nachtigallbrücke gebaut. Die Ruhrschifffahrt war nun für die Zeche Nachtigall nicht mehr von Bedeutung.

**Die Nachtigallbrücke, um 1930**
[Archiv Wüstenfeld, Wetter-Wengern]

**Kohlenladeschein, 1859**

Im März 1859 lädt der Schiffer Haarmann im Auftrag des Kaufmanns Carl Friedrich Gethmann an der Niederlage der Zeche Nachtigall Kohlen für Ruhrort. Er erhält als Beleg einen Kohlenladeschein, der während der Fahrt mehrfach kontrolliert wird und schließlich dem Kohlenkaufmann zur Abrechnung dient.

[Slg. WIM, Dortmund]

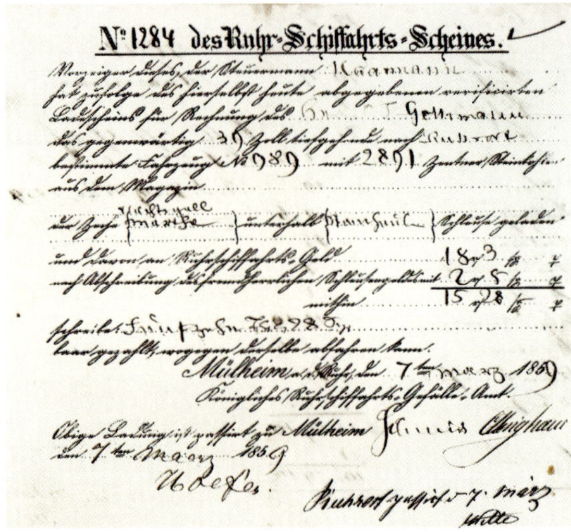
No 1284 des Ruhr-Schiffahrts-Scheines.



# Kohle Kurs Ruhrort

1.

Im Jahr 1839 schenkten die Kohlenkaufleute der Ruhr dem Ruhrschifffahrtsdirektor Vincke ein Tafelservice mit Darstellungen des Flusses, das leider nicht mehr vollständig erhalten ist.

[Privatbesitz]

1. **Hardenstein**
2. **Schleuse unterhalb Blankenstein**
3. **Schleuse bei Dahlhausen**
4. **Kettwicker Schleuse**
5. **Fähre bei Mülheim**
6. **Ruhrort**

## Ein Reisebericht nach historischen Quellen

Ein Ruhrnachen des Kohlenkaufmanns Carl Friedrich Gethmann aus Blankenstein legt an der Niederlage der Zeche Nachtigall an. Nachdem das Schiff festgemacht ist, werden die Treidelpferde, die das Schiff stromauf bis Witten gezogen haben, entlassen. Der Steuermann Haarmann meldet sich beim Schichtmeister der Zeche, Karl Masling. Masling ist für den Verkauf der Nachtigall-Kohle aus der Niederlage verantwortlich und zeigt dem Schiffer die für seinen Nachen bestimmte Kohle. Das Ladegeschäft wird von der Schiffsbesatzung erledigt. Schubkarre für Schubkarre kommt über schmale Schiebebretter an Bord. Schließlich sind gute 95 t Kohle verladen, sorgfältig

2.

3.

aufgeschichtet, damit das Schiff diese Belastung noch aushält. Wichtiger als das Gewicht der Kohle ist für Masling und Haarmann jedoch der Tiefgang des Schiffes, denn dieser ist sowohl Grundlage für die Berechnung der Schifffahrtsabgaben als auch der Abrechnung mit dem Kohlenkaufmann.

Am Nachmittag ist das Schiff bereit zur Abfahrt. Die Schubkarren müssen verstaut werden – sie gehören zur Schiffsausrüstung. Schließlich stellt Haarmann sich an das große Ruder. Die Schiffsknechte drücken mit langen Stangen den Nachen vom Ufer ab. Stromabwärts geht die Fahrt zunächst bis Blankenstein. Am Gethmann'schen Schiffbauplatz wird der Nachen über Nacht festgemacht. Bis auf einen Schiffsknecht, der Nachen und Ladung bewacht, können die übrigen Besatzungsmitglieder zu Hause übernachten. In den nächsten Tagen werden die vier Menschen auf engstem Raum in der kleinen Kajüte übernachten.

Damit die Hattinger Brücke passiert werden kann, muss am nächsten Morgen zunächst der Mast umgelegt werden. Das Schiff macht gute Fahrt. Anfangs sind nur wenige Nachen auf dem Fluss. Erst hinter der Kemnader Schleuse kommt ihnen erstmals ein leerer Nachen entgegen, der von zwei großen Pferden gezogen wird. Die niedrige Hattinger Brücke wird diesmal ohne Schwierigkeiten durchfahren.

Haarmann hofft, dass es bis Ruhrort so bleibt. Er kennt die Tücken des Stromes und weiß, an welchen Stromschnellen er das Schiff allein nicht halten kann und Hilfe am Ruder braucht. In manchen engen Kurven schickt er seinen Bootsmann nach vorne, damit dieser mit einem langen Steuerriemen hilft, das Schiff auf Kurs zu halten. Ein Auflaufen auf eine Kiesbank könnte schlimm enden, denn schon viele Schiffe sind in diesem Fall auseinander gebrochen, viele Schiffer ertrunken.

Bald wird der Verkehr auf dem Fluss dichter. Immer mehr Kohlenschiffe stauen sich vor den Schleusen. Sie haben Kohle im Bochumer oder Essen-Werdener Revier geladen. Immer häufiger tauchen die Schiffe der großen Kohlenkaufleute auf, sieht man die Farben von Franz Haniel oder Mathias Stinnes. Hier sind Blankensteiner Schiffer die Ausnahme und man hat Glück, wenn zwischen den ganzen Mülheimer und Ruhrorter Nachen einmal ein anderes Schiff von Gethmann an der Schleuse wartet.

Nach fünf Tagen endlich ist Ruhrort erreicht. Wie immer wird die Kohle an der Kohlenniederlage des Kaufmanns Borgemeister entladen. Er ist der Ruhrorter Geschäftspartner von Carl Friedrich Gethmann. Am anderen Morgen kommen die Treidelpferde. Es geht wieder zurück...



4.

5.

6.

## An Bord einer Ruhraak

Aus den Erinnerungen von Karl Krampe (1858–1934)

*Die Aaks waren einfache, für den Zweck dem sie dienen sollten gebaute Schiffe, sie hatten eine Kajüte, in der sich die Schiffer Essen kochten und auch abwechselnd schliefen. Auch ein Mast mit Wimpel war vorhanden, in diesem stand meisten der Name des Schiffseigentümers. Die Besatzung betrug in der Regel 3 bis 4 Mann. Viele Schiffe wurden nach ihren Steuermann benannt in der Schiffersprache, und im Volksmund wurde derselbe Baas genannt. Die anderen hießen einfach Schiffer oder Schiffsknechte, war ein Lehrjunge vorhanden so hieß er Aakjunge. [...]*

*Die Aakes wurden nicht immer gleich schwer beladen, dieses richtetet sich nach den jeweiligen Wasserstand der Ruhr. Die Schiffer drückten dieses in Zolle aus, so hieß es 28 Zoll 30 oder 38 Zoll oder auch voll Laden. Diese Bezeichnungen wendeten sie auch auf ihre Kolegen an, wenn dieselben mal zu tief ins Glas gekukt hatten. Dann hieß es er hat 28 Zoll oder er hat voll geladen.*

*Die Schiffe mußten nun, um beladen zu werden, an einer der Türen am Magazien fest machen und zwar so, dass es in der Strömung auf einer Stelle liegen blieb, das besonders bei hohen Wasserstand nicht immer leicht war. Oft lagen 2 und 3 Schiffe neben einander. War der Aak fest gelegt, so wurden von denselben bis zu den Kohlenhaufen im Magazien, wo von geladen werden sollte, Bohlen gelegt, auf diese wurden nun die Kohlen mit Schubkarren im Aak gefahren. Dieses war eine schwere Arbeit, auch liefen die Schiffer in Gefahr, mit ihren Schubkarren weil ja die Bohle die zur Aak führte nie vollkommen ruhig lag, in der Ruhr zu fallen. Lagen 2 oder 3 Schiffe neben einander, so hatten die, die 2te oder 3te Schiff laden mußten, die schwerste Arbeit. Waren die Aakes geladen, so wurden sie von der Strömung den Fluss herunter getragen. Die Schiffer halfen hierbei, um flotter vorwärts zu kommen mit staken nach. Der Baas stand am Steuer, er mußte die Fahrrinne der Ruhr, um nicht fest zu fahren, genau kennen. Leer wurden die Schiffe durch Pferde, die auf den gepflasterten Leinpfad gingen der Ruhr wieder herauf gezogen. Für uns Jungens war das beladen eines Aakes immer indresant. [...]*

Dieser Anker wurde in den Wittener Ruhrwiesen gefunden. [Slg. WIM, Dortmund]

**Fertig zum Beladen:**
Mit Schubkarren wurde die Kohle über Laufplanken an Bord gebracht. Kräne und andere Verladeeinrichtungen gab es nicht.

*Hatte einer von uns das Glück, das er für einer Schiffer oder gar für den Baas etwas hohlen mußte, Tabak, Bier oder auch Wurst zum Frühstück, so war er glücklich weil er glaubte, er dürfe mal auf den Aak ein bisschen herum stöwern, wenn er das gewünschte brachte. Die meiste Zeit gelang dieses auch, denn auf die demüthige Bitte desselben Herr Baas lassen sie mich doch einmal auf euren Aak ich fasse sicher nichts an sagte die Schiffer selten nein. War der Junge auf diese Weise auf dem Schiff gelangt, so sah er stolz nach seine am Ufer stehende neidische Kameraden um. Was war auch nicht für ein Junge, auf so ein Schiff das oft fast bis zum Meere fuhr zu sehen. Da war die Kajüte, an deren Wände ringsherum schmale Bänke angebracht waren, in einer Ecke stand ein kleiner Ofen, auf diesem kochte oft den bekannten Hamelek und sein so würzlichen und appetitlichen Geruch stieg einem verführerisch in die Nase. Hamelek (Kartoffelsuppe) schien bei den Schiffer nach ein geheime Rezept gekocht zu werden. Wurde dieselbe zu Hause gekocht, so sagte der Vater ich weiß nicht, warum ihr Frauen keine Kartoffelsuppe kochen könnt, die so gut schmeckt wie der Hamelek auf die Aakes. Ferner sah man die viele Taue, die nötig waren, um den Aak an die Stellen wo er beladen und entladen wurde fest zu legen, an den Schleusen mußte er auch festgelegt werden, bis die Schiffe die vor waren, durchgeschleust waren. Ein besonders langes und dickes Tau war dass, das am Mast gebunden wurde wo dann am anderen Ende die Treidelpferde gespant wurden um die Aak wieder die Ruhr herauf zu ziehen. Da lagen lange Stangen mit zwei eisernen Spitzen und oben ein dicker gedrechselter Knopf. Diese hießen Staken und dienten dazu, das Schiff im stillen Wasser, durch staken vorwärts zu bringen. Neben dem Steuer hing der Anker mit Kette, vorne und hinten lagen je zwei Quettsäcke, diese mit Kork Abfall gefüllten Säcke diente dazu um den Aak in den Schleusen dafür zu schützen, das er bei einem etwaigen heftigen Stoß an der Schleusenmauer zwischen Aak und Mauer gelegt wurden um so eine Beschädigung der Schiffsplanken zu verhindern. War der Aak auf dem man mal sich eine kurze Zeit umsehen konnte, ein größere Rheinaak so lag auch noch ein kleines Boot auf denselben oder es schaukelte sich neben oder hinter ihm auf den Wasser. Leider hieß es bald herunter vom Schiff und etwas ängstlich schritt man über die leise schwankende Bohle wieder ans Ufer.*



**Service**

Die Erinnerungen Karl Krampes sind im Westfälischen Industriemuseum erhältlich: Karl Krampe: Geschichten aus dem Ruhrtal. Essen 2005.

**Treideln, segeln, treiben lassen**

Die Schifffahrt auf der Ruhr war von den Naturgewalten abhängig. Der Wind und die Strömung konnten die Fahrt eines Kohlenschiffes unterstützen oder behindern, Hochwasser, Niedrigwasser und Eisgang die Schifffahrt unmöglich machen. Jeder Steuermann achtete daher sehr genau auf Wasserstände und Wetterveränderungen.

Die vom Rhein stromaufwärts gehenden Schiffe waren in der Regel unbeladen und wurden von Pferden gezogen:
*Zu Berg wird ein leeres Kohlenschiff gewöhnlich durch zwei starke Pferde an einer über den Mast gehenden Leine gezogen, welche nach Umständen kurz oder lang gegeben wird. Die zu Berg fahrenden Schiffe müssen den thalwegs gehenden die Hauptstromrinne überlassen; liegt diese zunächst dem Leinpfade, so werden die Pferde im geeigneten Zeitpunkt still gestellt, [...] wobei sich die Zugleine so tief ins Wasser senkt, dass das zu Thal gehende Schiff darüber hinweg fahren kann. Haben die beladenen Schiffe aber, wie gewöhnlich, den Mast niedergelegt, so fahren sie [...] unter der angespannten Leine hinweg.*
[Ludwig Henz, 1840]

Im Sommer 2002 konnte ein Stück Treidelpfad von der Ruhr für das Museum gesichert werden.

**Schifffahrt auf der Ruhr**
**Ausschnitt aus einem Panorama von Allan Tappe, 1872**
Das linke Schiff wird stromauf getreidelt und hat zur Unterstützung der Treidelpferde ein Segel gesetzt. Das stromabwärts treibende Schiff hat den Mast umgelegt.
[Privatbesitz]

Neben dem Schleusenbau war die Anlegung eines Leinpfades an beiden Ufern der Ruhr die wichtigste Maßnahme zur Schiffbarmachung. Auf ihm liefen die Treidelpferde, die die Schiffe zogen. Auch wenn an beiden Seiten der Platz für diesen Weg frei gehalten wurde, wurde er in der Regel nur auf einem Ufer gepflastert und benutzt. Die Treidelpferde gehörten entweder spezialisierten Unternehmern oder wurden von den Bauern der Gegend gestellt.

Die beladenen Schiffe ließen sich von der Strömung zum Rhein tragen. Die Massenträgheit des Schiffes reichte gemeinsam mit der Fließgeschwindigkeit des Flusses aus, um den Nachen steuerfähig zu halten.
*Die Thalfahrt ist besonders deshalb schwierig, weil das Beharrungsvermögen eines, mit bedeutender Geschwindigkeit bewegten [...] Schiffes zu einer solchen Größe anwächst, dass die erforderlichen Seitenbewegungen zur Anhaltung der Fahrbahn, zur Drehung der langen Schiffe in den scharfen Krümmungen und zur Aufrechterhaltung bei widrigen Winden einen ungewöhnlichen Aufwand an Kraft und Geschicklichkeit fordert. Oft muss das Schiff so schnell gewendet werden, dass der Steuermann das Ruder nicht allein regieren kann und einen, oder gar zwei Mann dabei zu Hülfe nehmen muss.*
[Ludwig Henz, 1840]



**Schleuse Hattingen mit Haus Cliff**
**Radierung von Johann Daniel Scheel nach A. Reutter, 1799**
[Stadtmuseum Hattingen]

Besonders schwierig wurde es, wenn die Nachen vor den Schleusen in den Rückstau der Wehre (Schlachten) gerieten: *Gelangen die Schiffe in das Stauwasser der Schlächte, so verlieren sie, namentlich bei niedrigen Wasserständen, bald ihre erlangte Geschwindigkeit, und müssen dann mit Fahrbäumen mühsam fortgeschoben und durch einen Theil der Bemannung weiter gezogen werden. Bei höheren Wasserständen, wenn die Schlächte noch stark überströmt werden, [... muss] das Schiff schon frühzeitig an das Ufer gebracht und in Seilen geführt werden, damit es nicht [...] der Schlacht zutreibt und in Gefahr kommt, darüber zu gehen oder darauf fest zu fahren, weil es in beiden Fällen verloren ist.*

[Ludwig Henz, 1840]

Wie bewegen sich Schiffe im Wasser? Wann können sie treiben, wann brauchen sie Unterstützung? Wie wird geschleust? Wie funktionieren Mühlen? Diese Dinge können an der ›Kleinen Ruhr‹ ausprobiert werden.

**Die Ruhr bei Saarn**
**Radierung von Johann Heinrich Bleuler, ca. 1810**
Auch wenn Ruhrschiffe bei künstlerischen Darstellungen häufig anders dargestellt sind: Gesegelt wurde nur selten.
[Slg. WIM, Dortmund]

Auch wenn die Ruhrschiffe mit Segeln ausgerüstet waren, wurden diese nur selten benutzt. Das enge Fahrwasser und die im Ruhrtal auftretenden Winde erlaubten das Segeln nur in den seltensten Fällen. Gelegentlich wurden die Segel auf der Fahrt stromaufwärts benutzt, um die Arbeit der Treidelpferde zu unterstützen. Stromab wurde der Mast zumeist umgelegt.

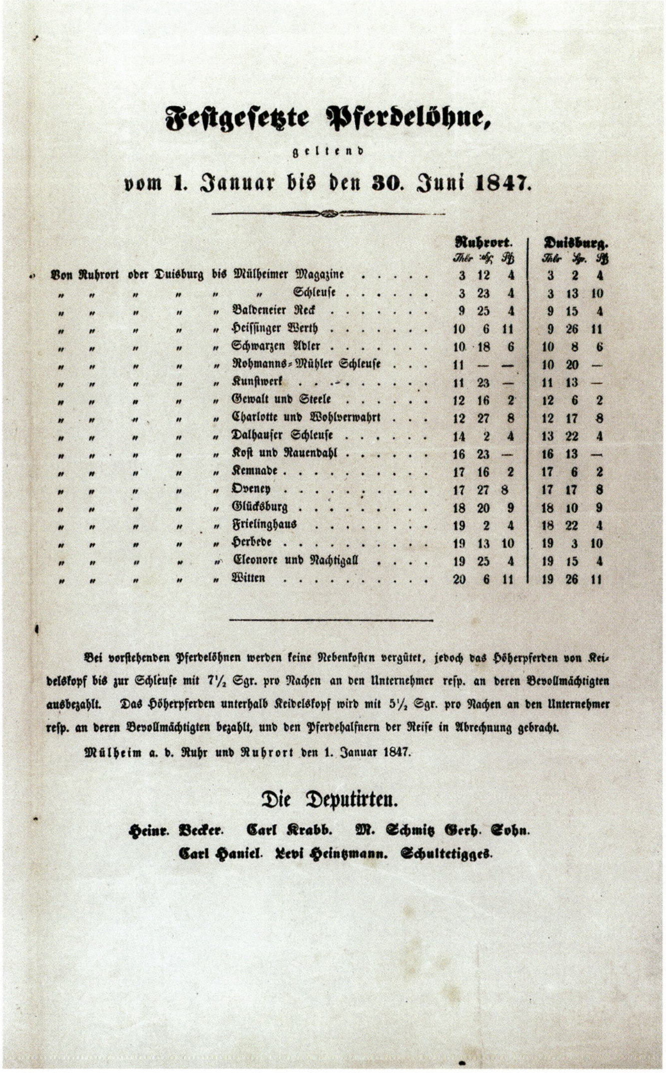

**Festgesetzte Pferdelöhne,**

geltend

**vom 1. Januar bis den 30. Juni 1847.**

| | Ruhrort. | | | Duisburg. | | |
|---|---|---|---|---|---|---|
| | Thlr | Sgr. | Pf | Thlr | Sgr. | Pf |
| Von Ruhrort oder Duisburg bis Mülheimer Magazine | 3 | 12 | 4 | 3 | 2 | 4 |
| ″ ″ ″ ″ ″ ″ Schleuse | 3 | 23 | 4 | 3 | 13 | 10 |
| ″ ″ ″ ″ ″ Baldeneier Reck | 9 | 25 | 4 | 9 | 15 | 4 |
| ″ ″ ″ ″ ″ Heissinger Werth | 10 | 6 | 11 | 9 | 26 | 11 |
| ″ ″ ″ ″ ″ Schwarzen Adler | 10 | 18 | 6 | 10 | 8 | 6 |
| ″ ″ ″ ″ ″ Rohmanns-Mühler Schleuse | 11 | — | — | 10 | 20 | — |
| ″ ″ ″ ″ ″ Kunstwerk | 11 | 23 | — | 11 | 13 | — |
| ″ ″ ″ ″ ″ Gewalt und Steele | 12 | 16 | 2 | 12 | 6 | 2 |
| ″ ″ ″ ″ ″ Charlotte und Wohlverwahrt | 12 | 27 | 8 | 12 | 17 | 8 |
| ″ ″ ″ ″ ″ Dalhauser Schleuse | 14 | 2 | 4 | 13 | 22 | 4 |
| ″ ″ ″ ″ ″ Kost und Rauendahl | 16 | 23 | — | 16 | 13 | — |
| ″ ″ ″ ″ ″ Kemnade | 17 | 16 | 2 | 17 | 6 | 2 |
| ″ ″ ″ ″ ″ Oveney | 17 | 27 | 8 | 17 | 17 | 8 |
| ″ ″ ″ ″ ″ Glücksburg | 18 | 20 | 9 | 18 | 10 | 9 |
| ″ ″ ″ ″ ″ Frielinghaus | 19 | 2 | 4 | 18 | 22 | 4 |
| ″ ″ ″ ″ ″ Herbede | 19 | 13 | 10 | 19 | 3 | 10 |
| ″ ″ ″ ″ ″ Eleonore und Nachtigall | 19 | 25 | 4 | 19 | 15 | 4 |
| ″ ″ ″ ″ ″ Witten | 20 | 6 | 11 | 19 | 26 | 11 |

Bei vorstehenden Pferdelöhnen werden keine Nebenkosten vergütet, jedoch das Höherpferden von Keidelskopf bis zur Schleuse mit 7½ Sgr. pro Nachen an den Unternehmer resp. an deren Bevollmächtigten ausbezahlt. Das Höherpferden unterhalb Keidelskopf wird mit 5½ Sgr. pro Nachen an den Unternehmer resp. an deren Bevollmächtigten bezahlt, und den Pferdehalfnern der Reise in Abrechnung gebracht.

Mülheim a. d. Ruhr und Ruhrort den 1. Januar 1847.

**Die Deputirten.**

**Heinr. Becker. Carl Krabb. M. Schmitz Gerh. Sohn.**
**Carl Haniel. Levi Heintzmann. Schultetigges.**

**Pferdelöhne auf der Ruhr, 1847**
[Haniel Archiv, Duisburg Ruhrort]

**Aquarell von Maria Theresia Gethmann, 1845**
Unterhalb der Burgruine Blankenstein befand sich der Schiffbauplatz des Kohlenkaufmanns Carl Friedrich Gethmann. [Familienarchiv Gethmann]



# Schiffbau an der Ruhr

Durchschnittlich wurden pro Jahr 30 neue Schiffe für die Ruhrfahrt gebaut. Sie entstanden in Mülheim und Ruhrort, aber auch auf vielen kleinen Schiffbauplätzen zwischen Witten und dem Rhein.

Einer dieser Plätze lag unterhalb der Burgruine Blankenstein. Hier, an einem Altarm der Ruhr, ließ der Kaufmann Carl Friedrich Gethmann seine Schiffe bauen. Bereits sein Vater hatte diesen Schiffbauplatz angelegt. Das Holz zum Schiffbau stammte aus den umliegenden Wäldern und wurde von Tagelöhnern herangeschafft. Für die Schmiedearbeiten sorgten die Dorfschmiede der Umgebung. Ein Ruhrnachen hielt ungefähr 10 Jahre.

**Blankenstein**
**Kolorierter Stahlstich von Mayer nach Carl Schlickum, 1872**
Rechts ist der Gethmannsche Schiffbauplatz zu erkennen. [Slg. WIM, Dortmund]

Für einen neuen Nachen gab es keine Pläne. Der zukünftige Eigentümer, in der Regel ein Kohlenkaufmann, verhandelte mit dem Schiffbaumeister über die Stärke der Hölzer, die Abmessungen des Schiffes und den Liefertermin. Das Ergebnis wurde dann in einem ›Besteck‹ niedergeschrieben und von beiden Seiten unterzeichnet. Der Bau konnte beginnen. Das Ergebnis war vor allem von den handwerklichen Fertigkeiten des Schiffbauers abhängig.

**Der Schiffbauplatz in Mülheim, die ›Timmerhelling‹ um 1865**
[Stadtarchiv Mülheim an der Ruhr]

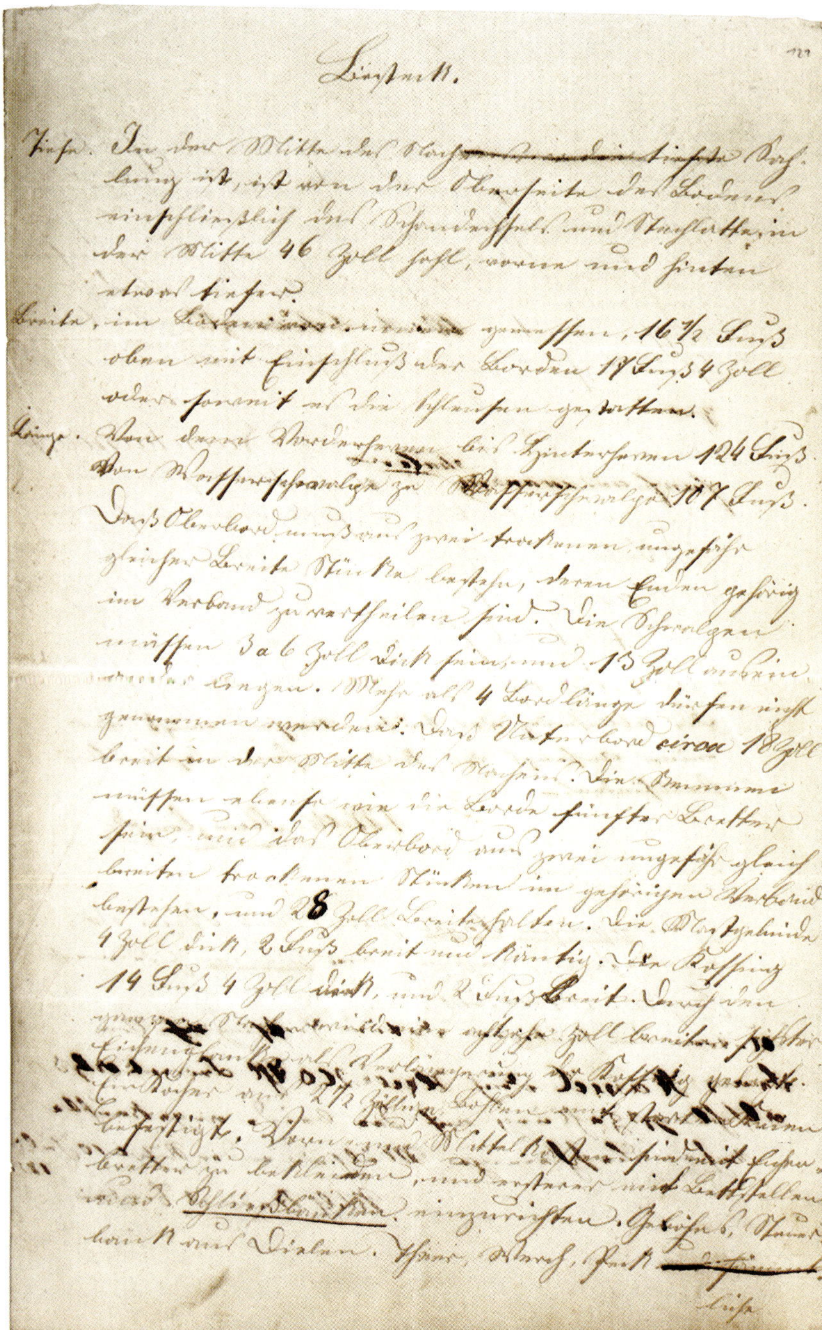

Bestek.

Tiefe. In der Mitte des Schiffs [illegible] tiefste [illegible]
ist, ist von der Oberseite des Bodens
einschließlich des Schandeckels und Deckplatten in
der Mitte 46 Zoll hoch, vorn und hinten
etwas tiefer.

Breite, im [illegible] gemessen, 16½ Fuß
oben mit Einschluß der Borden 17 Fuß 4 Zoll
oder soweit es die Schleusen gestatten.

Länge. Von dem Vordersteven bis Hintersteven 124 Fuß.
Vom Wasserspiegel zu Wasserspiegel 107 Fuß.
Das Oberbord muß aus zwei trockenen ungefähr
gleicher Breite Stücke bestehen, deren Enden gehörig
im Verband zu vertheilen sind. Die [illegible]
müssen 3 à 6 Zoll dick sein, und 15 Zoll [illegible]
[illegible] Länge. Mehr als 4 Bordlänge dürfen nicht
zusammen [illegible]. Das Unterbord circa 18 Zoll
breit in der Mitte des Schiffs. Die [illegible]
müssen ebenso wie die Borde [illegible]
sein, und das Oberbord aus zwei ungefähr gleich
breiten trockenen Stücken im gehörigen Verband
bestehen, und 28 Zoll Breite halten. Die [illegible]
4 Zoll dick, 2 Fuß breit und kantig. Die [illegible]
14 Fuß 4 Zoll dick, und 2 Fuß breit. [illegible]
[illegible]
[illegible]
[illegible]
[illegible]
[illegible]
[illegible] einzurichten. [illegible]
[illegible]

[illegible]

**Besteck eines Rüderchen in Rheinländisch Maaß**

*Tiefe:* *In der Mitte des Nachens, wo die tiefste Sohlung ist, von der Oberseite des Bodens einschließlich des Schandechsels 3 1/2 Fuß vorn und hinten 2 bis 3 Zoll tiefer.*

*Breite:* *im Boden von innen gemessen 16 Fuß oben mit Einschluß der Borden 17 Fuß*

*Länge:* *Von der Vorderheven bis zur Hinterheven 122 Fuß oder 122 Fuß 8 Zoll resp. so lang und so breit, als die Ruhrschleusen dies nur eben gestatten.*

*Gehölz:* *Die Schwalpen müssen 4 1/2 á 6 Zoll dick seyn, und ca. 12 Zoll auseinanderliegen; das Oberbord kann aus zwei ungefähr gleichbreiten Stükken bestehen, deren Ende gehörig im Verband zu vertheilen sind, mehr als 4 Bordlängen dürfen nicht genommen werden. Die Remmen müssen ebenso wie die Borde gehörig 5er Bretter und die ersteren 2 Fuß breit seyn, die aber auch aus 2 gehörig im Verbande gezimmerten Stücken bestehen können. Die Mastgebinde müssen solid & stark seyn ebenso die Kossing, auch muß eine 5er eichen Planke von 18 Zoll Breite durch den ganzen Nachen zur Verlängerung der Kossing gelegt werden,*

*Ferner gehören zum Rüderchen drei eichene mit eisernen Haken befestigte Gebinde, sowie das Holz zu Rolle und Klüs, – sodann 2 starke mit gehörigen Knien befestigte Kocher. – Der Vor- und Mittelkasten sind mit eichenen Brettern zu bekleiden & ersterer mit festen Bettstellen, Schließbänken einzurichten; Gebönds aus Dielen, Steuerbank, Theer, Pech, Werg, sämmtliche Schmiedearbeit, Stachlatte, starcke Schwerdte und alles was sonst vom Schiffbaumeister gewöhnlich zu Rüderchen geliefert wird, hat derselbe ebenfalls zu liefern.*

*Nach dem vorstehenden Bestecke übernimmt der Schiffbaumeister Huppert von Stiepel für den Herrn Franz Haniel in Ruhrort ein oder zwey Rüderchen nach dessen Wahl zu bauen und zwar zum Preise von tausend Berliner Thaler für jedes Rüderchen mit Schwerdt & allen Zubehörungen. Ob Herr Haniel ein oder zwei Rüderchen erbaut wünscht, wird derselbe in einigen Wochen dem Meister Huppert mittheilen.*

*Die Ablieferung der Rüderchen erfolgt sobald solche gehörig ausgetrocknet sind, worüber sich Mstr. Huppert mit Herrn Haniel später verständigen wird; – Ein Drittel obigen Kaufpreises wird nach vollständigem Aufschlagen des Nachens in den Borden, ein Drittel nach dem derselbe gehörig gehölzt, & das letzte Drittel nachdem derselbe dem Herrn Franz Haniel vollkommen gut überliefert ist bezahlt. Sollte der Nachen fehlerhaft oder schlecht gebaut werden, so kann Herr Haniel die Empfangnahme weigern & muß Huppert denn auf Verlangen gleich einen anderen ganz soliden bauen.*

*Ruhrort, 24. Decbr. 1842*

**Baubesteck zwischen Franz Haniel und Schiffbaumeister Huppert, 1842**
[Haniel-Archiv, Duisburg-Ruhrort]

## Der Ruhrnachen *Ludwig Henz*

Wie kann man Jugendliche ohne Ausbildungsstelle für den Arbeitsmarkt qualifizieren und gleichzeitig etwas schaffen, das über die Qualifizierungsmaßnahme hinaus Bestand hat? In Mülheim an der Ruhr besannen sich die Stadt und die Gesellschaft zur Förderung der Arbeitsaufnahme (GfA) auf die reiche Schiffbautradition der Stadt. Erstes Ergebnis dieser Zusammenarbeit war der Nachbau der historischen Ruhrfähre ›Hermann Scholl‹, die seit mehreren Jahren unterhalb der Mintarder Hochbrücke der A 52 Fußgänger und Radfahrer über die Ruhr setzt. Das zweite Projekt war ungleich größer: der Nachbau einer Ruhraak. Das Westfälische Industriemuseum übernahm die wissenschaftliche Betreuung, die Materialkosten und das fertige ›Produkt‹.



**›Zeichnung der zur Beschiffung der Ruhr gebraeuchlichen Nachen‹, 1840**
Dieser Plan war die Grundlage für die Rekonstruktion des Ruhrnachens *Ludwig Henz*. [Hessisches Hauptstaatsarchiv, Wiesbaden]

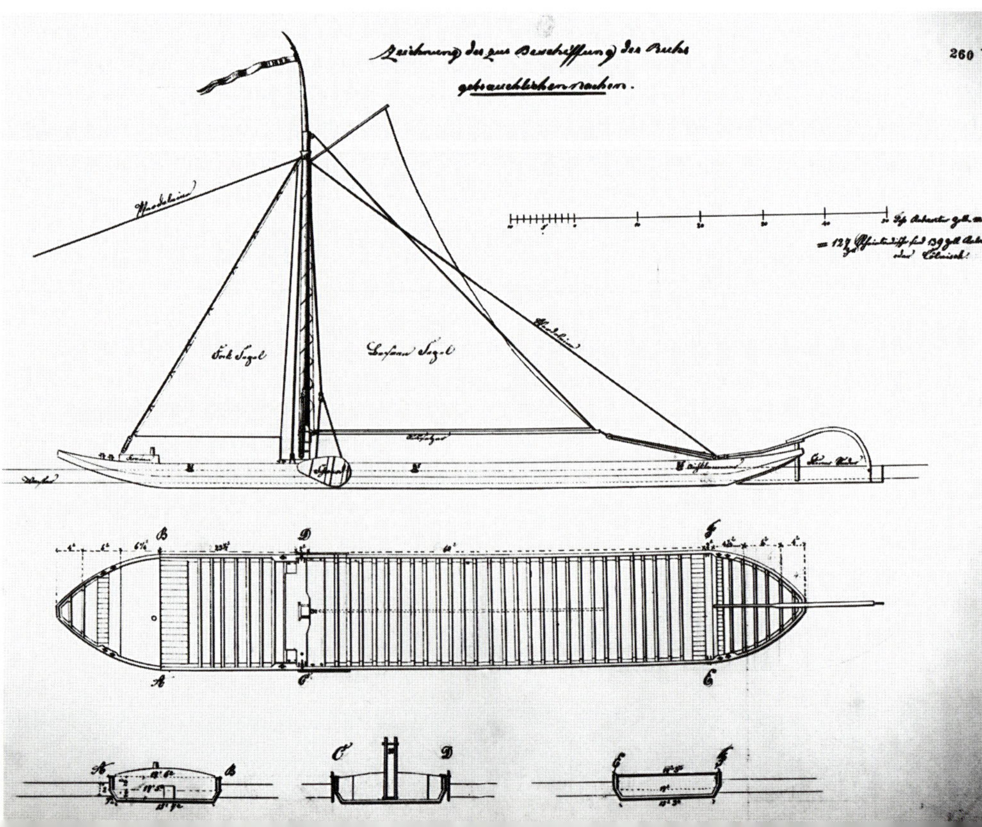

Zwischen 1998 und 2002 arbeiteten arbeitslose Jugendliche unter der Anleitung von Bootsbaumeister Uwe Gossens auf der Bootswerft Hesse am Ruhrnachen. Grundlage war ein Plan aus dem Jahr 1840, dessen Entstehung dem Umstand zu verdanken war, dass in diesem Jahr eine Kommission aus dem Herzogtum Nassau an der Ruhr Material sammelte, das für den Ausbau der Lahn Verwendung finden sollte. So entstand die einzige erhaltene Bauzeichnung eines Ruhrnachens, denn an der Ruhr wurde ganz in handwerklicher Tradition nicht nach Plänen gebaut. In der Praxis des Nachbaus tauchten jedoch immer wieder Fragen auf, die der heute im Hessischen Staatsarchiv Wiesbaden aufbewahrte Plan nicht beantworten konnte: Welche Materialstärken hatte das Holz? Wie sahen die verschiedenen Schmiedeteile aus, wie die Takelage? Wie funktioniert das Mastumlegen? Einige Fragen konnten durch Akteneinsicht in den Archiven beantwortet werden, andere in Museen und Sammlungen, die weitaus meisten aber zuletzt in langen Diskussionen zwischen Historikern, Schiffbauern, Technikern, Schmieden und Taklern. Während der anhaltenden fruchtbaren, aber langwierigen Diskussionen nahm das Schiff immer mehr Gestalt an, wurden über 80 Jugendliche qualifiziert.

**Die Teilnehmer der Qualifizierungsmaßnahme im Mai 2000**

[Foto: Jörg Lange]

Im November 2002 schließlich verließen drei Schiffsteile auf Tiefladern die Mülheimer Werft. Einen Transport auf der Ruhr verhinderte der Umstand, dass bei der Anlage des Kemnader Stausees auf den Bau einer Schleuse verzichtet worden war. Außerdem wurde, nachdem die Art der späteren musealen Präsentation geklärt war, darauf verzichtet, den Ruhrnachen abzudichten – sehr zum Missfallen der Schiffbauer, die den Ruhrnachen gerne wenigstens einmal im Wasser erlebt hätten. Das von oben in das Schiff eindringende Regenwasser soll jedoch unbehindert ablaufen können…



In den Monaten vor der Museumseröffnung wurde der Ruhrnachen vervollständigt und der Mast aufgestellt. Am 10. Mai 2003 erhielt das Schiff den Namen des Hattinger Wasserbaumeisters Ludwig Henz.

[Foto: Friederike Knoth]

**Übersichtsplan**

**Ruhrnachen *Ludwig Henz***

**1** Mast
**2** Mastkoker
**3** Spanten
**4** Schandeckel
**5** Remme
**6** Kajüte
**7** Ruder
**8** Ducht
**9** Kossingplanke
**10** Seitenplanke
**11** herausnehmbares Gebinde
**12** Strau
**13** Seitenschwert
**14** Kossing

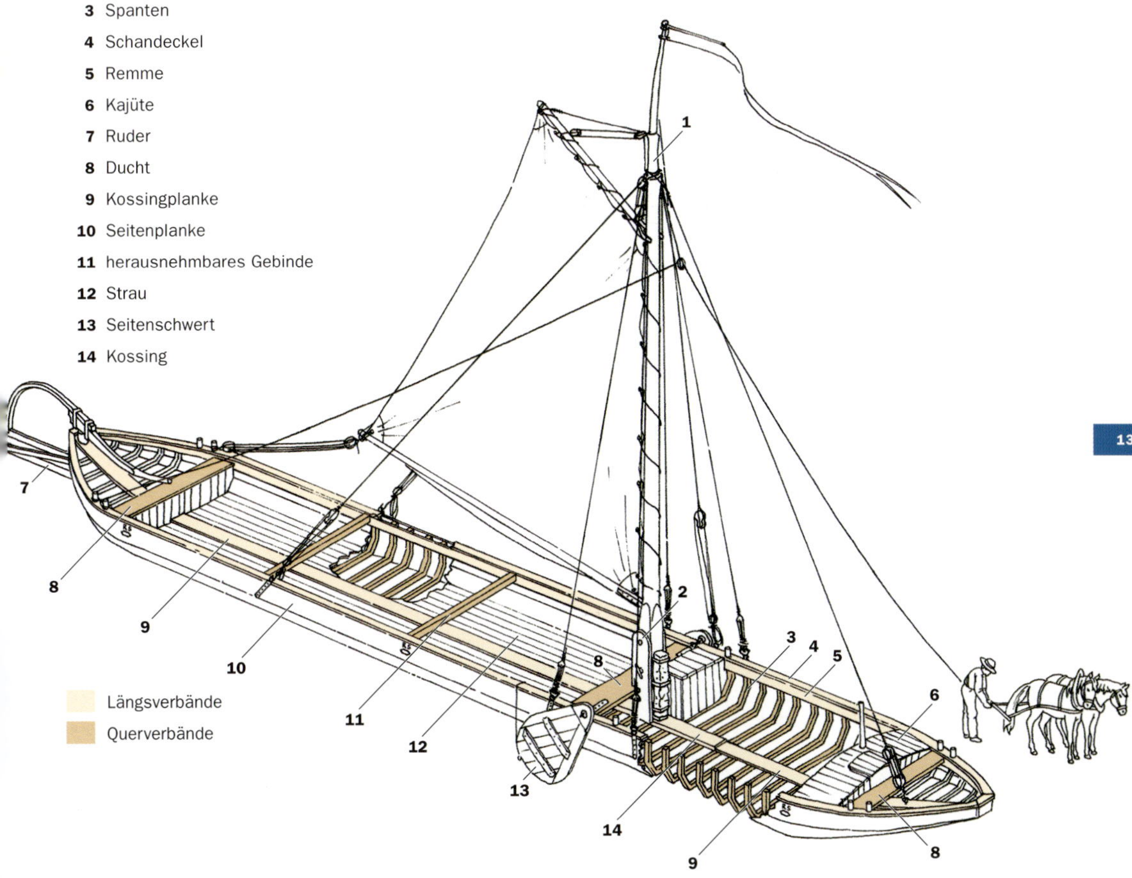


## Ruhraak oder Rüderchen?

Ruhraaken gehörten zu der im gesamten Rheinstromgebiet weit verbreiteten Schiffsfamilie der Aaken. Im Gegensatz zu Rheinaaken oder Dorstener Aaken handelte es sich um sehr einfach gebaute Lastschiffe.

Es gab zwei Typen, die sich nicht in ihren Abmessungen, wohl aber in der Ausstattung unterschieden: Rüderchen konnten sowohl auf der Ruhr als auch auf dem Rhein fahren. Sie hatten zwei Masten und konnten durch die Erhöhung der Seitenwände vor der Rheinfahrt tiefer abgeladen werden. Ruhrnachen fuhren nur auf der Ruhr und hatten nur einen Mast. Zu diesem Typ gehört auch das Museumsschiff *Ludwig Henz*.

*Jeder Stillstand ist aber Rückgang; läßt es die Ruhr dem Rheine an Kohlen fehlen, so ruft sie selbst belgische und englische Concurrenz am Unterrhein, die der Saar am Oberrhein hervor, und ist diese einmal erkräftigt, so können leicht einige trockene Jahre den Handel mit Ruhrkohlen vernichten.*

[Ludwig Henz, 1840]



**Ludwig Henz**
**Lithografie von Carl Wildt**
[Westfälisches Museum für Kunst und Kulturgeschichte, Münster]

## Ludwig Henz

Mit dem Schiffsnamen *Ludwig Henz* wird an eine Persönlichkeit erinnert, die nicht nur als Autor des wichtigsten Buches über die Ruhrschifffahrt im 19. Jahrhundert bedeutsam war. Die Lebensgeschichte des Hattinger Wasserbaumeisters und späteren Eisenbahndirektors erlaubt interessante Einblicke in die Verkehrsgeschichte.

Ludwig Henz wurde 1798 in Magdeburg geboren. Nach Abschluss seiner Ausbildung auf der Bauakademie in Berlin kam er 1823 als Baubeamter nach Westfalen und wurde 1825 bei der Ruhrschifffahrtsdirektion angestellt. Als Wasserbaumeister mit Dienstort Hattingen war er für den reibungslosen Betrieb auf dem Fluss und den Unterhalt der Schleusen zwischen Ruhrort und Witten verantwortlich.

Henz’ Dienstzeit an der Ruhr wurde durch eine enorme Arbeitsbelastung in Folge des steigenden Verkehrsaufkommens geprägt. In seinem 1840 erschienenen Buch ›Der Ruhrstrom und seine Schiffahrts-Verhältnisse‹ stellte er das Projekt einer umfangreichen Kanalisierung der Ruhr zur Diskussion, die den drohenden Verkehrsinfarkt abwenden sollte. Wegen der hohen Kosten wurde dieses Vorhaben nicht realisiert, Henz’ Buch jedoch ist wegen der genauen Analyse der Verkehrsverhältnisse und der Schilderung der Schifffahrt auf der Ruhr die bedeutendste Quelle zur Ruhrschifffahrt des 19. Jahrhunderts.

Schon früh beschäftigte sich Henz neben seinen Dienstgeschäften an der Ruhr auch mit den neuen Eisenbahnen. 1836 plante er eine Eisenbahn von Elberfeld nach Witten, die unmittelbar an der Zeche Nachtigall enden sollte, dann aber doch nicht gebaut wurde. Trotzdem bestimmte die Eisenbahn die weitere Karriere von Ludwig Henz: Er leitete schließlich als Direktor den Bau der WESTFÄLISCHEN EISENBAHN und wurde ein in ganz Deutschland anerkannter Eisenbahnfachmann. Er starb 1860 in Berlin.

Der Ruhrstrom

und

seine Schifffahrts-Verhältnisse,

nebst

Vorschlägen zur Erweiterung derselben.

Nebst einer Karte mit Längenprofil.

Essen,

Druck und Verlag von G. D. Bädeker.

1840.

1840 erschien Ludwig Henz' Buch ›Der Ruhrstrom und seine Schiffahrts-Verhältnisse‹ [Universitäts- und Landesbibliothek Düsseldorf]

**Service**

Eine umfassende Biografie über Ludwig Henz ist in der Reihe ›Quellen und Studien‹ des Westfälischen Industriemuseums erschienen:
Olaf Schmidt-Rutsch: Im Strom der technischen Revolution: Ludwig Henz. Vom Wasserbau-Techniker an der Ruhr zum Eisenbahn-Direktor in Preußen 1798–1860. Essen 2003.

Das Fördergerüst der Zeche ›Carl Funke‹ am Baldeneysee

# Die Ruhr heute



Die idyllische Ruhrlandschaft verwundert heute besonders auswärtige Besucher: So hat man sich das Ruhrgebiet nicht vorgestellt. Spuren der Ruhrschifffahrt sind zwar zahlreich vorhanden, können diese Idylle aber nicht wirklich stören. Eher tragen sie noch zur Romantisierung bei und verweisen somit zugleich auch wieder auf eine Geisteshaltung, die den Zeitgenossen der Frühindustrialisierung so unbekannt nicht war.

Heute endet die Frachtschifffahrt im Mülheimer Hafen. Oberhalb Mülheims befahren nur einige Ausflugsschiffe den Fluss, der aber immer noch die Turbinen zahlreicher Kraftwerke antreibt und das Trinkwasser für das Ruhrgebiet liefert.

Das Krafwerk Hohenstein in Witten

**Service**

Die Themenroute ›Geschichte und Gegenwart der Ruhr‹ führt auf der Route Industriekultur zu den Überresten der Ruhrschifffahrt.

*Die Gegenden, durch welche mein Weg führte, gehörten einer anmutigen*
*und sanften Natur an, besonders bei Steele an der Ruhr, ein Ort, für den gemacht,*
*der sich vom Getümmel des Lebens in heitre Einsamkeit zurückzuziehen wünscht.*
*Nicht sattsehen konnte ich mich an der saftig frischen Vegetation,*
*den prachtvollen Eichen- und Buchen-Wäldern, die rechts und links die Berge krönen,*
*zuweilen sich über die Straße hinzogen, dann wieder in weite Ferne zurückwichen,*
*aber überall den fruchtbarsten Boden begrenzten, braun und rot schattiert,*
*wo er frisch geackert war, hell- oder dunkelgrün schimmernd,*
*wo junge Wintersaat und frischer Klee ihn bedeckten.*
*Jedes Dorf umgibt ein Hain schön belaubter Bäume, und nichts übertrifft die Üppigkeit*
*der Wiesen, durch welche sich die Ruhr in den seltsamsten Krümmungen schlängelt.*
*Ich dachte lachend, dass, wenn einem prophezeihet würde,*
*an der Ruhr zu sterben, er sich hier niederlassen müsse, um auf eine angenehme Weise*
*die Prophezeihung zugleich zu erfüllen und zu entkräften.*

[Heinrich Fürst von Pückler-Muskau 1830]

*Mit schwarz-weißen Dörfern, wiesengrünen Hängen und prächtigen Waldungen, die dunkelbuckelig zum Bergischen Land hinüberwallen, ist das Ruhrtal südlich von Bochum, zwischen Hagen und Kettwig, ein reizvolles Ausflugsgebiet der Menschen aus den großen Revierstädten.*
*Auf seinen freien Feldern, in abgelegenen Waldschluchten, vor der rötlich schimmernden Kulisse eines Steinbruchs konnte der Wanderer dort in den vergangenen Jahren aber auch immer wieder garstige Flecken in den schönen Bildern entdecken: kleine Schutthalden, Bergemassen, verfallene Baracken, Reste von Förderbauten [...]. Die Welt der verlassenen Kleinzechen.*

[Kurt Dörnemann, in: Westfalenspiegel 5/1955]

Zeche in Witten-Bommern, 1959
[Privatbesitz: H. Bussmann, Unna]

# Zeche Eimerweise

**Kleinzechen im südlichen Ruhrgebiet 1945 bis 1976**



In vielen Ländern weltweit existiert heute ein Kleinbergbau, der nach Schätzungen der Vereinten Nationen mehr als 7 Millionen Menschen Arbeit gibt. Kleinbergbau entwickelt sich meist dort, wo der hoch technisierte Abbau der großen Bergbaugesellschaften in Europa oder Amerika unwirtschaftlich wäre. Stattdessen verpachten diese Gesellschaften ihre Rest- oder Kleinlagerstätten von Kohle und anderen Mineralien zur Ausbeutung an die Kleinbetriebe.

Links:
**Rekonstruierte Zechenanlage auf dem Museumsgelände**

Das Ruhrgebiet hatte auch seinen Kleinbergbau – im Volksmund Liliput-Zechen, Familienpütts oder Kohlenzwerge genannt. Als es nach dem Zweiten Weltkrieg zu dramatischen Engpässen in der Kohlenversorgung kam, erinnerten sich die Menschen entlang der Ruhr an die Kohlenlagerstätten in geringer Tiefe, die der Bergbau in früheren Jahren nicht abgebaut hatte. Zwischen 1945 und 1976 entstanden hier mehr als 1000 Kleinzechen, die oft nur wenige Monate lang Kohlen förderten.

**Motorbetriebener Haspel (Seilwinde) einer Zeche, 1950er Jahre**
[Fotograf: G. Schnitzer; Privatbesitz: G. Kraemer, Luckenbach]

Die Ausstellung ›Zeche Eimerweise‹ zeigt die typischen Betriebspunkte einer Kleinzeche: Schacht und Fördergerüst, Stollen und Untertagearbeit, Haspel und Kompressor, Betriebsgebäude mit Büro und Materiallager sowie Kohlenverladung und -transport. Zeitzeugen kommen zu Wort, die von den Arbeitsbedingungen und der technischen Ausstattung auf den Kleinzechen berichten. Der Unternehmer Karl Hopp und seine Zeche *Ingeborg* mit dreibeinigem Fördergerüst sind ein Beispiel aus der vielfältigen Geschichte der Kleinzechen an der Ruhr. Zusammen mit Fotos und Dokumenten anderer Zechen wird damit eine fast vergessene Phase des Bergbaus begreifbar.



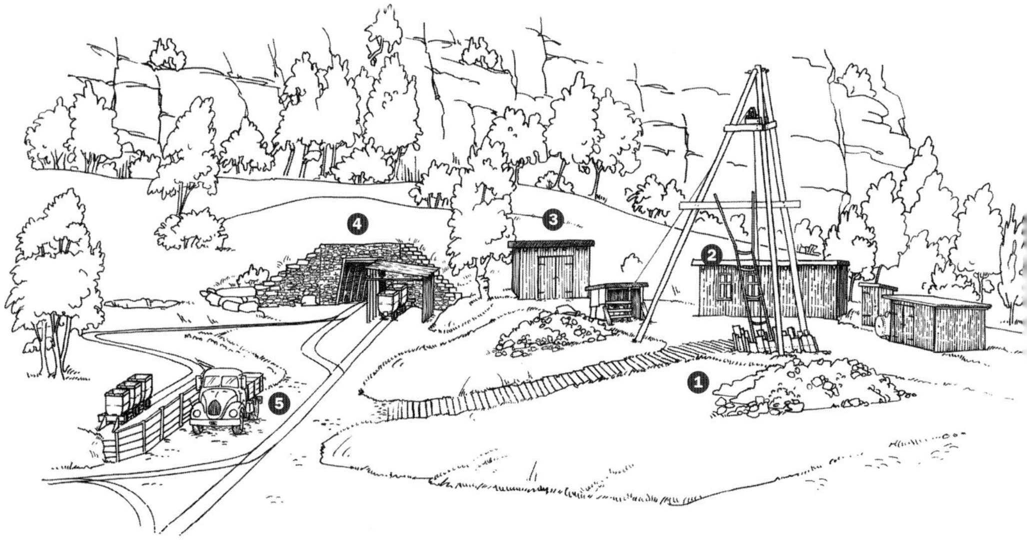


**❶ Zeche *Ingeborg II* (Rekonstruktion)**
**❷ Betriebsgebäude**
**❸ Lampenstube**
**❹ Besucherbergwerk Nachtigall-Stollen**
**❺ Verladerampe mit LKW**

**Zeche *Ingeborg II*, Herbede, 1957**
Der Lkw war Hopps Kapital: Mit dem 3,5-Tonnen-Mercedes – seinem ›Möhrken‹ – konnte er kostengünstig und im Rhythmus seiner Förderung die Kohlen zum Abnehmer transportieren. [Slg. WIM, Dortmund]

## Die Kleinzeche Ingeborg II in Herbede-Durchholz



Die Zeche stand auf dem Feld direkt neben der Straße: Holzbohlen befestigten die Zufahrt, der Dreibaum war aus Holzmasten errichtet. Karl Hopp startete mit seiner Kleinzeche *Ingeborg II* im Frühjahr 1957 und förderte in den wenigen Monaten bis August annähernd 1000 Tonnen Kohle. Dann waren die Vorräte erschöpft und Hopp plante schon die nächste Zeche.

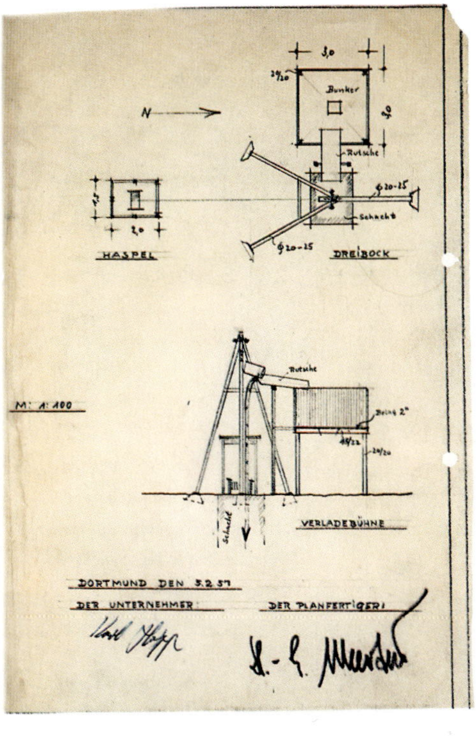

**Architektenzeichnungen zur Baubeschreibung der Zeche *Ingeborg II*, Herbede, 1957**
Im Mai 1957 holte Karl Hopp beim Stadtbauamt Herbede die bauaufsichtliche Genehmigung ein. [Stadtarchiv Witten]

**Schacht der Zeche *Ingeborg II*, Herbede, 1957**
[Slg. WIM, Dortmund]

Auf der Kleinzeche *Ingeborg II* beschäftigte Hopp zwei Arbeiter, Herbert G. (32 J.) und Helmut S. (26 J.), die er bei der Bergbau-Berufsgenossenschaft in Bochum gegen Unfälle und Berufskrankheiten versicherte und bei der Ruhrknappschaft in Bochum zur Kranken- und Rentenversicherung anmeldete. In etwa 15 Meter Tiefe lösten die beiden mit Abbauhämmern die Kohlen: 10 Tonnen täglich konnten es werden.

Karl Hopp selbst blieb über Tage. Er beaufsichtigte den Energie erzeugenden Kompressor und bediente den Haspel, der den Kübel mit den Kohlen aus der Tiefe zog. Mit einer Kippvorrichtung am Dreibaum konnte er den Kübel alleine über dem Lkw entleeren. Vier- bis fünfmal täglich fuhr Hopp mit dem beladenen Lkw direkt zu seinen Abnehmern.

Betr.: Stollenbetrieb Ingeborg — Oberprüfstelle/1456
- I 45 -

**B e r i c h t**

über die örtliche Unterrichtung in knappschaftlichen Angelegenheiten am 16.7.1957 aus Anlaß der Verpflichtung vom 28.3.1957, Gesch.-Z.: I/R 1301/2

I. Art der knappschaftlichen Arbeiten
1. Betriebsart: Kohlengewinnung im Stollenbetrieb.
2. Betriebsbeginn: 15.2.1957.
3. Betriebslage: Herbede-Durchholz (Nähe Trafo), Grundstück Niepmann an der Straße "In der Mutte".

II. Besitz- und Eigentumsverhältnisse
1. Grubenfeldeigentümer: Bergbau-Union, Bochum-Dahlhausen, Sudholzstraße.
2. Pächter: Karl Hopp, Dortmund, Lessingstraße 46.
3. Verwaltungssitz: Am Betriebssitz - siehe I 3 -.

III. Zahl der Versicherten
1 - 2, soll langsam ansteigen.

**Bericht der Oberprüfstelle der Ruhrknappschaft Bochum über die Zeche *Ingeborg II* in Herbede, 1957**
[Bundesknappschaft, Bochum]

**Schacht und Strecke der Zeche *Ingeborg II* in Herbede**
Der Schacht erreichte nur eine geringe Tiefe von etwa 15 Metern. Dort zweigte eine etwa 67 Meter lange Strecke ab, entlang der die beiden Bergleute die Kohle abbauten. Wenig tiefer hatte bereits im 19. Jahrhundert die Zeche *Elisabethenglück* die Kohlenvorkommen vollständig ausgebeutet und den Hohlraum zum Teil verfüllt.
[Nach einer Zeichnung von Wolfgang Rühl auf Basis der amtlichen Grubenbilder]

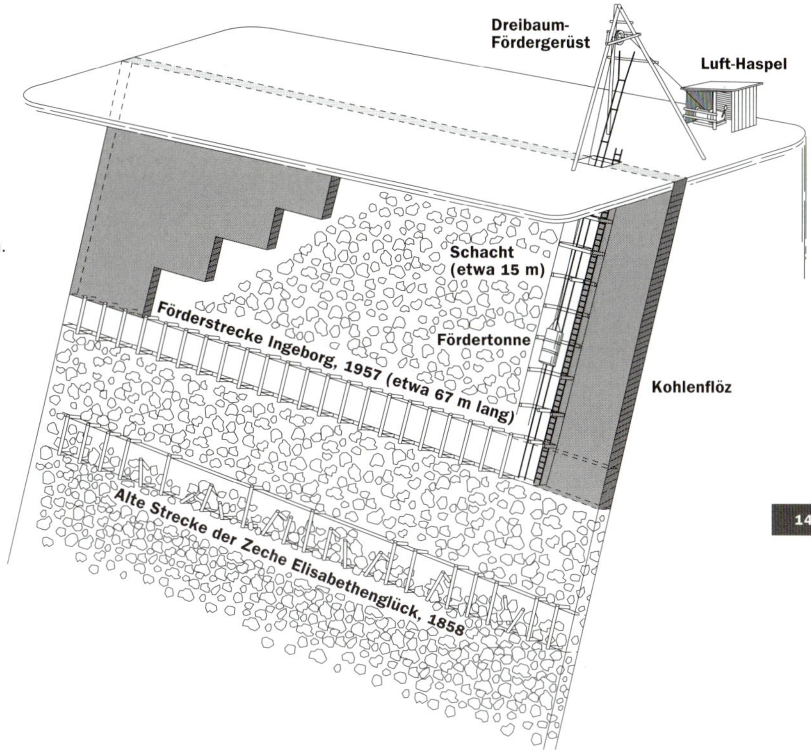

**Rekonstruierte Zechenanlage auf dem Museumsgelände**

**Haspelbude der Zeche *Ingeborg II*, Herbede, 1957**
[Slg. WIM, Dortmund]

Karl Hopp auf seinem Lkw, auf dem er zeitweise ein selbstkonstruiertes Brech- bzw. Hammerwerk montiert hatte. Er betrieb mehrere Kleinzechen in Witten und Herbede zwischen 1953 und 1958.
[Slg. WIM, Dortmund]

## Der Unternehmer Karl Hopp



Karl Hopp lebte Ende der 1940er Jahre in Bottrop, wo der ausgebildete Autoschlosser auf der Zeche *Prosper* arbeitete. Nach einem Unfall wechselte er als Fahrer zur Firma Blotevogel Maschinenbau, die in Herbede-Durchholz eine Kleinzeche betrieb. Hopp fuhr regelmäßig die Bergarbeiter aus Bottrop dort hin. Als Blotevogel seinen Betrieb schließen musste, kaufte Hopp sich einen eigenen Lkw, wurde selbstständiger Transportunternehmer und eröffnete im August 1953 in Witten-Bommern seine erste Zeche: die *Kleinzeche Hopp* ❶.

**Zeche *Ingeborg I*, Witten, 1954**
Hier bedient ein Bergmann den selbst umgebauten Dieselmotor zum Antrieb des Haspels.
[Fotograf: K. Block; Slg. WIM]

**Zeche *Ingeborg I* in Witten, 1954**
[Fotograf: K. Block; Deutsches Bergbau-Museum Bochum]



Nachdem er den Betrieb dieser Kleinzeche Ende 1953 eingestellt hatte, folgten in kurzer Zeit weitere Zechen:

2 *Ingeborg I* in Witten-Rüdinghausen, April – August 1954
3 *Karl Friedrich* in Witten-Bommern, Mitte – Ende 1956
4 *Ingeborg II* in Herbede-Durchholz, Februar – August 1957
5 *Stephan* in Herbede-Durchholz, Mitte 1957 – Frühjahr 1958

Seine Zechen benannte Karl Hopp nach seinem Sohn Karl-Friedrich sowie nach seiner Ehefrau Ingeborg. Die Betriebe brachten Gewinn: 1954 kauften die Eheleute Hopp einen Friseursalon in Dortmund. Hopp selbst blieb bis 1981 Transportunternehmer und übernahm mit drei Lastwagen und zwei Angestellten später auch Aufträge beim Dortmunder U-Bahn-Bau.

**Ingeborg Hopp mit ihrem Sohn Karl-Friedrich (*1954), nach dem Karl Hopp eine Zeche benannte**
[Privatbesitz: I. Hopp, Dortmund]

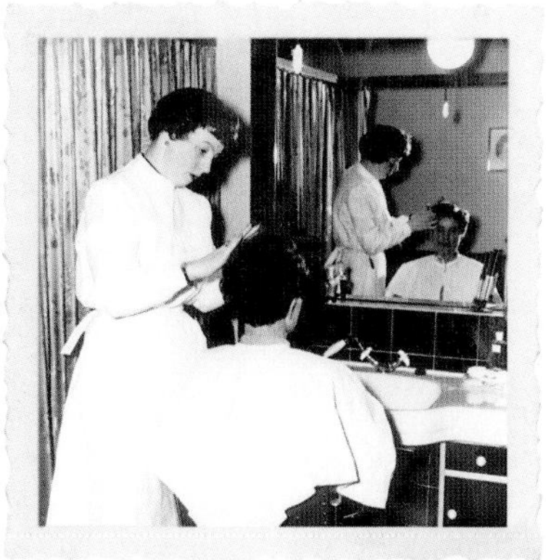

**Ingeborg Hopp in ihrem Friseursalon in Dortmund, Mitte der 1950er Jahre**
[Fotografin: G. Kattentidt, Privatbesitz: I. Hopp, Dortmund]

## Pacht für Kohlen und Acker

Als Karl Hopp den Kohlenabbau plante, musste er das Bergrecht beachten. Danach ist das Recht zur Gewinnung der Bodenschätze vom Grundeigentum getrennt. Die Kohlenlagerstätten sind in Grubenfelder eingeteilt, die meistens großen Bergwerksgesellschaften gehören. Ein Gründstückseigentümer hat somit keinerlei Ansprüche auf die unter seinem Grundstück lagernden Kohlen.



Ein zwischen Hopp und den Grubenfeldbesitzern ausgehandelter Vertrag regelte, welcher Teil des Grubenfeldes abgebaut werden durfte und wie viel Pachtzins für jede geförderte Tonne Kohle anfiel: Hopp musste entweder 8 Prozent seiner Förderung liefern oder den Gegenwert in Geld bezahlen. Außerdem verlangte der Grubenfeldbesitzer eine Kaution, um mögliche spätere Bergschäden beheben zu können. Die Kaution zahlte Hopp in monatlichen Raten, deren Höhe sich ebenfalls aus der Fördermenge errechnete. Verwaltet wurde die Kaution auf einem Sperrkonto des Grubenfeldbesitzers. Erst nach 20 Jahren sollte Hopp den dann verbliebenen Betrag zurück erhalten.

**Zeche *Ingeborg II*, Herbede, 1957**
Die Kohlen wurden von der Fördertonne direkt auf den Lkw geschüttet und mit einer Schaufel verteilt.
[Slg. WIM, Dortmund]

Mitarbeiter des Museums bauten die Zechenanlagen im Frühjahr 2003 nach.

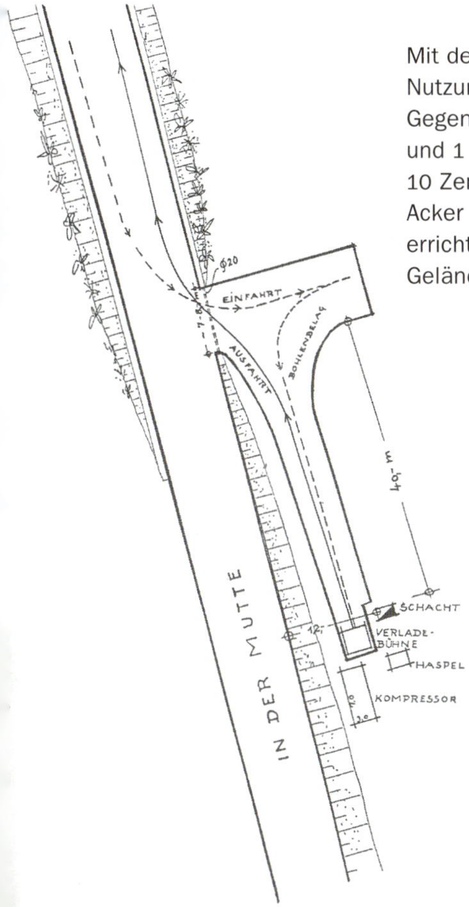


Mit dem Grundstückseigentümer vereinbarte Hopp die Nutzung des Geländes für die Tagesanlagen und einer Zufahrt. Gegen eine einmalige Zahlung von 600 DM (Deutsche Mark) und 1 DM für jede geförderte Tonne Kohle sowie monatlich 10 Zentner Kohlen durfte Hopp seine Kleinzeche auf dem Acker ›In der Mutte 10‹ in Herbede-Durchholz (heute zu Witten) errichten. Nach der Aufgabe des Betriebes hatte Hopp das Gelände gänzlich zu räumen und Humus aufzutragen.

**Lageplan der Zeche *Ingeborg II*, 1957**
Im Januar 1957 beantragte Karl Hopp beim Tiefbauamt der Stadt Herbede die Anlage einer Zufahrt zur Zeche. [Stadtarchiv Witten]

**Schachtausbau der Zeche *Ingeborg I*, Witten, 1954**
[Fotograf: K. Block; Slg. WIM]

**Kleinzeche *Ingeborg I*, Witten, 1954**
Der Lkw wird beladen: Automatisch kippt das Fördergefäß Kohle auf die Ladefläche.
[Slg. WIM, Dortmund]



## Anträge an die Bergämter

Mit seinen Zechen erschloss Karl Hopp die in früheren Zeiten nicht abgebauten Kohlen. Obwohl sich diese Restkohlen innerhalb weniger Monate fördern ließen, musste Hopp beim zuständigen Bergamt eine Betriebsgenehmigung einholen.

Die Genehmigung erhielt er nach einer Ortsbesichtigung, an der neben dem Bergamt auch Vertreter der Stadt und des Siedlungsverbandes Ruhrkohlenbezirk teilnahmen. Dabei ging es um Belange der Bauordnung, des Straßenwesens und des Landschaftsschutzes. Darüber hinaus musste Hopp beim Oberbergamt in Dortmund 1.500 Deutsche Mark Kaution hinterlegen – damit sollte das Gelände auch im Falle eines wirtschaftlichen Misserfolgs nach der Zechenschließung wiederhergestellt werden können.

Nach Betriebsende musste Hopp zudem nachweisen, dass er alle Grubenbaue mit Bergeversatz ausgefüllt hatte. Mit mehreren Besichtigungen kontrollierten die Behörden die Zechenstilllegung. Direkt nach der ›Abschlussbefahrung‹ der Zeche *Ingeborg II* am 17. Januar 1958 erhielt Hopp einen ersten Teil der Kautionen für die Verfüllung des Schachtes und die Wiederherstellung des Geländes zurückgezahlt.

**Dieselkompressor der Zeche *Ingeborg I*, Witten-Rüdinghausen, 1954**
Der Betrieb lärmender Dieselkompressoren, mit denen die Druckluft für den Haspel und die Abbauhämmer erzeugt wurde, störte oft die Nachbarn von Kleinzechen. Später verlangte das Bergamt, sie in geschlossenen Räumen unterzubringen.
[Fotograf: K. Block; Slg. WIM]

| Zechenname, Ort, Besitzer (abweichendes Jahr) | Fördermenge (t) | Beschäftigte |
|---|---|---|
| **Allgäu III** Herbede-Vormholz, Rudolf Damm | 17.711 | 117 |
| **Borbachtal** Witten-Annen, Heinrich Buddenhorn (1956) | 38.678 | 134 |
| **Brabeck** Sprockhövel-Niedersprockhövel, Gewerkschaft Brabeck | 2.708 | 9 |
| **Ida** Bochum-Laer, August Budde | 13.388 | 31 |
| **Ingeborg** Herbede-Durchholz, Karl Hopp | ca. 1.000 | 2 |
| **Tiefendorf** Witten-Annen, Karl Ernst Schneider (1955) | 3.833 | 24 |
| **Egbert** Witten-Kämpen, Karl-Heinz Kogelheide (1968) | 4.756 | 9 |
| **Renate** Hattingen-Niederstüter, Gew. Petrus Segen (1958) | 5.239 | 17 |
| **Am Kattloh** Witten-Stockum, Rudolf Damm | 34.709 | 124 |
| **Pafaba** Herbede-Durchholz, Bergbau-Union GmbH (1956) | 6.860 | 15 |
| **Lina 1** Herbede-Vormholz, Gustav Schalk | 3.174 | 11 |
| **Schacht Eugen Eickmann** Hattingen-Holthausen, Gewerkschaft Aurora (1955) | 66.991 | 239 |

**Fördermenge und Beschäftigtenzahl ausgewählter Kleinzechen im Jahr 1957**

[nach: Huske, Joachim: Die Steinkohlenzechen im Ruhrrevier. Daten und Fakten von den Anfängen bis 1997, 2. überarb. u. erw. Aufl., Bochum 1998]

1.

2.

3.

4.



## Direkt aus dem Berg – die Stollenzechen

Viele Kleinzechen hatten keine Schächte, sondern erreichten durch Stollen horizontal oder nur leicht geneigt die Kohlenflöze im Berg. Oft nutzten sie dabei bereits bestehende Stollen vergangener Zeiten. Die Förderung war leichter als bei Schachtzechen: Es konnten größere Wagen eingesetzt werden, von denen ein Haspel auch mehrere gleichzeitig aus dem Stollen ziehen konnte. Auf dem Zechenplatz waren meist Verladeeinrichtungen aufgebaut: Von Rampen wurde die Kohle auf Lkw, Förderbänder oder in Bunker geladen.

**Zeche *Hermann* in Essen-Heidhausen, 1950er Jahre**
[Fotograf: G. Schnitzer, Privatbesitz: G. Kraemer, Luckenbach]

Rechte Seite:
Im Nachtigall-Stollen auf dem Museumsgelände ist eine Abbaustrecke nachgebaut worden, die einen Eindruck von der Untertage-Arbeit auf Kleinzechen vermittelt.

5.

6.

1. **Zeche *Hermann* in Essen-Heidhausen, 1950er Jahre**
   [Fotograf: G. Schnitzer, Privatbesitz: G. Kraemer, Luckenbach]
2. **Zeche *Siegfried*, Witten-Annen**
   [Privatbesitz: H. Bussmann, Unna-Lünern]
3. **Zeche *Gut Glück* in Herbede-Vormholz**
   [Privatbesitz: H. Bussmann, Unna-Lünern]
4. **Zeche *Gute Hoffnung III*, Dortmund-Löttringhausen, vor 1962**
   [Privatbesitz: H. Bussmann, Unna-Lünern]
5. **Zeche *Heinemann*, Herbede-Vormholz**
   [Privatbesitz: H. Bussmann, Unna-Lünern]
6. **Zeche *Christa*, Herbede-Vormholz, 1963**
   [Privatbesitz: F. Hollmann, Bochum]

**Zeche *Wodan*, Hattingen-Bredenscheid, 1962**
Bergleute setzen einen Stempel, um die Strecke unter dem hier sehr mächtigen Kohleflöz zu sichern.
[Privatbesitz: F. Hollmann, Bochum]

**Johannes Balzer** (*1931) arbeitete als Lehrhauer zwischen 1950 und 1954 auf vier Kleinzechen in Witten.

***Die Gefahr durfte man nicht sehen ...***

*Ich hatte Frühschicht gehabt und verschlafen. Am andern Tag habe ich in der Zeitung gelesen: Schlagwetterexplosion. Es war an dem Ort, wo ich gearbeitet habe. Wir waren da mit drei Mann drin, da hatten sie einen andern für mich rein getan. Die waren alle umgekommen. Ja und dann hab ich denn Schluss gemacht, hab ich denn noch 'ne Schicht gemacht und dann bin ich denn anschließend rauf gegangen nach der Schicht, hab ich meine Papiere geholt.*

[Johannes Balzer in einem Interview mit dem WIM im Oktober 1997]

## Betriebsalltag und Arbeitsbedingungen – Bergleute berichten



Zwischen 1990 und 1999 interviewten Mitarbeiter des Westfälischen Industriemuseums Bergleute, die einen Teil ihres Berufslebens auf Kleinzechen verbracht hatten. Auf den folgenden Seiten kommen sie durch Zitate aus den Interviews zu Wort. Das Westfälische Industriemuseum bedankt sich bei allen Zeitzeugen, die durch ihr Wissen die Arbeit des Museums unterstützt haben.

**Winfried Heine** (*1935) arbeitete als Schlepper und Lehrhauer zwischen 1952 und 1963 auf den Kleinzechen *Tiefendorf*, *Christa*, *Am Kattloh* und *Gute Hoffnung V* in Witten.

*Ich war noch jugendlich und musste bis zum 15. Lebensjahr in die Schule. Nach dem Abschluss bin ich 1950 sofort auf die Zeche Mansfeld. Ich wollte eine Lehre anfangen. Doch die zahlten dort zu wenig Geld. So kam ich nach zwei Jahren zu einer Kleinzeche. Es gab dort mehr Geld und Geld musste ich haben – es waren schlechte Zeiten. Meine Mutter warnte: »Ist gefährlich Junge, ist gefährlich, mach' das nicht. Geh lieber was lernen.« Ich sagte: »Von was soll ich denn lernen?« Wollte ja eigentlich Elektriker werden. Aber das war schon mein Ding, Kleinzeche! Das war wunderbar. Nur die Gefahr, die durfte man nicht sehen, in diesem Moment.*

[Winfried Heine in einem Interview mit dem WIM im Juni 1999]

**Dieter Wietzke**
(*1935) arbeitete als Lehrhauer zwischen 1953 und 1961 auf den Kleinzechen *Renate*, *Am Kattloh* und *Pafaba* in Witten und Herbede.

## *Kleinzeche war anstrengender …*

*Die Arbeitsbelastungen auf der Kleinzeche waren größer. Auf der Großzeche ging bis 6.20 Uhr die Seilfahrt, und dann fuhr man erst zu seiner Arbeitsstelle und bis man dann auf seinem Arbeitsplatz war, war es schon acht Uhr. Und dann musste man auch schon um halb eins die Sachen wieder packen, dass man wieder um zwei Uhr oben war. Und das war auf einer Kleinzeche anders. Man war ja innerhalb von 10 Minuten an seinem Arbeitsplatz. Und dann ging das schon los. Und dann haben wir auch bis halb zwei, zwanzig vor zwei gearbeitet, das waren ganz andere Arbeitszeiten.*
[Dieter Wietzke in einem Interview mit dem WIM im November 1997]



*Zur Kleinzeche bin ich durch Mundpropaganda gekommen: »Da musst du hingehen, da verdienst du 20 Mark! Und dort verdienst du 35 Mark!« Dann geht es los: »Wo ist das?« »Ja, da, in Tiefendorf oder Kattloh oder […], bei dem […], na, Aloys Schmidt, da kannst du sofort anfangen. Brauchst noch nicht mal ein polizeiliches Führungszeugnis.« Ich hatte ja nichts auf dem Kerbholz, nur die 14 Tage wegen Alkohol am Steuer.*

*Die Arbeit auf der Kleinzeche war körperlich anstrengender. Auf Großzechen musste man auch Kohle losmachen, aber da hatte man Rutschen und Lokomotiven. Bei der Kleinzeche hatte man noch einen Kollegen, den Schlepper. Der hat die Kohle in den Wagen geschippt und musste den Wagen per Hand raus fahren.*

*Für manche Strecken hatten wir auch unter Tage einen kleinen Haspel. Da wurden die Wagen eingehängt und rausgezogen. Und, man kann es sich ja vorstellen, die Strecken waren ja nicht schnurgerade. Da mussten sie extra so Walzen an den Schienen anbringen, wo das Seil dran entlangschleifte. Die Walzen wurden stark beansprucht und waren manchmal schon durchgeschliffen. Dann riss auch so ein Seil. Diese Haspel mit Druckluft, die hatten ja Zunder drauf. Das riss alles weg.*

**Zeche *Tiefendorf*, Witten-Annen, ca. 1953 – 1956**
[Slg. WIM, Dortmund]

**Arbeitsschuhe eines Bergmanns, Ende der 1950er Jahre**
[Slg. WIM, Dortmund]



*Das Losmachen der Kohle mit dem Abbauhammer war schwer. Manchmal bin ich auch mit dem Hammer umgefallen. Die Älteren sind auch mit umgefallen, die konnten die auch nicht halten. Man musste sich die richtige Position suchen, sich abdrücken können, dann fiel man nicht um. Dann ging das von alleine. Am besten hab ich mir immer einen Stempel unter das Hangende gemacht und kräftig in die Erde rein gemacht, Quetschholz oben drüber und dann konnte ich mich immer abdrücken. Das rutscht auch nicht weg. Später kamen die Abbauhämmer mit Leichtmetallkopf. Die waren leichter.*
[Winfried Heine in einem Interview mit dem WIM im Juni 1999]

Rechts:
**Bergmann mit Lederhelm, Pannschaufel und elektrischer Grubenlampe, Zeche *Eugen Eickmann*, Förderschacht *Gute Hoffnung*, Hattingen-Holthausen, 1957**
[Privatbesitz: F. Tholl, Hattingen]

Hintergrund:
**Arbeiter mit Presslufthammer beim Kohleabbau auf der Zeche *Tiefendorf***
[Slg. WIM, Dortmund]

**Karbid-Grubenlampe des Kleinzechenbetreibers Karl Hopp, 1950er Jahre**
Im Lampentopf entwickelt sich aus Kalziumkarbid und Wasser brennbares Acetylen-Gas. Wegen ihres hellen Scheins und der geringen Anschaffungs- und Betriebskosten war die Karbidlampe sehr beliebt. Während diese Lampe mit ihrer offenen Flamme auf den durch Schlagwetter gefährdeten Großzechen des Reviers seit dem Ende des 19. Jahrhunderts verboten war, blieb ihr Einsatz auf den Kleinzechen bis in die 1950er Jahre erlaubt.
[Slg. WIM, Dortmund]

*Zur Sicherheit hatten wir einen Lederhelm. Der war ja nachher so butterweich, von dem Schweiß, den konnte man so kneten. Und die Karbidlampe, da war ewig der Docht verstopft, die Düse. Sonst hatten wir ausrangierte Klamotten, die man nicht mehr trägt: eine lange Hose und eine alte Jacke, so eine Anzugjacke. Da ging man mit rein. Es gab damals Stahlschuhe schon zu kaufen. Die hab ich mir gekauft. Sonst hätte ich auch keine Zehen mehr dran. Schnell konnte ein Wagen drüber rollen. Auf einer anderen Zeche hatten wir Gummistiefel. Fußlappen drum, fertig. Keine Strümpfe. Wir mussten die Gummistiefel immer umkrempeln, dass keine Kohle reinfiel oder Wasser rein lief. Säge, Beil, war das Nötigste, der Abbauhammer kam zum Schluss. Und was zu trinken und ein Butterbrot in der Tasche.*

**Bergleute der Zeche *Schacht Eugen Eickmann*, Förderschacht *Gute Hoffnung*, Hattingen-Holthausen, 1957**
[Privatbesitz: F. Tholl, Hattingen]

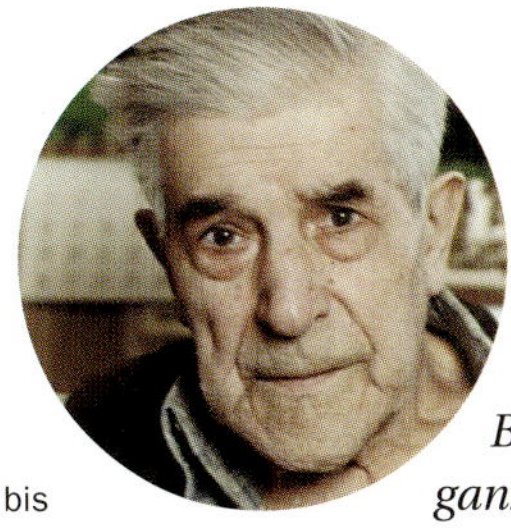

**Wilhelm Demmer**

(*1909) war von 1956 bis 1958 auf den Kleinzechen *Jupiter*, *Lina 1* und *Damm* in Witten und Herbede beschäftigt, zeitweise als Betriebsführer.

***Da kommen die Schwarzen…***

*Der Gustav hatte auf der Kleinzeche Lina dahinten Brauseangelegenheit. Also, die Kaue war wohl von den ganzen Schürfstellen hier das beste, das schönste Gebäude. Das hatte sich der Gustav S. selbst ausgefummelt. Der konnte alles. Also, das war ein richtiger Bergmann!*

[Wilhelm Demmer in einem Interview mit dem WIM im Dezember 1997]



*Oben war der Zechenplatz matschig. Da konnte man nicht mit gutem Zeug hingehen. Matschig, dreckig, bäh. Überall lag was rum, es gab keine Ordnung. Dann kam der Lkw, der hat das Holz einfach da hingekippt. Und dann wurde einem die Säge geklaut, weil die andere stumpf war. Die Waschkaue war zwei Kilometer weiter, jeden Tag laufen, morgens, abends. »Da kommen die Schwarzen!«, haben die Kinder immer gerufen.*

*Und die Augen, die waren immer schwarz. Kriegte man nur mit Nivea-Creme weg. Und sonntags, wenn man hustet, immer schwarz, alles schwarz. Wurde unter Tage ja nichts mit Wasser berieselt, wie das heutzutage ist. Staub, jede Menge. Toiletten gab es da auch nicht. Das wurde einfach irgendwo, wo Platz war, verscharrt. Auch unter Tage.*

[Winfried Heine in einem Interview mit dem WIM im Juni 1999]

»Aborte in ausreichender Zahl« schrieb das Oberbergamt vor. Über Tage errichtete der Kleinzechenbetreiber zumindest einen Holzverschlag mit Plumpsklosett, unter Tage stellte er für die Bergleute Kübel auf. Waschräume waren ebenfalls vorgeschrieben, bestanden aber oft aus Provisorien,z.B. einem Bottich mit gesammeltem Grubenwasser. Viele Bergleute aus der Umgebung gingen deshalb lieber ›schwarz‹ nach Hause.

Hintergrund:
**Kleinzeche *Tiefendorf*,**
**Witten-Annen, (ca. 1953–1956)**
[Slg. WIM, Dortmund]

*Ich bringe auch Brötchen …*

*Ratten hatten wir jede Menge. Und wenn die Ratten einmal unten sind, suchen sie auch etwas zu fressen. Unsere Butterbrote, wenn wir die in der Tasche ließen, dann waren die weg!*

[Heinz Schuster im Interview mit dem WIM im November 1997]

**Heinz Schuster** (*1934) war 1953 als Gedingeschlepper und Hauer auf der Kleinzeche *Schacht Eugen Eickmann* der Gewerkschaft Aurora in Hattingen.

**Belegschaft der Zeche *Christa*, Herbede-Vormholz, ca. 1955–1958**
[Privatbesitz: E. Wilde, Witten]

### *Die Kumpels waren einigermaßen hilfsbereit ...*

*Ich wurde dann auf den Stollenbetrieb im Rauendahl versetzt. Da war 'ne sehr abenteuerliche Belegschaft und ich war unsicher, ob ich als Betriebsführer akzeptiert würde. Mein Vorgänger sagte, nimm 'ne Pistole mit, sonst überlebst du da nicht. Die haben ihm das Leben sehr schwer gemacht. Als die mit 15 Mann unter der Brause standen, zog ich mich auch aus und ging da runter. Und habe ich zu einem gesagt, hör mal, buckel mich mal, du blöder Hund. Und das hat er auch getan und ich hab seinen Rücken gewaschen. Und irgendwie hat den Leuten das gefallen. Jedenfalls war ich bei denen akzeptiert.*

[Helmut Sprenger in einem Interview mit dem WIM im Oktober 1997]

**Helmut Sprenger**

(*1923) arbeitete in den 1950er Jahren als Steiger und Betriebsführer auf den Kleinzechen *Flora, Franz, Regina* in Essen und Hattingen. Zeitweise war er Mitbetreiber der Kleinzeche *Orion* in Essen-Altendorf.



*Gearbeitet wurde acht Stunden lang. Manchmal auch länger. Wenn der Steiger oder derjenige, der da das Sagen hatte, sagte: »Ich brauche Kohle! Noch ein bisschen mehr, mehr, mehr, immer mehr, ich bringe auchFleischwurst, ich bringe auch Brötchen!« Ja, dann machte ich. Wenn ich was zu essen kriegte, dann wurde weiter gemacht. Mittlerweile war es dann sechs, sieben Uhr. Nach Hause gewackelt, noch ein Bierchen getrunken, in die Falle. Kaputt! Wie ich anfing, hab ich gesagt: »Ich mach nur Morgenschicht, sonst komm ich hier gar nicht hin.« Später aber auch nachts. Ach, hat doch kein Hahn nach gekräht. Auch sonntags haben wir gearbeitet, für 20 Mark, dass der seinen Lkw voll kriegte. Und dann war der zufrieden. Das waren fünf Stunden oder ... wenn nicht noch mehr.*

*Unter den Kumpels, da war man einigermaßen hilfsbereit, doch, doch. Wenn du irgendwas hattest, warst schlecht zu recht: »Ach, hau dich in die Ecke, komm, ich mach das.« Das war schon ... War aber auch viel Neid dabei. Wenn einer mehr Kohlen losgemacht hatte, der ein bisschen mehr Kraft hatte, dann war der andere neidisch. Ja, und dann wollte der auch soviel machen. Dann war der Neid schon da. Wir kriegten ja schalholzweise bezahlt, nachher, zum Schluss.*

[Winfried Heine in einem Interview mit dem WIM im Juni 1999]

**Zeche im Weitmarer Holz, Bochum, 1950er Jahre**

[Deutsches Bergbau-Museum Bochum]

Hintergrund:

**Kohlenbunker der Kleinzeche *Tiefendorf*, Witten-Annen (ca. 1953 – 1956).**

[Slg. WIM, Dortmund]

**Karl-Heinz Kogelheide**
(*1929) war zunächst auf Kleinzechen beschäftigt, bis er selbst als Unternehmer tätig wurde. Seine Kleinzeche *Egbert* war die letzte, die im südlichen Ruhrgebiet 1976 stillgelegt wurde. [Privatbesitz: K.-H. Kogelheide, Witten]

### *Meine Frau hat dabei manche Arbeit abgenommen*

*Das war eine ganz interessante Tätigkeit, vor allen Dingen sehr vielseitig, weil ich ja den Betrieb technisch und kaufmännisch, also ganz komplett geführt habe. Auch die Lohnabrechungen habe ich selber gemacht. Meine Frau hat dabei manche Arbeit abgenommen, die ich sonst auch noch hätte machen müssen. Das war eine Teamarbeit.*
[Karl-Heinz Kogelheide in einem Interview mit dem WIM im September 1990]

*Kriegte auch pünktlich mein Geld, war kein Problem. Das Büro war auf der Anhöhe, da hatten sie eine Baracke hin gebaut. Das war aber zum Schluss. Sonst wurde das Geld in der Wirtschaft ausbezahlt. Einen Tisch haben sie extra hingestellt, zwei, drei Stühle hinter. Einer, der hat aufgepasst. Wöchentlich, nicht monatlich gab es eine Lohntüte. Die Kleinzechen waren für mich 'ne Notsituation. Das wollte ich eigentlich nicht machen. Aber mir hat es gefallen. Ich hab mir nie groß Gedanken gemacht, Hauptsache das Geld stimmte. Ich konnte in Urlaub fahren, drei Wochen, kein Problem.*
[Winfried Heine in einem Interview mit dem WIM im Juni 1999]

Hintergrund:
**Feier nach einer Betriebsversammlung der Zeche *Tiefendorf*, Witten-Annen, 1954**
Rechts im Bild: Karl-Ernst Schneider, Betreiber der Kleinzeche *Tiefendorf*.
[Slg. WIM, Dortmund]

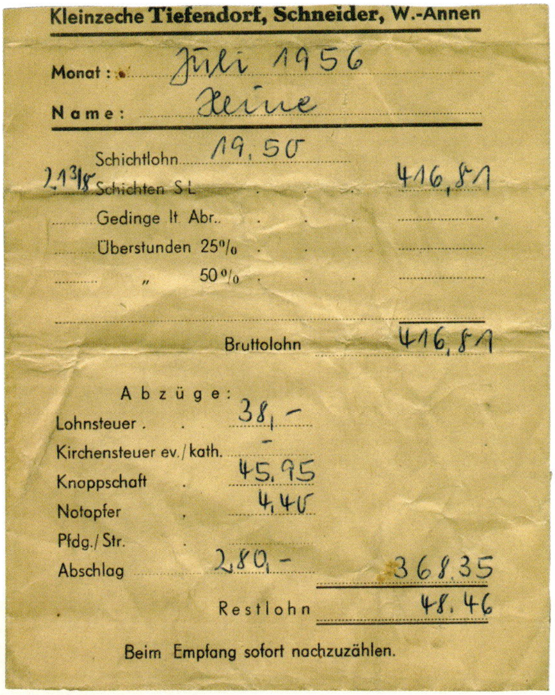
Kleinzeche Tiefendorf, Schneider, W.-Annen

Monat: Juli 1956

Name: Heine

| | | |
|---|---|---|
| Schichtlohn | 19,50 | |
| 21 3/8 Schichten SL | | 416,81 |
| Gedinge lt Abr. | | |
| Überstunden 25% | | |
| „ 50% | | |
| Bruttolohn | | 416,81 |

Abzüge:

| | | |
|---|---|---|
| Lohnsteuer | 38,– | |
| Kirchensteuer ev./kath. | – | |
| Knappschaft | 45,95 | |
| Notopfer | 4,40 | |
| Pfdg./Str. | | |
| Abschlag | 280,– | 368,35 |
| Restlohn | | 48,46 |

Beim Empfang sofort nachzuzählen.

**Lohntüte der Zeche *Tiefendorf* für Winfried Heine, 1956**
[Slg. WIM, Dortmund]



Hintergrund:
**Büro- und Umkleidebaracke der Zeche *Tiefendorf*, Witten-Annen, Mitte der 1950er Jahre**
[Slg. WIM, Dortmund]

**Anzeigen im Handelsblatt vom 12.10.1951**
[Institut für Zeitungsforschung, Dortmund]

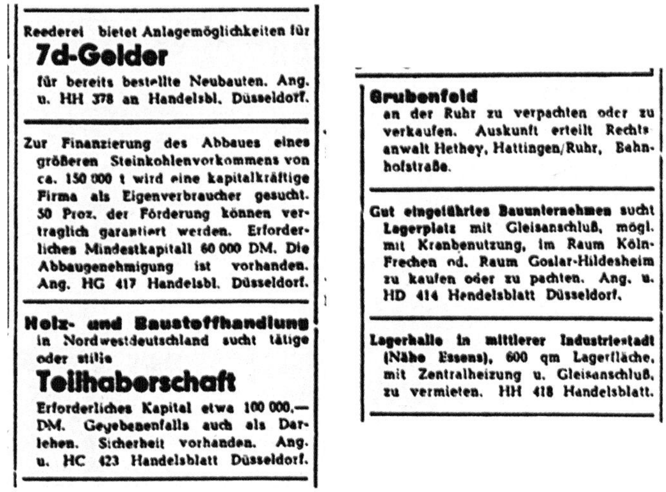

Reederei bietet Anlagemöglichkeiten für
**7d-Gelder**
für bereits bestellte Neubauten. Ang. u. HH 378 an Handelsbl. Düsseldorf.

Zur Finanzierung des Abbaues eines größeren Steinkohlenvorkommens von ca. 150 000 t wird eine kapitalkräftige Firma als Eigenverbraucher gesucht. 50 Proz. der Förderung können vertraglich garantiert werden. Erforderliches Mindestkapitall 60 000 DM. Die Abbaugenehmigung ist vorhanden. Ang. HG 417 Handelsbl. Düsseldorf.

**Holz- und Baustoffhandlung**
in Nordwestdeutschland sucht tätige oder stille
**Teilhaberschaft**
Erforderliches Kapital etwa 100 000.— DM. Gegebenenfalls auch als Darlehen. Sicherheit vorhanden. Ang. u. HC 423 Handelsblatt Düsseldorf.

**Grubenfeld**
an der Ruhr zu verpachten oder zu verkaufen. Auskunft erteilt Rechtsanwalt Hethey, Hattingen/Ruhr, Bahnhofstraße.

Gut eingeführtes Bauunternehmen sucht Lagerplatz mit Gleisanschluß, mögl. mit Kranbenutzung, im Raum Köln-Frechen od. Raum Goslar-Hildesheim zu kaufen oder zu pachten. Ang. u. HD 414 Hendelsblatt Düsseldorf.

Lagerhalle in mittlerer Industriestadt (Nähe Essens), 600 qm Lagerfläche, mit Zentralheizung u. Gleisanschluß, zu vermieten. HH 418 Handelsblatt.



# Kleinbergbau an der Ruhr nach 1945

Nach dem Ende des Zweiten Weltkriegs konnte die Bevölkerung nicht ausreichend mit Kohle zum Heizen und Kochen versorgt werden. Die britische Militärregierung erlaubte deshalb den Städten und Gemeinden, für ihre Bevölkerung in engen Grenzen Kohlen abzubauen: Mit einer Kleinzeche durften höchstens 10 Tonnen täglich gefördert werden, die über das zuständige städtische Wirtschaftsamt verteilt wurden. Arbeitskräften, die auch im Großbergbau eingesetzt werden konnten, war es verboten auf Kleinzechen zu arbeiten.

Zu Beginn der 1950er Jahre galten diese strengen Vorschriften nicht mehr. Ausgelöst durch die westeuropäische Rüstung für den Koreakrieg und das Wachstum der deutschen Wirtschaft setzte eine starke Energienachfrage ein. Der Großbergbau konnte wegen fehlender Investitionen die Kohlenförderung nicht ausreichend steigern. Dies sicherte den Kleinzechen auf dem Energiemarkt den Verkauf ihrer Kohlen. Dadurch angelockt, suchten viele Unternehmer ihr Glück als Bergwerksbetreiber. Zu pachtende Kohlevorkommen wurden in Zeitungen inseriert.

Mit Einsetzen der Bergbaukrise zum Ende der 1950er Jahre verschwanden die meisten Kleinzechen ebenso schnell wie sie errichtet worden waren. Nur drei erlebten das Jahr 1970: *Glücksstern II* (stillgelegt am 31.10.1972) in Hattingen-Bredenscheid, *Ringeltaube II* (Konkurs am 16.10.1972) in Witten-Stockum und *Egbert* (stillgelegt am 31.12.1976) in Witten-Kämpen.

Rechte Seite:

**Zeche *Ringeltaube II*, Witten-Stockum, Anfang 1970er Jahre**
[Privatbesitz: Heinz Bussmann, Unna]

**Zeche *Glückstern* in Hattingen-Bredenscheid, Anfang 1970er Jahre**
[Privatbesitz: Heinz Bussmann, Unna]

**Zeche *Egbert*, Herbede-Kämpen**
[Fotograf: Heinz Bussmann, Unna Slg. WIM, Dortmund]

**Kleinzechen im südlchen Ruhrgebiet zwischen 1945 und 1976**

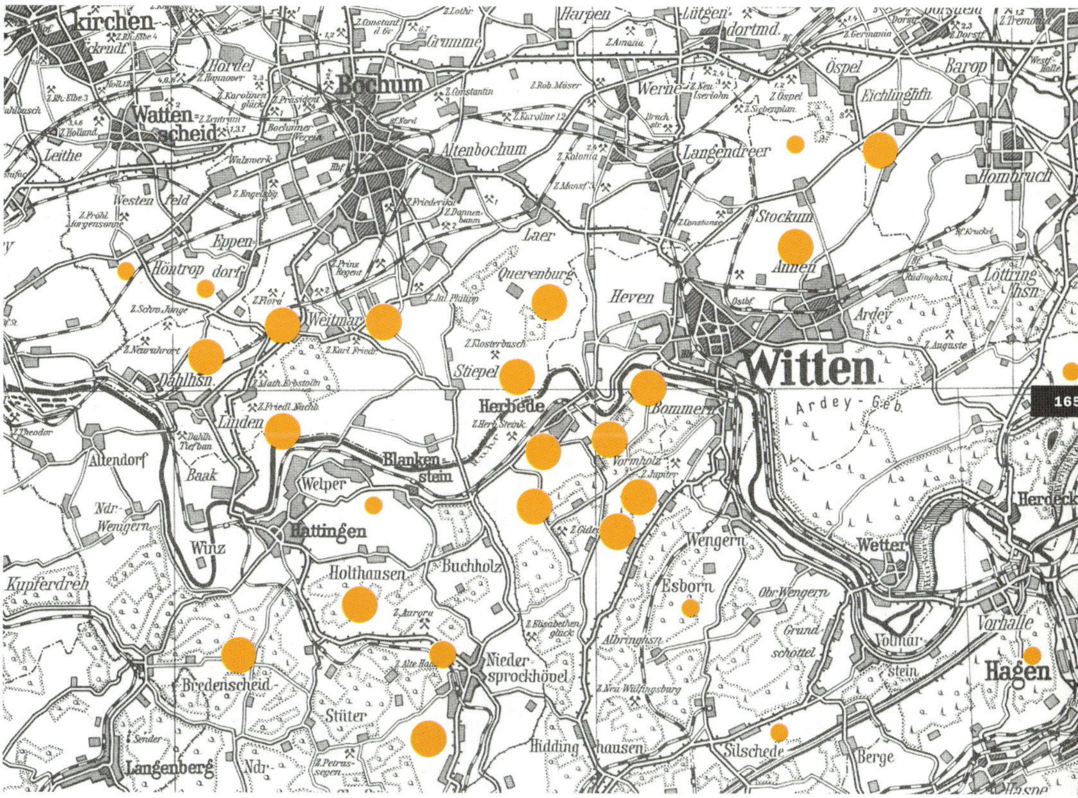


50 Kleinzechen   bis zu 10 Kleinzechen

Bergamt Witten

Nr. 122/114.

Bei Antwortschreiben wird um Angabe vorstehender Nummer gebeten

An das
Oberbergamt
in Dortmund.

(21) Witten/Ruhr, den 30.10.1945.

Oberbergamt Dortmund
- 3. NOV 1945

Betrifft: "Wilder Bergbau" im Bergrevier Witten.
Verfügung vom 23.10.1945 - I.1114/45-.
Verfasser: Erster Bergrat Ringhardtz.

Am 14. September 1945 wurde mir von der Gewerkschaft des Steinkohlenbergwerks Jupiter mitgeteilt, daß gegenüber dem Güterbahnhof Bommern im Gelände der Ziegelei Dünkelberg wilder Bergbau betrieben würde. Ich habe mich daraufhin persönlich und schriftlich an die zuständige Polizeibehörde in Witten gewandt und derselben eine Abschrift der Anzeige der Gewerkschaft Jupiter nebst einem Begleitschreiben übersandt, nachdem ich zunächst persönlich an Ort und Stelle, jedoch vergeblich, versucht hatte, den "wilden Bergbau" zu unterbinden.

Abschrift dieser Anzeige füge ich gemäß der oben angezogenen Verfügung bei.
Ich bemerke noch, daß mir bisher irgendeine Anzeige von der Polizei nicht erstattet worden ist.

## Vom ›wilden‹ Kohlenschürfen zum Handelsgut Stollenkohle

*Am 14. September 1945 wurde mir […] mitgeteilt, dass gegenüber dem Güterbahnhof Bommern im Gelände der Ziegelei Dünkelberg wilder Bergbau betrieben werde. Ich habe mich daraufhin persönlich und schriftlich an die zuständige Polizeibehörde gewandt […], nachdem ich zunächst persönlich an Ort und Stelle, jedoch vergeblich, versucht hatte, den ›wilden Bergbau‹ zu unterbinden.*

[aus: Schreiben des Bergamts Witten an das Oberbergamt in Dortmund vom 31.10.1945; Landesarchiv NRW Staatsarchiv Münster]

Stollenmundloch auf dem Museumsgelände



Fünf Monate nach dem Ende des Zweiten Weltkrieges fehlte dem Leiter des Bergamtes Witten trotz seiner Anforderung die Unterstützung der Polizei. Zehn und mehr Personen sollen am Güterbahnhof täglich Kohlen ›gefördert‹ und sie direkt verkauft haben. Nicht nur auf dem Gelände der Ziegelei Dünkelberg wurde ›wilder Bergbau‹ betrieben. In den Jahren 1948 bis 1952 wurden im Ruhrgebiet über 200 Personen wegen unbefugter Kohlengewinnung rechtskräftig verurteilt. Die verhängten Strafen waren mit 40 bis 100 Mark jedoch niedrig und viele Strafverfahren verhandelten die Gerichte wegen Verjährung nicht mehr. Die Dunkelziffer der unentdeckt gebliebenen ›wilden Schürfungen‹ dürfte sehr groß gewesen sein.

Bis 1948/49 blieb für die Bergämter die Überwachung der Kleinzechen schwierig: Die staatliche Gewalt lag in den Händen der britischen Militärregierung und in den Bergämtern herrschte großer Personalmangel. Im Mai 1946 berichtete das Bergamt Bochum 2 dem Oberbergamt Dortmund: *Im Jahre 1945 konnten die Arbeiten beim Bergamt wegen zunächst behelfsmäßiger Unterbringung und der notwendigen Neuanlegung sämtlicher Akten nur allmählich wieder aufgenommen werden.*
[Landesarchiv NRW Staatsarchiv Münster]

Links:
**Kinder ›organisieren‹ Kohlen, Dortmund**
Die Not in der Bevölkerung war nach dem Kriegsende 1945 groß: Es fehlten Lebensmittel, Kleidung und Brennstoff zum Heizen und Kochen. Die Versorgung der Bevölkerung mit Kohlen für den Hausbrand wurde in den kommenden beiden Wintern zu einem großen Problem der Städte und Gemeinden.
[DIZ, München]

Rechts:
**In den kalten Wintermonaten wurden in einigen Dortmunder Bunkern ›Wärmestuben‹ eingerichtet.**
[Stadtarchiv Dortmund]

**Verladerampe der rekonstruierten Zechenanlage auf dem Museumsgelände**
[Foto: M. Arndt, Bielefeld]

**Städte als Kleinzechenbesitzer an der Ruhr**
Städte und Gemeinden aus dem gesamten Gebiet des heutigen Nordrhein-Westfalens bemühten sich darum, Kohlenlieferungen aus dem südlichen Ruhrgebiet zu bekommen. Vor Ort wurden oft neu gegründete kleine Unternehmen beauftragt, Kohlen abzubauen und in die jeweiligen Städte zu transportieren.

## Kommunen und gemeinnützige Vereine als Zechenbesitzer

Mit strengen Auflagen der britischen Militärregierung waren Städte und Gemeinden die Ersten, die Kleinzechen betreiben konnten. Bis 1949 stand die Versorgung der Bevölkerung im Vordergrund. Iserlohn beispielsweise erhielt im Juni 1948 die Erlaubnis, auf der *Schachtanlage Lieselotte* in Bochum-Querenburg Kohlen zu fördern. In den folgenden Wintermonaten wurden städtische Einrichtungen (u.a. das Altersheim Bellevue, die allgemeine Berufsschule sowie die Städtische Badeanstalt) und die Iserlohner Kohlenhändler beliefert. Dort konnte die bedürftige Bevölkerung mit Gutscheinen vom städtischen Wohlfahrtsamt Kohlen abholen.

Neben den Kommunen wurde auch anderen gemeinnützigen Zusammenschlüssen der Kohlenabbau gestattet – beispielsweise der Stollenbetriebsgemeinschaft Henrichshütte, der Sozialen Hilfe für Schwerbeschädigte und Hinterbliebene, Bochum, sowie der Belegschaft der Bochum-Gelsenkirchener Strassenbahn AG.

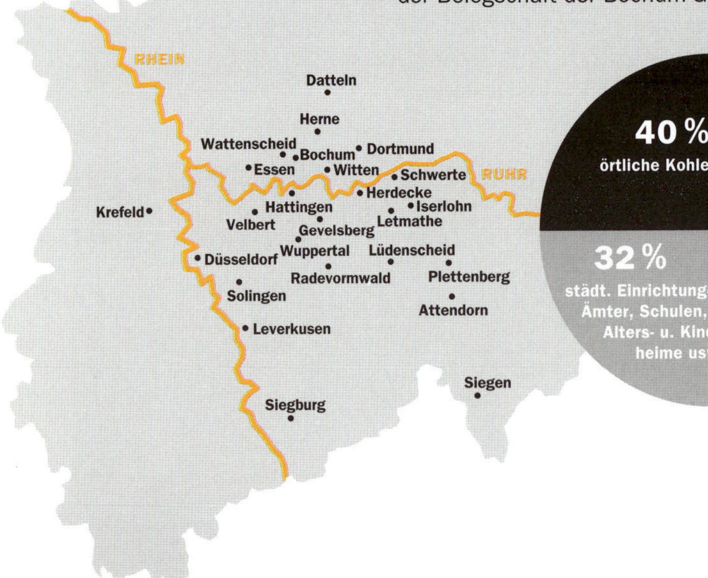

**Verteilung der Kleinzechenkohle in Iserlohn, 1948**
[nach: Stadtarchiv Iserlohn]

Zeche Eimerweise

ZECHE RUHRTAL

DIPL.-BERGING. ERNST MITTMANN

KLEINZECHEN RUDOLF DAMM · HERBEDE-RUH

[Hintergrund: Landesarchiv NRW Staatsarchiv Münster; Slg. WIM; Privatbesitz: Bisping; Bezirksregierung Arnsberg, Abteilung Bergbau und Energie in NRW, Dortmund]

SAS

## Private Kleinzechenunternehmer

Als die Kommunen sich Anfang der 1950er Jahre als Betreiber zurückzogen, übernahmen private Unternehmer die Kleinzechen in eigener Regie. Darunter waren Kohlenhändler, Bauunternehmer, Spediteure, Landwirte und Bergleute. Einer von diesen war der Kaufmann Karl Ernst Schneider aus Rheine, der ab 1952 die Kleinzeche *Tiefendorf* in Witten-Annen betrieb.

Der Duisburger Haniel-Konzern stieg Ende der 1940er Jahre ins Geschäft mit der Kleinzechenkohle ein. In Bochum-Stiepel verpachtete die Firma eigene Kohlenfelder an die Kleinzechen *St. Barbara*, *Küper-Kaeseberg* und *Mitgottgewagt*. Große Mengen der geförderten Kohle – auch von anderen Kleinzechen – erwarb Haniel selbst. Unter der Bezeichnung ›Stollenkohle‹ wurde sie bis 1967 an Betriebe in Süddeutschland und Kraftwerke in Nordrhein-Westfalen weiterverkauft.



**Zechenplatz und Holzlager der Zeche *St. Barbara* an der Kemnader Brücke über die Ruhr in Bochum-Stiepel, 1955**
Die Zeche *St. Barbara* lieferte ihre Kohlen im Auftrag des Kohlengroßhändlers Franz Haniel & Cie. GmbH an viele Kunden. Ihr Betrieb war durch einen langfristigen Liefervertrag gesichert (Stilllegung 1965). [Haniel-Archiv, Duisburg-Ruhrort]

Links:
**Verwaltungsgebäude der Firmen Franz Haniel & Cie. GmbH in Duisburg-Ruhrort**
[Haniel-Archiv, Duisburg-Ruhrort]

Rechts:
**Fördergerüst mit Kohlenbunker der Zeche *Mitgottgewagt*, Bochum-Stiepel, 1955**
Der Betreiber, der Landwirt Wilhelm Große-Munkenbeck, ließ die Kohlen mit Lastwagen zur Kleinbahn Bossel-Blankenstein bringen. Am Bahnhof Blankenstein wurden sie noch einmal umgeladen, bevor sie an die Kunden der Duisburger Firma Haniel gingen.
[Haniel-Archiv, Duisburg-Ruhrort]

Neben Haniel besaßen einige Papierfabriken Kleinzechen im südlichen Ruhrgebiet: BAIENFURT (Pafaba), SCHEUFELEN, KABEL UND HERZBERG sowie die SÜDDEUTSCHE ZELLWOLLE AG. Auch große Unternehmen wie die HOESCH WESTFALENHÜTTE in Dortmund, die CHEMISCHEN WERKE HÜLS AG in Leverkusen und die BAYER AG in Marl betrieben Kleinbergbau. Letztere gründete das Tochterunternehmen PLESSBACH GMBH, zu der die Zechen *Auf der Höhe*, *Elisabethenglück* und *Taugenicht* gehörten.

In der zweiten Hälfte der 1950er Jahre wurde es schwieriger, die Kleinzechenkohle abzusetzen. Langfristige Lieferverträge konnten kaum noch abgeschlossen werden und bestehende Verträge liefen aus. Viele Unternehmen rüsteten ihre Anlagen auf das billigere und effektiver einzusetzende Erdöl um. Darüber hinaus stellten die verbliebenen Kunden höhere Qualitätsansprüche an die Kohlen: Sie mussten aufbereitet sein, d.h. frei von Gestein, sortiert nach Größe oder zu Briketts verarbeitet.

Landwirt Wilhelm Große-Munkenbeck (rechts) auf seinem Acker in Bochum-Stiepel, im Hintergrund seine Zeche *Mitgottgewagt*, Mai 1953.
Einige der Landarbeiter waren zugleich als Bergleute auf der Zeche tätig.
[Stadt Bochum]

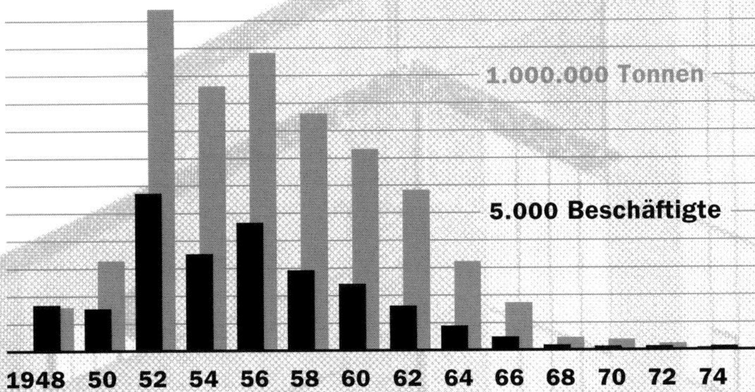


**Kohlenförderung und Beschäftigte der Kleinzechen von 1948 bis 1975**
[Zusammengestellt nach: ›Jahrbuch des deutschen Bergbaus‹, 1950–1977/78]

**Abnehmergruppen der Kohlen von Kleinzechen, 1952**
[Nach: Bischoff, H. H.: Förderung, Beschäftigung und Versand der Kleinzechen und Stollenbetriebe im westdeutschen Steinkohlenbergbau, in: Glückauf 89 (1953) S. 284f.]

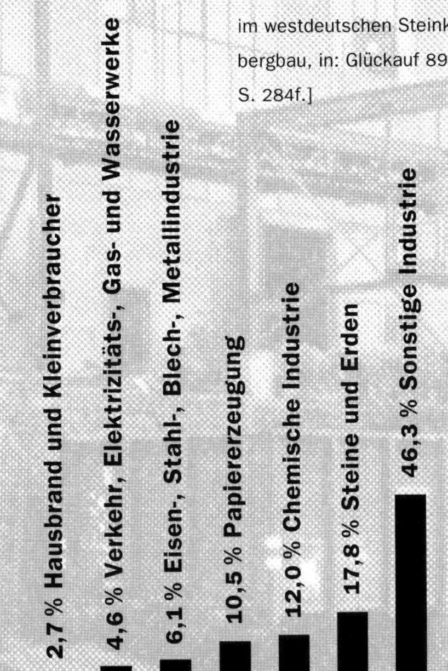


Hintergund:
**Stillgelegte Brikettfabrik Damm, Witten-Hammertal, 1978/79**
Rudolf Damm betrieb zwischen 1950 und 1964 eine Brikettfabrik im Hammertal, an die auch Kleinunternehmer wie Karl Hopp Kohlen lieferten. In dieser Zeit besaß Damm zudem insgesamt 15 eigene Kleinzechen in Hattingen-Holthausen, Witten-Stockum, Herbede, Dortmund-Kley, Essen-Heidhausen und Bochum-Oberdahlhausen.
[Privatbesitz: W. Rathay, Witten]

## Behördenaufsicht und Betriebsgefahren

Für die Bergbehörden war es auch in den 1950er Jahren schwierig, die Kleinzechen zu kontrollieren. Dass manche Kleinzechenbetreiber diese Situation auszunutzen wussten, wird in einer Anweisung des Wittener Bergamtsleiters Pawlik an seine Beamten deutlich (1956):

*Wenn bei den Befahrungen der Kleinzechen schwerere Verstöße festgestellt werden[...], wie Rauben in Sicherheitspfeilern, wilder, nicht zugelassener bezw. nicht angemeldeter Bergbau (Schürfgräben); unangemeldete Schwarz-Beschäftigung von Leuten, insbesondere Jugendlichen, oder auch Rauchen u[nter] Tage u. dgl., so ist sofort an Ort u. Stelle eine Verhandlungsniederschrift mit den Verantwortlichen [...] aufzunehmen, die von allen Beteiligten zu unterschreiben ist. Wenn Sachlage klar, dann nicht den umständlicheren Weg der Strafanzeige sondern den kürzeren des Strafbefehls beschreiten. [...] Erforderlichenfalls an Ort u. Stelle die greifbaren Zeugen vernehmen u. die Verantwortlichen umgehend zur Vernehmung auf das Bergamt laden.*

[Landesarchiv NRW Staatsarchiv Münster]

**Schachteingang der Kleinzeche *Michel* der Chemischen Werke Hüls in Herbede-Vormholz, 1952**

[Firmenarchiv Degussa-Hüls, Marl]

Schacht der Kleinzeche *Ingeborg* auf dem Museumsgelände

**Zeche *Gut Glück*, Herbede-Vormholz, ca. 1958**
Vermutlich zeigt das Foto den Eigentümer und den Bergrat Kaiser vom Bergamt Witten bei einer Befahrung.
[Privatbesitz: W. Rathay, Witten]

**›Seilfahrt verboten!‹**
Personen mit dem am Seil hängenden Fördergefäß durch den Schacht zu transportieren war sehr gefährlich.
[Privatbesitz: K.-H. Kogelheide, Witten]

War das Arbeiten auf einer Kleinzeche gefährlich? Nach der Statistik ist die Antwort: Ja. Zwischen 1953 und 1961 kamen 81 Bergleute auf Kleinzechen ums Leben. Im Durchschnitt ereignete sich nach rund 86.000 Arbeitsschichten ein tödlicher Unfall. Im Großbergbau geschah dies erst nach 340.000 Schichten. Diese Werte sind jedoch sehr unsicher. Das Oberbergamt Dortmund spekulierte 1952, *daß entweder die sicherheitlichen Verhältnisse auf den Kleinzechen sehr unbefriedigend sind, oder aber die gemeldete Zahl der verfahrenen Schichten viel zu niedrig ist.*

[Grubensicherheitsbericht des Jahres 1952 für den Oberbergamtsbezirk Dortmund]

Ein Jahrzehnt später, als der Boom der Kleinzechen vorüber war und die verbliebenen Betriebe einer besseren Kontrolle unterstanden, berichtete das Bergamt Witten:
Da *die ganz anders gestalteten Verhältnisse auf den Kleinzechen offenbar zu sehr unter dem Eindruck der geräumigen Großzechenverhältnisse gesehen werden und so die Kleinzechen – insbesondere unter Tage – einen verhältnismäßig beengten und primitiven Eindruck hinterlassen,* erschienen *auch die sicherheitlichen Verhältnisse unter diesem Eindruck ungünstiger [...], als es im allgemeinen tatsächlich der Fall ist.*

[Landesarchiv NRW Staatsarchiv Münster]

Die Zahl der Unfälle pro 100.000 Schichten sei 1963 niedriger gewesen als bei anderen Zechen, und tödliche Unfälle hätten sich keine ereignet.

**Pressebericht über Bergschäden, Westfälische Allgemeine Zeitung vom 27.4.1955**
Bereits während des Kleinzechenbetriebs traten Bergschäden an benachbarten Gebäuden auf.
[Archiv für soziale Bewegungen, Bochum]

## Kleinzechen und Landschaftsschutz

*Es gilt, diesen letzten Wald zu retten!* Diese entschlossenen Worte fand der Bochumer Oberstadtdirektor Dr. Gerhard Petschelt (SPD) im November 1956 in einem internen Papier der Stadtverwaltung Bochum: Er sah das südlich der Stadt gelegene Weitmarer Holz, noch heute eine der wenigen verbliebenen Waldflächen der Industriestadt Bochum, in Gefahr. Die große Zahl der Kleinzechen verursachte Waldschäden und störte das Landschaftsbild. Wenn der Kohlenabbau so weiter ginge, schrieb der Oberstadtdirektor im Mai 1957 an den Ministerpräsidenten Fritz Steinhoff, *dürften nur noch wenige verkümmerte Bäume als Mahnmal der unterlegenen Natur vorhanden sein.*
[Landesarchiv NRW Staatsarchiv Münster]

An die Landesregierung wandten sich zeitgleich auch die Städte Witten, Herbede und der Ennepe-Ruhr-Kreis, die alle nicht mit dem Weiterbetrieb von Kleinzechen in Landschaftsschutzgebieten einverstanden waren. Sie erreichten zwar nicht die sofortige Stilllegung der Kleinzechen, aber die Bergämter erließen nun strengere Auflagen.

**Zeche im Weitmarer Holz, Bochum, 1956**
Die Schäden, die die Kleinzechen im Weitmarer Holz verursachten, standen im Mittelpunkt einer Studienarbeit von Oberstufenschülern der Goethe-Schule in Bochum, 1956/1957.
[Fotograf: U. Quast; aus: ›Ist das Weitmarer Holz ein sterbender Wald?‹; Goethe-Schule, Bochum]

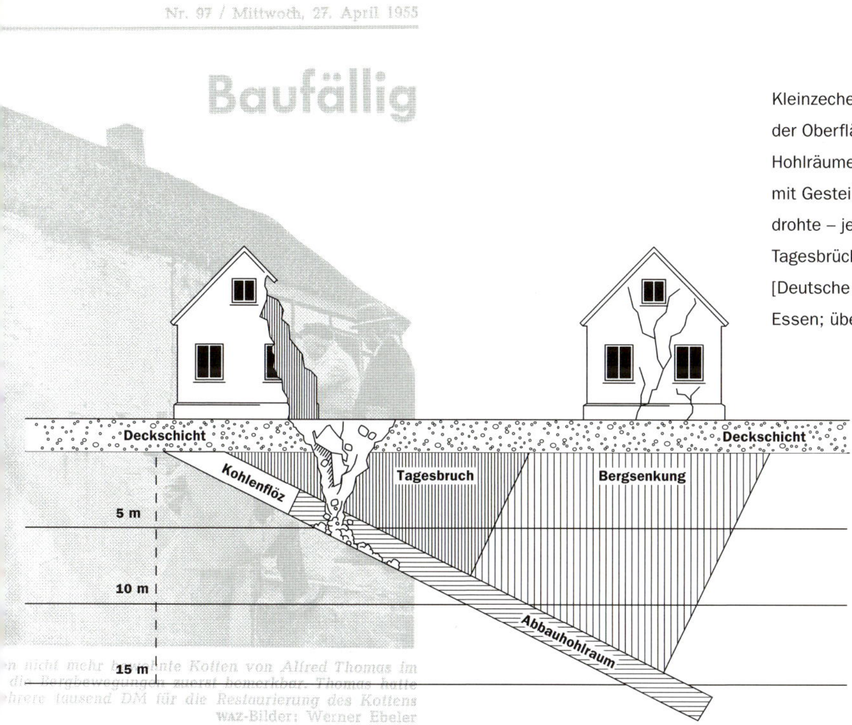


Kleinzechen bauten die Kohle nahe der Oberfläche ab. Wenn sie die Hohlräume nicht oder unzureichend mit Gesteinsmaterial ›verfüllten‹, drohte – je nach Tiefe – die Gefahr von Tagesbrüchen oder Bergsenkungen. [Deutsche Montan Technologie GmbH, Essen; überarbeitet]



*Tagesbrüche auch nach vielen Jahren* [WAZ Bochum, 23.11.1999] Solche Schlagzeilen berichten in regelmäßigen Abständen auch von dem Erbe des Kleinbergbaus. Die Kohlen wurden nahe der Oberfläche abgebaut und die Hohlräume oft nicht ordnungsgemäß verfüllt. Zudem sind auch verfüllte Bereiche nicht besonders stabil. Plötzliche Einbrüche des Bodens, so genannte Tagesbrüche, mit Schäden an Straßen und Häusern drohen. Im Ausflugsziel Weitmarer Holz in Bochum, im Muttental in Witten und an vielen anderen Orten warnen daher Schilder, die Wege nicht zu verlassen. Die verbliebenen Bergwerksgesellschaften und die öffentliche Hand werden auch in Zukunft große Summen bereitstellen müssen, um die Gefahrenpunkte zu sichern.

**Warnschild vor Tagesbrüchen**
Die Stadt Bochum hatte wegen der großen Tagesbruchgefahren Ende der 1950er Jahre sogar überlegt, ihren Plan aufzugeben, das Weitmarer Holz als Erholungswald auszubauen. Schließlich wurden die Wege mit Stahlmatten gesichert. [Slg. WIM, Dortmund]

Weitere Spuren der Kleinzechen sind neben den Tagesbrüchen Bergehalden, die als leichte Bodenerhebungen an einigen ehemaligen Kleinzechenstandorten zu erkennen sind. Dagegen sind die Anlagen nach Betriebsende beseitigt worden. Nur den Abriss der Kleinzeche *Egbert* verhinderte 1976 der für die Denkmalpflege zuständige Landeskonservator von Westfalen-Lippe.

Von den über tausend Kleinzechen, die zwischen 1945 und 1976 in Betrieb waren, ist nur wenig erhalten geblieben. Die rekonstruierte Dreibaumzeche *Ingeborg* auf dem Museumsgelände und das nachgebaute Schachtgerüst *Renate* am ›Bergbauwanderweg Muttental‹ geben heute einen kleinen Eindruck von der Vielfalt dieses Kleinbergbaus.

Gedenkstein zum Grubenunglück
Zeche Jupiter 1951

Service

**Stationen der Kleinzechengeschichte nach 1945**

Einige Stationen des Bergbauwanderweg Muttental, eingerichtet durch den Förderverein ›Bergbauhistorischer Stätten Ruhrrevier e.V.‹, zeigen rekonstruierte oder erhaltene Relikte der Kleinzechengeschichte:

**Station 16:** Schachtgerüst der Zeche *Renate*
**Station 18:** Gedenkstein zum Grubenunglück auf Zeche *Jupiter* am 6.12.1951
**Station 30:** Nachkriegsstollen
**Station 42:** Schachtgerüst der Zeche *Egbert* in Witten-Kämpen (eingetragenes Industriedenkmal)



**Das letzte Fördergerüst der Kleinzeche *Egbert*, die von Karl-Heinz Kogelheide zwischen 1962 und 1976 in Herbede-Kämpen betrieben wurde, steht heute unter Denkmalschutz.**
[Privatbesitz: K.H. Kogelheide, Witten]

Links:
**Schachtmündung der Zeche *Sweetlook* in Herbede, ca. 1950**
[Fotograf: G. Schnitzer; Privatbesitz: G. Kraemer, Luckenbach]

*Die Industrie im Amtsbezirke Bommern ist verhältnismäßig jungen Datums. Aus älterer Zeit ist uns überliefert, dass die Einwohner von Bommern nur Ackerbau trieben und sich mit Steinbrucharbeiten und Kohlenschürferei abgaben. [...]*
*Es finden sich schöne Steinkohlenbergwerke und nicht weit vom Schlosse Steinhaus befindet sich ein Steinbruch, allwo die besten Mühlen- und Schleifsteine gebrochen werden. [...]*
*Seit dem Jahre 1893 sind die Brüche mit dem Rittergute ›Schloß Steinhausen‹ in den Händen von Wilhelm Dünkelberg, der neben dem Sandstein auch Schiefer bricht. Aus letzterem, der gemahlen wird, werden in einer [...] Ziegelei Ziegel gepresst. Nebenbei betreibt Dünkelberg auch [...] eine Maschinenfabrik zur Herstellung von Ziegelpressen, in der 20 Arbeiter beschäftigt werden.*

[Ernst Voye, 1908]

**Briefkopf mit dem Sortiment der Ziegelei Dünkelberg 1912**
[Stadtarchiv Witten]

# Ziegelei Dünkelberg



Die Herstellung von Ziegelsteinen gehört zu den ältesten Handwerken der Welt. Seit fast 10.000 Jahren brennen Menschen Ziegel aus Lehm oder Ton. Bis zur Mitte des 19. Jahrhunderts haben sich die Produktionsverfahren kaum verändert. Per Hand strichen die Ziegler das Rohmaterial in Holzkästen. Nach dem Trocknen wurden die Rohlinge in relativ kleinen Feldbrand- und Kammeröfen gebrannt. Diese Öfen waren periodisch, also nicht dauerhaft in Betrieb.

Anders war es bei den 1858 erfundenen Hoffmann'schen Ringöfen. Ihr kontinuierlicher Betrieb und die Größe des Brennraums ermöglichten, in Kombination mit der Technik der Dampfmaschinen und der Entwicklung leistungsstarker Ziegelpressen, die Produktion von Ziegeln in großem Stil. Dies machte den Hoffmann'schen Ringofen zur bahnbrechenden Erfindung für das Ziegelwesen im 19. Jahrhundert.

Parallel zur technischen Entwicklung wuchs der Bedarf an neuen Gebäuden: Im Zuge der Industrialisierung entstanden im Ruhrgebiet Fabrikanlagen, Bahnhöfe, Wasser- und Elektrizitätswerke sowie Wohnungen für die vielen Menschen, die wegen der guten Arbeitsaussichten ins Revier kamen. Der wachsende Bedarf an Baustoffen führte zur Gründung zahlreicher Ziegeleien.

Auch der Tiefbauunternehmer Wilhelm Dünkelberg nutzte die Gunst der Stunde, als er 1897 seinen Ziegelei- und Steinbruchbetrieb auf dem ehemaligen Zechengelände Nachtigall gründete.

Ansicht eines Ringofens auf dem Museumsgelande

Noch heute beherrscht die Doppel-Ringofenanlage das Museumsgelände. Die Ausstellung *Ziegelei Dünkelberg* rund um den östlichen Ringofen beginnt mit der Vorstellung der Materialien Schieferton und Sandstein. Sie bildeten die Grundlage für die Aktivitäten Wilhelm Dünkelbergs auf dem stillgelegten Zechenareal.

Feldbahn, Ziegeleimaschinen, Ringöfen, Rohlinge, Ziegel und Güterwagen erzählen, ergänzt durch Berichte von Zeitzeugen, vom Alltag auf der Ziegelei.



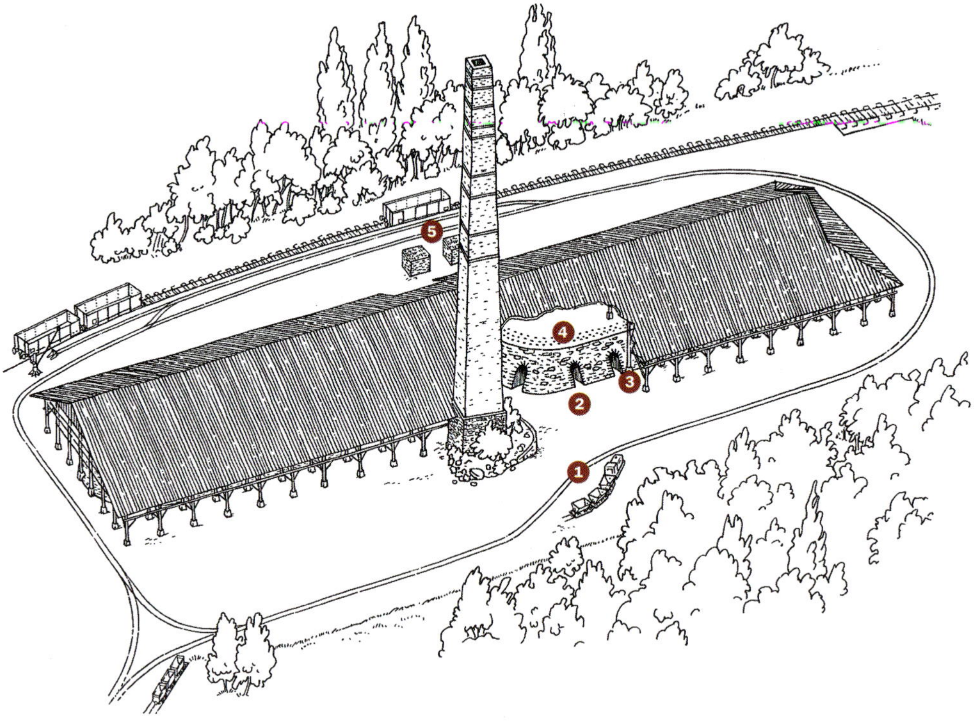


**1 Im Steinbruch**
**2 Vom Schieferton zum Rohling**
**3 Eingang in den Ringofen**
**4 Alltag auf der Ziegelei**
**5 Ziegel für das Ruhrgebiet**

# Ringofen-Ziegelei-Anlage

## in Bommern.

Die Firma **W. Dünkelberg** in **Witten** beabsichtigt auf dem Grundstück Flur 6 Nr. 144/11 der Steuergemeinde **Bommern** eine **Ringofen-Ziegelei** zu errichten und soll das alte Maschinenhaus der früheren Zeche Nachtigall als Raum für die Maschinenpresse u. s. w. benutzt werden.

Auf Grund der §§ 16 und 17 der Gewerbeordnung vom 21. Juni 1869 und des § 35 der Anweisung vom 19. Juli 1884 zur Ausführung der Gewerbeordnung werden die Beteiligten hiermit aufgefordert, etwaige nicht auf privatrechtlichen Titeln beruhende Einwendungen gegen diese Anlage binnen einer Präklusivfrist von 14 Tagen, welche mit Ablauf des Tages beginnt, an welchem das diese Bekanntmachung enthaltende Kreisblatt ausgegeben wird, entweder schriftlich in 2 Exemplaren oder zu Protokoll auf dem Amtsbüreau zu Bommern anzubringen. Nach Ablauf dieser Frist können Einwendungen in dem Verfahren nicht mehr angebracht werden.

Die Zeichnungen und Beschreibungen liegen auf dem Amtsbüreau in Bommern zur Einsicht offen.

Zur mündlichen Erörterung der etwa rechtzeitig erhobenen Einwendungen gegen die Anlage ist Termin auf

**Sonnabend, den 20. März d. J., vormittags 10 Uhr,**

auf dem Amtsbüreau zu Bommern anberaumt, in welchem auch dann mit der Erörterung der Einwendungen vorgegangen werden wird, wenn der Unternehmer oder die Widersprechenden ausbleiben sollten. (3071

**Hagen**, den 27. Februar 1897.

**Der Vorsitzende des Kreisausschusses:**
v. Basse.

**Bekanntmachung des Kreisausschusses Hagen**
Die Firma Dünkelberg beabsichtigt eine Ringofenziegelei zu errichten.
[Westfälisches Tageblatt Hagen, 4. März 1897]

# W. DÜNKELBERG

## RITTERGUT STEINHAUSEN · POST BOMMERN A.D.RUHR

Telephon-Anschluß: Amt Witten Nummer 3025
Telegramm-Adresse: Dünkelberg Wittenruhr

**Dampfziegeleien und Sandsteinbrüche mit Bahnanschluß**
**Station Bommern (Ruhrtalbahn)**

## Der Ziegelei- und Sandsteinbetrieb W. Dünkelberg



Noch im Jahr der Zechenschließung 1892 kaufte Wilhelm Dünkelberg das Nachtigall-Gelände und eröffnete 1897 dort eine Ziegelei für Schieferton. Ort und Zeit schienen für die Gründung günstig:

- Der auf dem Ziegelei-Gelände und im Steinbruch vorhandene Schieferton eignete sich hervorragend für die Ziegelproduktion, der hochwertige Rohstoff war also vor Ort vorhanden und der Transportweg zur Ziegelei sehr kurz.
- Der Berg lieferte neben dem Ziegelmaterial auch Ruhrsandstein, ebenfalls ein beliebtes Baumaterial.
- Der eigene Bahnanschluss zur Ruhrtalbahn bot gute Möglichkeiten für den Abtransport der Steine.
- Einige der vorhandenen Zechengebäude konnten umgebaut und weiter genutzt werden.
- Der wirtschaftliche Aufschwung in Deutschland war in vollem Gange, Handel und Industrie vor allem im Ruhrgebiet blühten und machten die Einrichtung einer Ziegelei lukrativ.
- Die zugezogenen Industriearbeiter benötigten in großem Umfang Wohnraum, der gebaut werden musste.

Mit kurzen Unterbrechungen war die Ziegelei bis 1963 in Betrieb. Nach dem Tode Wilhelm Dünkelbergs 1933 wurde die Ziegelei zunächst von seiner Frau, Lina Dünkelberg, bis 1960 von seinem Enkel, Fritz Oberste-Frielinghaus, weitergeführt.

*Die Pressen waren noch da und die Loks waren noch da. Aber sonst, alles andere musste er* [Erich Benes] *wieder anschaffen, erst mal einen Bagger. Da bin ich dann als Baggerführer angefangen.*
[Dieter Wietzke in einem Interview mit dem WIM 1997]

Im August 1961 pachtete der Österreicher Erich Benes das Geschäft. Ende Juni 1963 schloss die Ziegelei, weil der nutzbare Schiefertonvorrat zur Neige ging. Die Firma ›W. Dünkelberg, Dampfziegelei und Sandsteinbrüche, Witten-Bommern‹ erlosch am 22. Oktober 1964.

**Ansicht der Ziegelei Dünkelberg, 1897**
[Privatbesitz]

## Was kam? Was blieb? Die baulichen Veränderungen

Für den Aufbau der Ziegelei musste auf dem Nachtigall-Gelände der Komplex um den Hauptförderschacht Hercules abgerissen werden: Das Schachtgebäude mit Kesselhäusern und Anbauten wurde zerstört, der 451 Meter tiefe Schacht wurde – vermutlich mit dem anfallenden Schutt – verfüllt. Die Bruchsteinmassen, die beim Abriss der alten Zechengebäude anfielen, fanden erneute Verwendung für den Bau der Ringöfen.



Bereits im August 1894 waren die Tagesanlagen größtenteils abgerissen. An ihrer Stelle entstanden 1897 und 1899 die für den Ziegelbrand notwendigen Ringöfen. Obwohl der Schacht verfüllt war, hatte er negative Auswirkungen auf den Ziegelbrand. »Da war immer Bruch«, berichteten ehemalige Ziegler über diese Stelle im Ringofen.

Erhalten blieb der Kamin eines Kesselhauses. Er diente den Ringöfen als Rauchabzug. Sein Schaft wurde um zehn Meter erhöht. Nach der Restaurierung von 1991 ist er jetzt allerdings, wie zu Zechenzeiten, 47,5 Meter hoch.

**Lageplan zur Erbauung des ersten Ringofens auf dem Nachtigall-Gelände, 1897**
[Stadtarchiv Witten]

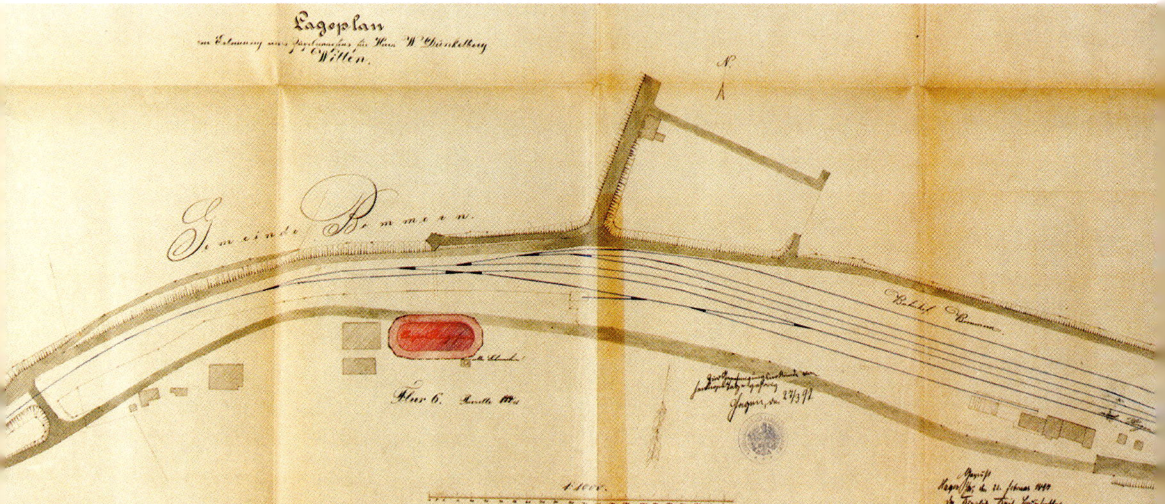

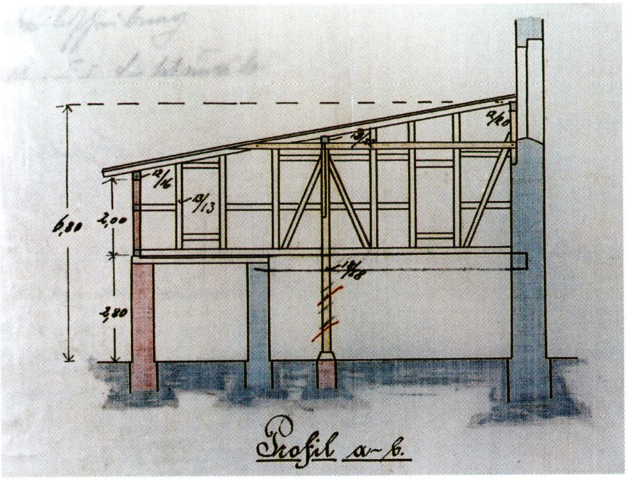


**Zeichnung zum Erweiterungsbau des Kollerganggebäudes, 1898**
[Stadtarchiv Witten]



Das Fördermaschinenhaus der Zeche ließ Wilhelm Dünkelberg 1895 umbauen. Hier waren die Ziegelpressen untergebracht. Die hohen Fensteröffnungen wurden verkleinert. Das Kollerganggebäude, ein Anbau auf der Südseite des Maschinenhauses, entstand 1899. Es beherbergte die Kollergänge, Maschinen für das Zerkleinern des Schiefertons. Eine Erweiterung des Gebäudes 1904 ermöglichte das Aufstellen von Steinbrechern. Um den Zerkleinerungsprozess zu verbessern, wurden sie den Kollergängen vorgeschaltet. In einem Anbau an das Maschinenhaus stand eine Dampflokomobile. Über Transmissionswellen trieb sie sämtliche Maschinen an.

**Ziegeleigelände um 1910**

1. Doppelringofenanlage
2. Maschinenhaus
3. Wohngebäude
4. Trockenschuppen
5. Stellmacherwerkstatt
6. Maschinenhaus der Zeche Gottlob

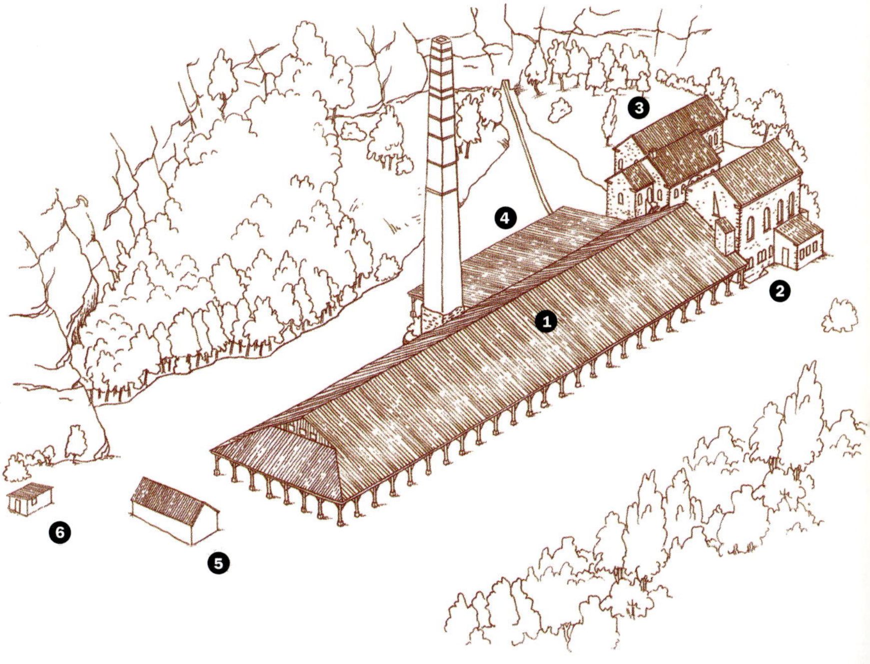

**Belegschaft der Firma Wiegold in Witten um 1930**
[Privatbesitz: Familie Wiegold]

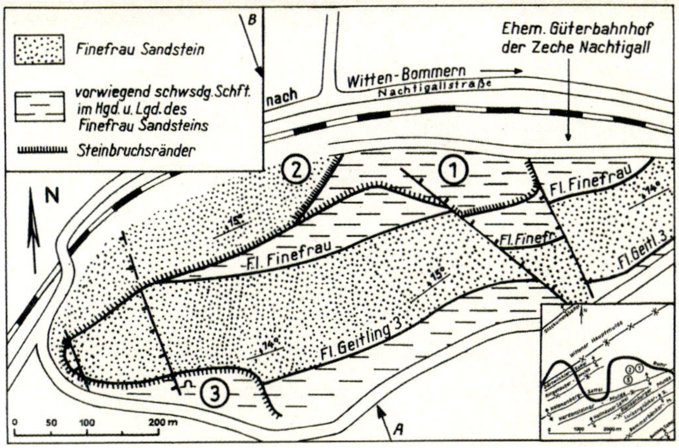


**Lage der Dünkelberg'schen Steinbrüche**

[Hahne, Carl; Abb. 40]

# Geschichte in Schichten – alles aus einem Berg



Typisch für das Steinkohlengebirge an der Ruhr sind die Vorkommen von Sandstein, Kohle und Schieferton, die sich in Schichten vor etwa 300 Millionen Jahren ablagerten und durch Auffaltungen heute in Sätteln und Mulden das Ruhrgebiet durchziehen.

Wilhelm Dünkelberg nutzte alle Rohstoffe, die sein Gelände hervorbrachte: Aus dem Schieferton ließ er Ziegel brennen, den Sandstein veräußerte er als weiteres Baumaterial, und die noch vorhandenen Kohlen baute er in eigenen Kleinzechen ab, um so in Notzeiten dem Kohlenmangel zu trotzen.

**Geologischer Schnitt durch das Gelände der Ziegelei Dünkelberg**

[Hahne, Carl; Abb. 39]

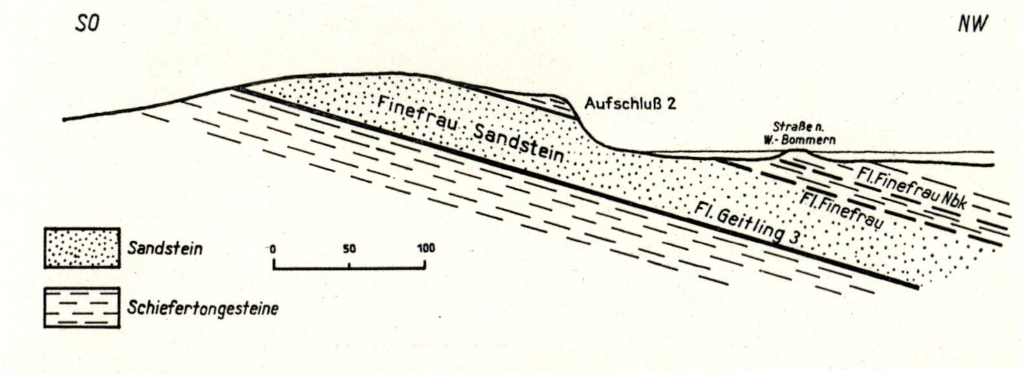

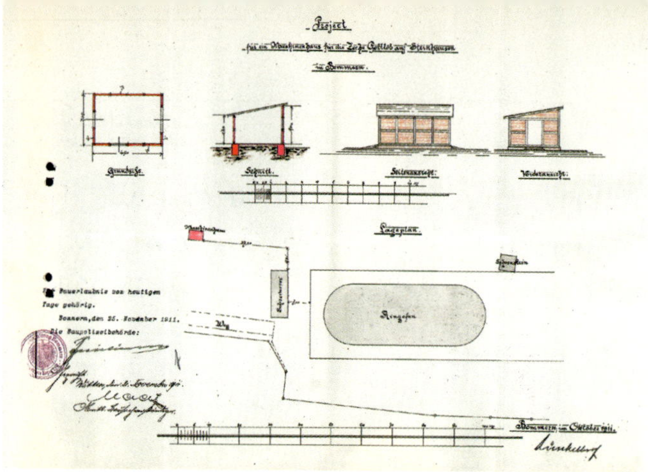

Plan für den Bau des Maschinenhauses der Zeche Gottlob [Slg. WIM, Dortmund]



**Kohle**

Durch seine Arbeit als Schachtmeister, bei der er auch unter Tage im Einsatz war, hatte Wilhelm Dünkelberg gute Kenntnisse von Zechenbetrieben. Bereits zwischen 1911 und 1913 betrieb er die Stollenzeche Gottlob, für die er ein kleines Maschinenhaus bauen ließ. Hier beschäftigte er drei Mann unter Tage. Als seine Ziegelei 1920 aufgrund des akuten Kohlenmangels nicht mehr produzieren konnte, weil der Brennstoff für das Befeuern der Ringöfen fehlte, kaufte er alle Anteile der früheren Stollenzeche Vereinigte Nachtigall im Hetberg, um die noch vorhandenen Kohlenreste abzubauen. Sie war bis 1927 in Betrieb und förderte im Zweiten Weltkrieg nochmals für einige Jahre.

Mitarbeiter der Ziegelei Dünkelberg bauten in den 1950er Jahren die im Steinbruch zu Tage tretende Kohle ab. [Privatbesitz: Franz Schlößer]

**Sandstein**

Wilhelm Dünkelberg besaß insgesamt drei Steinbrüche in Witten, von denen einer auf heutigem Museumsgelände liegt. Ab 1958 verpachtete sein Enkel Fritz Oberste-Frielinghaus diesen Steinbruch an Familie Wiegold, die seit dem 19. Jahrhundert einen Steinmetzbetrieb in Witten-Rüdinghausen besaß.

[Das Dynamit:]
*Wie Gehacktes sah das aus, wie Würstchen. Das wurde reingestopft. Dann kamen Zündschnüre dran und dann wurde das zugemacht mit Erde. Der Paul Wietzke steckte sich immer eine Zigarre an, eine nach der anderen und dann wurde das angezündet.*
[Franz Schlößer in einem Interview mit dem WIM 2001]

Sprengmeister Peter Hensel (links) füllt die Sprenglöcher, daneben: Ortwin Paschke, Franz Schlößer, Sprenggehilfe Paul Wietzke, Ziegelmeister Rudolf Funke
[Privatbesitz: Franz Schlößer]

**Schieferton**

Durch den Hetberg, der das Ziegeleigelände im Süden begrenzt, ließ Wilhelm Dünkelberg zwischen 1897 und 1908 einen Tunnel, heute Teil des Besucherbergwerks Nachtigall, graben. Dieser verband die Ziegelei auf dem Nachtigall-Gelände mit dem Steinbruch auf der Muttentalseite des Hetberges. Bereits durch den Tunnelbau gewann Wilhelm Dünkelberg Schieferton für seine Ziegelproduktion. Im Steinbruch verluden Arbeiter den Schieferton in Muldenkipper, auch Kipploren genannt. Über Gleise im Tunnel gelangte er auf das Ziegeleigelände; eine Winde zog die Loren ins Kollerganggebäude.



[Im Tunnel:]
*Den Dünkelberg hätte ich bald mal überfahren. Der hatte die Angewohnheit nicht in der Mitte vom Gleis, sondern an der Seite zu gehen. Er hatte 'ne Taschenlampe. Und wenn ich da rein fuhr, da guckte ich, ob da einer drin ist, ich konnte das ja sehen, die Schienen glänzten, war ja alles blank. Und der ging an der Seite. Auf einmal blitze die Taschenlampe auf. Oh, denk ich, jetzt aber ausgekuppelt und die Bremse an. Und dann habe ich ihn ausgeschimpft, da war er ganz kleinlaut.*
[Karl Bunk in einem Interview mit dem WIM 1996]

**Karl Bunk mit Kollegen im Steinbruch der Ziegelei Dünkelberg, 1928**
[Slg. WIM, Dortmund]

**Kollergang der Ziegelei Dünkelberg**
Druckplatte für die Herstellung von Briefköpfen und Aktendeckeln der Maschinenfabrik Dünkelberg.
[Fundstück vom Nachtigall-Gelände]



# Ziegelproduktion

## Vom Schieferton zum Rohling

Im Maschinenhaus und dem angegliederten Kollergang-Gebäude waren die Anlagen untergebracht, die den im Steinbruch abgebauten Schieferton zerkleinerten und pressten.

*Erst wurde das ganze gemahlen, dass das feinkörnig war. Etwas feucht immer. Zu nass, da fielen Steine auseinander – zu trocken, da fielen sie auch wieder auseinander.*
[Franz Schlößer, 2001]

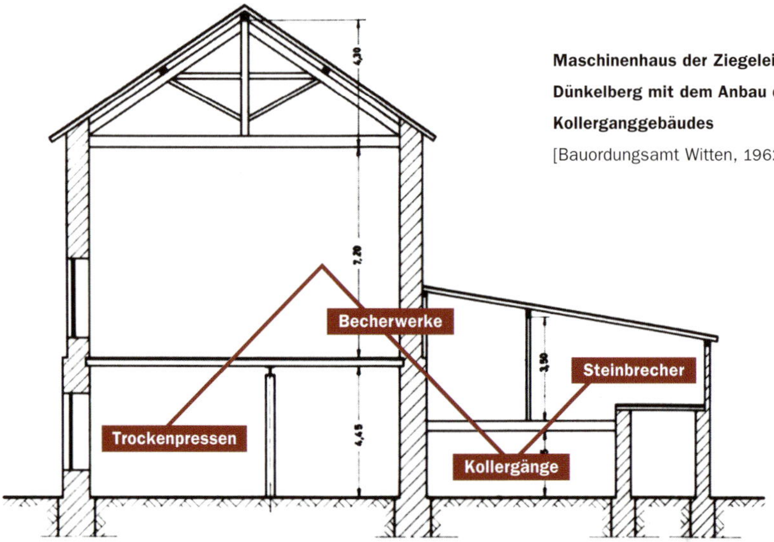


**Maschinenhaus der Ziegelei Dünkelberg mit dem Anbau des Kollerganggebäudes**
[Bauordungsamt Witten, 1962]

**Steinbrecher mit verstellbarem Brechmaul**
[aus: Die Entwickelung des Niederrheinisch-Westfälischen Steinkohlen-Bergbaus, Bd. IX, Abb. 314]

Die Steinbrecher zerkleinerten das Gestein in faustgroße Stücke. Diese gelangten über eine Rutsche auf die Mahlteller der Kollergänge. Drei Meter große Walzen (Läufer) zermalmten das Material auf dem rotierenden Mahlteller, bis es durch die fünf Millimeter kleinen Löcher der Siebplatten in die Kollergrube fallen konnte.

Ein Arbeiter an der Presse kontrollierte die Beschaffenheit des Materials. Durch ein akustisches Signal zeigte er dem Kollegen am Kollergang an, wie er die Mischung zu ändern hatte: Zwei Schläge bedeuteten: Der Ton ist zu nass, ein Schlag: der Ton ist zu trocken. Unterhalten konnten sich die Männer kaum. Die Maschinen verursachten zu viel Lärm.



Ein Becherwerk transportierte das Material hinauf zum Mehlboden. Dort wurde es mit Harfensieben abgesiebt. Grobe Stücke gelangten wieder in den Kollergang. Über eine Mischanlage fiel das Schiefertonmehl in die Trockenpresse. Eine Presse konnte gleichzeitig vier Rohlinge herstellen: Diese ›Vierformpresse‹ produzierte täglich 20.000 Rohlinge.

**Ziegelpresse (Trockenpresse) hergestellt in der Maschinenfabrik Dünkelberg**
[Sammlung H.-U. Hake]

Die Ziegelei Dünkelberg besaß drei Pressen. Zwei Vierformpressen fertigten Normalsteine, Mauerziegel. Die Zweiformpresse stellte unregelmäßig geformte Ziegel her, die für den Bau von Kaminen, Brunnen oder Gewölben eingesetzt wurden.

An jeder Vierformpresse waren zwei Männer beschäftigt. Im Takt der Pressen nahmen sie mit jeder Hand einen Rohling und legten ihn auf bereitgestellten Wagen ab, die der Zuschieber zum Ringofen brachte.

*Beginnend 6.00 Uhr. Meine Arbeit war, die fertig gepressten Steine, die auf der Lore aufgeschichtet waren, (glaube, es waren immer so 200 Steine auf der Lore) von der Presse hoch bis zum Ofen zu schieben. Dort wurde der volle Wagen abgestellt und den inzwischen leeren Wagen, den nahm ich dann mit und so ging das in einem ewigen Kreislauf weiter. So ging es durch bis zur Pause, dann wurde die Presse stillgesetzt, Pause gemacht und dann glaube ich ging es durch bis zum Feierabend.*

[Erwin Krizischke, 2001]

## Wie funktionierten die Ringöfen?

Die beiden Ringöfen der Ziegelei Dünkelberg sind unter einem Dach zusammengefasst. Sie sind von gleicher Bauart und konnten unabhängig voneinander betrieben werden. Einmal angezündet, waren die Ringöfen bis zum Ende der Kampagne (Zeitraum von Frühjahr bis Herbst) kontinuierlich in Betrieb.

Jeder der Ringöfen besitzt einen Brennkanal mit 18 seitlichen Öffnungen. Der Bereich zwischen zwei Öffnungen heißt Brennkammer. Mit Ausnahme von zwei nebeneinander liegenden Kammern waren alle mit Rohlingen oder Ziegeln gefüllt, die Öffnungen vermauert.

Gegenüber den beiden geöffneten Kammern glühte das Feuer, in dem die Rohlinge bei etwa 1.100 Grad zu Ziegeln gebrannt wurden. Von den geöffneten Kammern zog Frischluft durch die gebrannten Ziegel und kühlte sie ab.

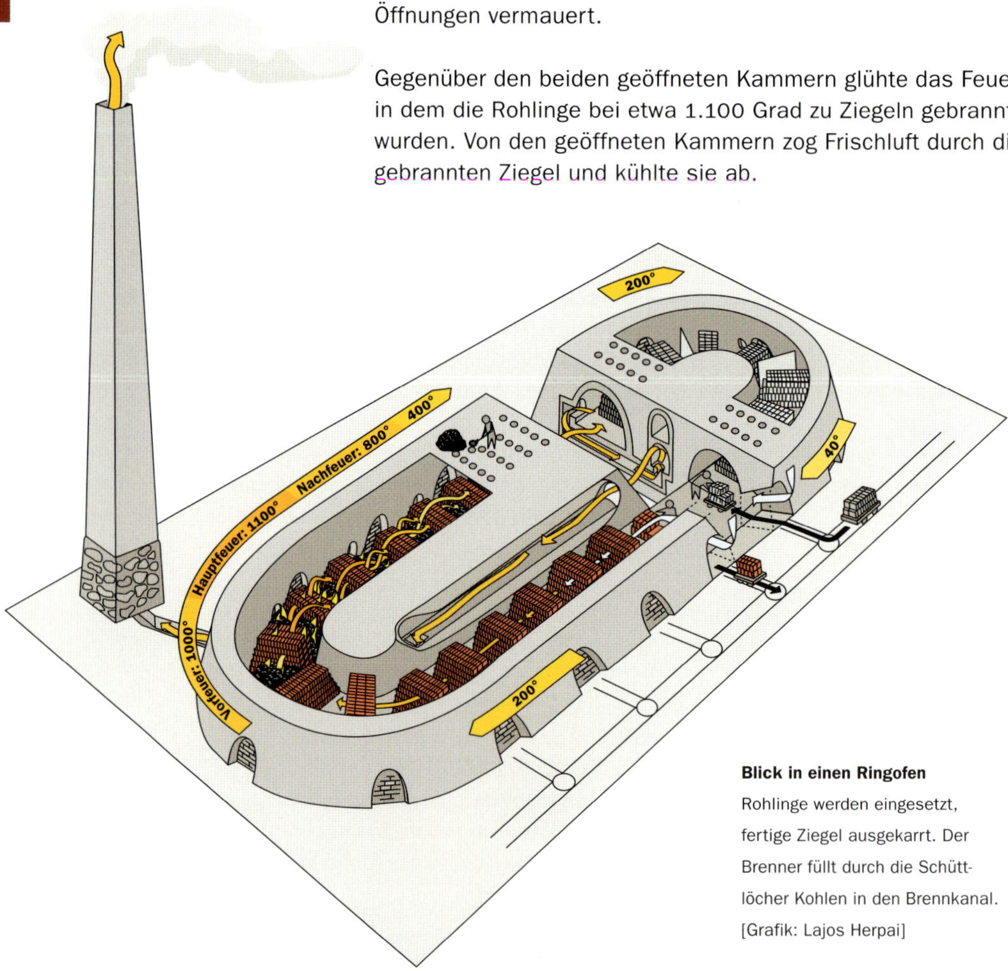


**Blick in einen Ringofen**
Rohlinge werden eingesetzt, fertige Ziegel ausgekarrt. Der Brenner füllt durch die Schüttlöcher Kohlen in den Brennkanal. [Grafik: Lajos Herpai]

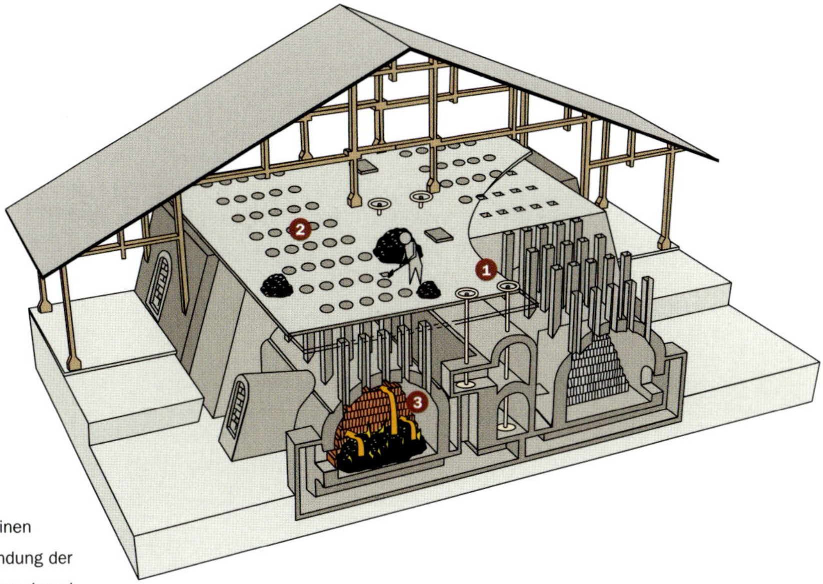


1 Spindelzüge
2 Schüttlöcher
3 Brennkanal

Der Querschnitt durch einen Ringofen zeigt die Verbindung der Schüttlöcher mit dem Brennkanal. Mit den Spindelzügen auf der Ofendecke öffnet und schließt der Brenner die Rauchgasventile. Sie regeln den Luftzug im Brennkanal. [Grafik: Lajos Herpai]



Der Brenner auf der Ofendecke versorgte über die Schüttlöcher das Feuer mit Kohlen. Über Handräder lenkte er die Rauchgase zum Kamin und ließ das Feuer im Ofen ›weiterwandern‹.

Da diese verantwortungsvolle Tätigkeit viel Erfahrung erforderte, wurden oft ältere Mitarbeiter mit dieser Aufgabe betraut. Die Arbeit auf dem Ofen war körperlich weniger anstrengend als andere, doch war sie nicht weniger belastend. Kohlenstaub und Rauch reizten die Atemwege. Außerdem hatten die Brenner während der Kampagne keinen freien Tag.

Zunächst in zwei Schichten zu zwölf Stunden, später in drei Schichten zu acht Stunden, verrichteten die Brenner der Ziegelei Dünkelberg ihre Arbeit: Alle zehn bis 25 Minuten schütteten sie durch die Heizlöcher Kohlen in die zu brennende Kammer. Etwa zwölf Tage dauerte es, bis die eingesetzten Rohlinge als gebrannte Ziegel entnommen werden konnten. An der Farbe der glühenden Steine erkannten die Brenner, wann die Ziegel fertig waren. Etwa 115.000 Ziegel erzeugte ein Ofen in einer Woche, elf Millionen Ziegel konnte die Doppelringofen-Anlage in einem Jahr produzieren.

*Ein fauler Brenner guckt alle halbe Stunde nach, ob er Kohlen nachgeben muss, ein fleißiger Brenner füttert alle zehn Minuten kleine Portionen nach.*

[Bunk Junior, 1996]

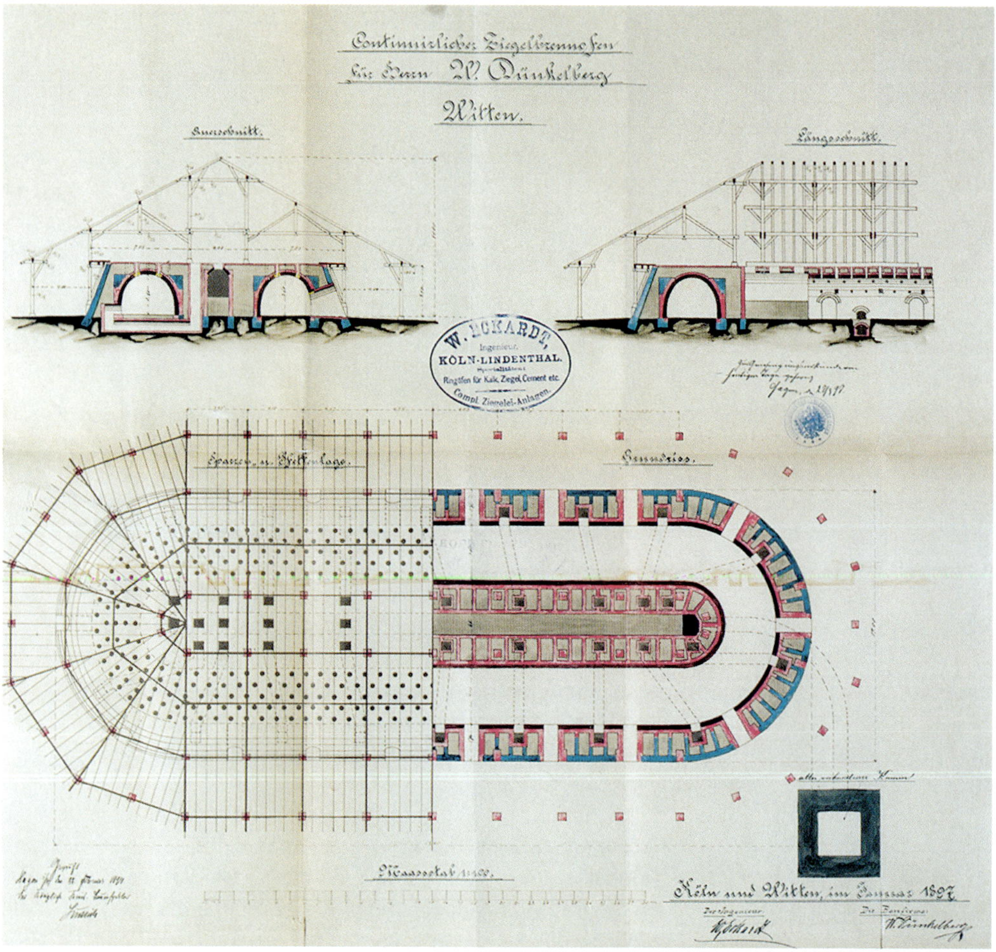


**Grundriss, Quer- und Längsschnitt des westlichen Ringofens, 1897**

[Stadtarchiv Witten]

## Staubig und heiß – Die Arbeit im Ringofen

An den Arbeitsplätzen im Ringofen herrschten Temperaturen von 40 bis 50 Grad. In einer der geöffneten Kammern stapelten zwei Setzer die vom Zuschieber herangefahrenen Rohlinge in den Brennkanal ein. Jede Kammer fasste bis zu 10.000 Steine. Wand für Wand, der Ziegler spricht von Blättern, setzten sie die ungebrannten Steine immer einen Finger breit auseinander. So konnten Frischluft und Rauchgase ungehindert durch den Ofen ziehen und jeder Rohling bot dem Feuer genügend Angriffsfläche.



Gleichzeitig karrten in der benachbarten Kammer drei Ausfahrer die gebrannten Ziegel aus dem Ringofen. Dabei waren sie oft extremen Temperaturschwankungen ausgesetzt. Beim Aufnehmen der Ziegel wirbelte Asche umher. Um die heißen und scharfkantigen Steine anfassen zu können, schützten sie ihre Hände mit Handledern.

**Blick in die Ausstellung im östlichen Ringofen**

**Ansichtskarte, 1898**
Das mittlere Bild zeigt das Gebäude der ›Eigenheim, Bau- und Spargenossenschaft‹ [Slg. WIM, Dortmund]

## Steine für das Ruhrgebiet

Als Wilhelm Dünkelberg seine Ziegelei gründete, war der wirtschaftliche Aufschwung im Ruhrgebiet in vollem Gange, und seine Ziegel fanden reißenden Absatz.

Die Gründung der Baugenossenschaft ›Eigenheim, Bau- und Spargenossenschaft mit beschränkter Haftung‹ 1897, deren Vorsitzender Wilhelm Dünkelberg bis 1911 war, trug sicherlich zum guten Absatz seiner Ziegel bei. Die Vereinigung hatte sich zur Aufgabe gemacht, ihren Mitgliedern (»jede unbescholtene Person, vorzugsweise Mitglieder des evangelischen Arbeitervereins«) Wohnraum zu vermieten.

**Ausstellungsinszenierung am Museumsbahnsteig**

Die Konkurrenz war hart: Um 1900 entstanden gleichzeitig zahlreiche moderne Ziegeleibetriebe; Überproduktion ließ zeitweilig die Erträge wieder sinken.

Auch die Jahre nach dem Ersten Weltkrieg und die zwanziger Jahre brachten Nachteile: 1920 lag die Ziegelei wegen Kohlenmangels still, weil die Kohle des Reviers als Reparationsleistungen nach Frankreich geliefert werden musste. Nach dem Ausbleiben der Abgaben 1923 besetzte Frankreich das Ruhrgebiet. Die Ziegelei lag zwar in unbesetztem Gebiet, die Zölle für Lieferungen in die besetzten Areale waren jedoch sehr hoch. Fahrten zu entfernteren Abnehmern lohnten ebenfalls nicht, da der Transport dorthin zu teuer war. Wilhelm Dünkelberg hatte erhebliche Einbußen hinzunehmen.

**Verteilung der Ziegeleien auf die einzelnen Kreise und Bezirke in Westfalen, 1913**
[Mette, Wilhelm; 1923]



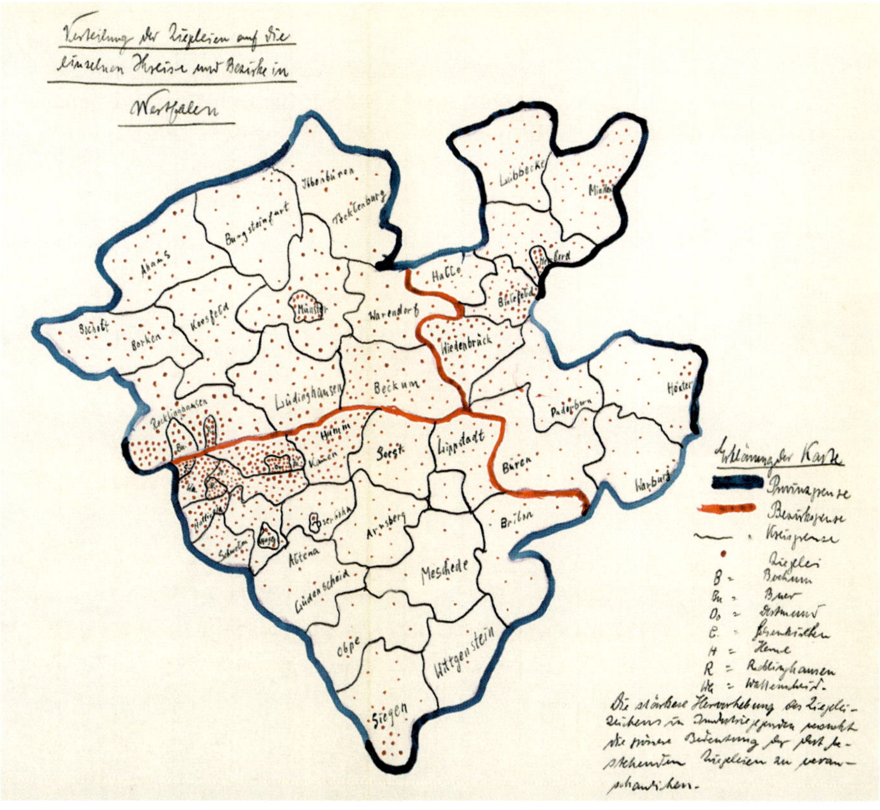

**Alte Colonie Nordstern, Ansichtskarte um 1900**
[Slg. WIM, Dortmund]



Um seine Verluste einzudämmen, verpachtete Wilhelm Dünkelberg seine Ziegelei am 28. März 1924 an den Kreisausschuss des Kreises Hagen Land. Nun musste der Pächter alle Unkosten tragen, während Wilhelm Dünkelberg weiterhin die Leitung der Firma behielt. Die Ziegel wurden im sozialen Wohnungsbau beispielsweise in Herdecke, Vorhalle, Rummenohl, Hohenlimburg, Wetter, Haspe und Volmarstein verbaut.

Die Verpachtung der Ziegelei an eine Behörde, die Steine für den gemeinnützigen Wohnungsbau benötigte, ist auch von anderer Stelle bekannt: Die Gemeinde Hacheney und das Amt Kirchhörde betrieben Anfang der zwanziger Jahre Ziegeleien, um die Wohnungsnot zu beheben.

**Häuser der ›Eigenheim, Bau- und Spargenossenschaft‹**
[Slg. WIM, Dortmund]

In den dreißiger Jahren, nach der Weltwirtschaftskrise, erhöhte sich der Absatz wieder. Auch im Zweiten Weltkrieg ging die Produktion weiter: 1944 fertigte die Ziegelei immerhin noch fast ein Drittel der üblichen Jahresproduktion.

Nach dem Zweiten Weltkrieg verpachtete Dünkelbergs Enkel Fritz Oberste-Frielinghaus zwischen 1947 und 1950 die Ziegelei an die Zeche Mansfeld. Der Betrieb erhielt die für die Ziegelproduktion notwendigen Kohlen von der Zeche, die Zeche bekam günstige Steine für Tagesanlagen und den Grubenausbau.



*Und nach dem Kriege, als alles wieder losging, als man wieder durfte mit Erlaubnis der Militärregierung, da wurden die ersten Steine gebraucht für den Wiederaufbau des Marienhospitals.*

[Rosemarie Schwarz in einem Interview mit dem WIM 1991]

**Zeche Mansfeld in Bochum-Langendreer um 1955**

[Bergbaumuseum Bochum]

*Ein neuer und überaus lohnender Industriezweig ist von mehreren Zechen im hiesigen Revier in Angriff genommen worden, nämlich die Fabrikation von Ziegelsteinen aus den aus der Grube geförderten Bergemitteln. Es eignet sich hierzu nur der Schieferthon, den nicht sämmtliche Gruben besitzen, so daß eine Überproduktion kaum zu erwarten ist, trotzdem geradezu enorme Massen Steine gebrannt werden. Die Berge werden bereits in der Grube von den Sandsteinbeimengungen gesondert und gelangen dann direkt, sobald sie zu Tage gefördert sind, in die Maschine, wo sie zermalmt und der Presse zugeführt werden. Diese Steine erreichen an Festigkeit beinahe feuerfestes Material [...].*

[Wittener Zeitung 19.7.1888]

## Zechenziegeleien



Die Geschichte der Zechenziegeleien im Ruhrgebiet beginnt 1873. In diesem Jahr entstanden die ersten zecheneigenen Ziegeleien für Schieferziegelsteine auf der Zeche Prosper I in Bottrop und Zeche Königsgrube in Wanne-Eickel. 1894 gab es bereits elf dieser Ziegelbetriebe, die im gleichen Jahr etwa 12 Millionen Ziegelsteine herstellten.

Zechenziegeleien entstanden, weil die Zechen einen großen Bedarf an Ziegeln hatten. Sie bauten Betriebsanlagen über Tage, Schächte und Strecken unter Tage und Koloniehäuser für ihre Beschäftigten. Ein Glücksfall also, dass sich der neben der Kohle vorkommende Schieferton im Ruhrgebiet für die Produktion außergewöhnlich harter Ziegel eignete. Die nicht zum Eigenverbrauch benötigten Steine wurden verkauft.

**Ziegeleibetrieb der Zeche Minister Achenbach in Lünen, 1943**
[Foto: Papst, Lünen, Stadtarchiv Lünen]

**Zeche Königsgrube mit Ziegelei**

[Slg. WIM, Dortmund]



In ihrer betrieblichen Anlage war die Ziegelei Dünkelberg vielen Zechenziegeleien ähnlich. Auch sie produzierte ihre Ziegel aus Schieferton, der hier allerdings in einem Steinbruch gewonnen wurde. Schieferton eignet sich besonders für das Verarbeiten mit Trockenpressen, die auch auf einigen Zechenziegeleien verwendet wurden. Dieses Verfahren hatte den großen Vorteil, dass keine Trockenanlagen errichtet werden mussten. Die Rohlinge konnten von den Pressen direkt in den Ringofen eingesetzt werden. Das sparte Arbeitskraft und Zeit.

**Zechenziegelei Alma, um 1930**

[Slg. WIM, Dortmund]

**Porträt von Wilhelm Dünkelberg, um 1900. Ölgemälde**
[Privatbesitz]



# Wilhelm Dünkelberg

## Vom Arbeiter zum erfolgreichen Unternehmer

Als Sohn eines Försters wurde Wilhelm Dünkelberg (* 3.7.1853 † 29.8.1933) in Witten geboren. Seit 1880 erschien er im Wittener Adressbuch zunächst als Arbeiter, später als Schachtmeister und 1884 als Unternehmer.

Seine Firma war im Tunnel-, Kanal- und Wegebau tätig. Er erzielte durch den Aufbau und das Wachstum der Städte in der Hochkonjunktur um 1900 gute Gewinne. Vor allem der Bau eines Eisenbahntunnels im Hagener Raum brachte ihm den finanziellen Durchbruch. Noch 1905 warf das Tiefbauunternehmen Wilhelm Dünkelbergs mehr ab als sein Ziegeleibetrieb.

*Unter anderem hat er diesen Endertunnel [in Hagen] fertig gestellt. Da waren schon verschiedene Firmen dran gewesen, hatten sich daran versucht, aber es hat immer wieder Wassereinbrüche gegeben. Und da muss er wohl zu seinem ersten großen Geld gekommen sein. Und da existiert auch noch so eine kleine Medaille. Die trug er immer an seiner Uhrkette.*

[Rosemarie Schwarz, 1991[

**Fotografie von Wilhelm Dünkelbergs Frau Lina, 1897**
Sie unterstützte ihren Mann bei der Büroarbeit.
[Privatbesitz]

*Es heißt, er* [Wilhelm Dünkelberg] *muss wohl so ein Hans Dampf in allen Gassen gewesen sein.*
[Rosemarie Schwarz, 1991]

Zu Reichtum gekommen, entwickelte Wilhelm Dünkelberg auch in branchenfremden Bereichen erhebliche Aktivitäten:

- 1892 kaufte er neben dem Gelände der stillgelegten Zeche Nachtigall das Schloss Steinhausen und weitere Immobilien in der Umgebung, die er als Wohnraum vermietete.

**Ansichtskarte Schloss Steinhausen**
[Märkisches Museum, Witten]



- Er vergrößerte seine Ländereien durch den Ankauf der Burg Hardenstein 1902 und betrieb Land-, Vieh- und Forstwirtschaft sowie Ackerbau.
- 1931 umfassten seine Ackerflächen 33,5 Hektar (335.000 m$^2$).
- Als Inhaber von Fischereirechten an der Ruhr stellte er Fischereierlaubnisscheine aus.

**Ansichtskarte an WilhelmDünkelberg**
Einladung zur Jagd, 1915
[AVfOHM]

Briefkopf der Maschinenfabrik Dünkelberg, 1908
[AVfOHM HSA 0]



- Die Felder, Wiesen und Wälder seines Besitzes nutzte er, indem er ›Streuscheine‹ für das Schneiden von Gras, Heide und Farnkraut ausgab. Er verpachtete Grasparzellen und verkaufte Bohnenstangen, Kieferreisig, Abfallholz und Heckenruten.

- 1899 erhielt Wilhelm Dünkelberg die Genehmigung zum Bau einer Fabrik direkt neben seiner Ziegelei. Hier stellte er bis 1914 Maschinen für die Ziegelproduktion her, die bis nach China zum Verkauf angeboten wurden.

- Am 27. September 1900 gründete Wilhelm Dünkelberg gemeinsam mit seiner Tochter Anna (*1878 †1918), seinem Enkel und dem Schnapsfabrikanten Gustav Lohmann die ›Landwirtschaftliche-Ruhrtal-Kornbrennerei‹, in der sein Getreide verarbeitet werden konnte.

- 1904 war er in die Planung einer Schieferverwertung in Oberwesel einbezogen, zu der er als Miteigentümer die Ziegeleimaschinen liefern wollte. Die Unternehmung misslang jedoch.

Briefkopf der Dampfkornbranntweinbrennerei Albert und Gustav Lohmann, 1895
[Stadtarchiv Witten]

*Früher hatte Wilhelm Dünkelberg sein Büro hier oben auf Steinhausen. Und da hatte der an seinem Schreibtisch schon Kontrollleuchten und sah dann, wann die Pressen standen und wann die in Betrieb waren.*

[Rosemarie Schwarz, 1991]

**Anzeige der Firma Dünkelberg, 1926**
[Slg. WIM, Dortmund]



- Neben der Ziegelei auf dem Nachtigall-Gelände betrieb Wilhelm Dünkelberg zwischen 1905 und 1919 weitere Ziegeleien in Bochum, Dortmund-Löttringhausen, Haßlinghausen und Dahlhausen.

- Parallel zum Ziegeleigeschäft auf dem Nachtigall-Gelände verkaufte er auch den auf seinem Besitz vorhandenen Sandstein, der im Haus- und Straßenbau Verwendung fand.

**Steinbildhauerei auf der Zeche Nachtigall im September 2003**

**Service**

In Wochenendkursen können Gäste Einblick in die Arbeit der Steinmetze und Steinbildhauer gewinnen und sich selbst in der Bearbeitung von Sandstein versuchen.

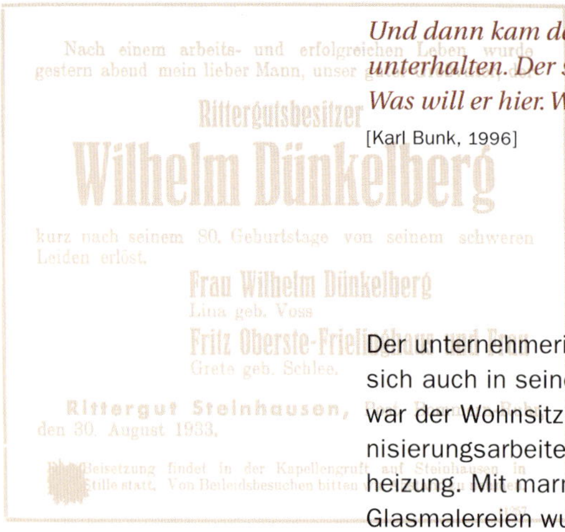

Nach einem arbeits- und erfolgreichen Leben wurde gestern abend mein lieber Mann, unser

Rittergutsbesitzer

Wilhelm Dünkelberg

kurz nach seinem 80. Geburtstage von seinem schweren Leiden erlöst.

Frau Wilhelm Dünkelberg
Lina geb. Voss

Fritz Oberste-Frie
Grete geb. Schlee.

Rittergut Steinhausen,
den 30. August 1933.

Beisetzung findet in der Kapellengruft auf Steinhausen in Stille statt. Von Beileidsbesuchen bitten

*Und dann kam der alte Dünkelberg, hat sich mit uns unterhalten. Der sprach einen in der dritten Person an: Was will er hier. Was macht er hier.*

[Karl Bunk, 1996]

Der unternehmerische Erfolg Wilhelm Dünkelbergs spiegelte sich auch in seinem Privatleben wider: Schloss Steinhausen war der Wohnsitz der Familie. Nach Renovierungs- und Modernisierungsarbeiten erhielt der ehemalige Adelssitz eine Zentralheizung. Mit marmornen Fensterbänken, Parkettfußböden und Glasmalereien wurde er prächtig ausgestattet. In den neuen Gewächshäusern wuchsen Wein und Pfirsiche, und zahlreiche Palmen überwinterten dort.

1904 wurde die zum Schloss gehörige Kapelle in neoromanischem Stil umgestaltet und als Begräbnisstätte der Familie Dünkelberg vorbereitet. Hier wurde Wilhelm Dünkelberg 1933 beigesetzt.

*Wir mussten da oben viel machen auf Steinhausen. Wenn da irgendwas war, Licht oder so. Da standen dann extra so Filzlatschen und ich musste meine Schuhe ausziehen. Steinhausen war ein Schmuckstück. Im Frühjahr, wenn die Eisheiligen vorbei waren, mussten wir die Pflanzen aus dem riesigen Gewächshaus heraustragen. Und dann stand Frau Dünkelberg da mit Schnapsflasche und Zigarrenkiste. Mit acht Mann mussten wir da rauf und alles raustragen.*

[Karl Bunk, 1996]

**Kapelle des Schlosses Steinhausen um 1926**

[Slg. WIM, Dortmund]

Rechte Seite:

**Wilhelm Dünkelberg im Weinrebenhaus auf Schloss Steinhausen, ca. 1910**

[AVfOHM]

*Hier [bei der Unterbringung der Ziegler] lagen die Verhältnisse sehr im Argen, obwohl man rein gefühlsmäßig hätte annehmen müssen, dass es doch unmittelbar am Produktionsorte des hauptsächlichsten Baustoffs eine Kleinigkeit wäre, geeignete Unterkunftsräume für die Ziegler zu schaffen, dem aber leider nicht so ist. (...)*
*Ungenügende Schlafstätten, ungesunde Unterkunftsräume, kein Wechsel der Bettwäsche während der ganzen Kampagnezeit, das sind die immer wiederkehrenden Klagen der Aufsichtsbeamten. Zwei Fälle wurden gemeldet, wo bei dem einen der Schlafraum ohne Fenster, bei dem anderen erst die Transmission überstiegen werden müsste, um zu der Schlafstelle zu gelangen.*

[Wilhelm Mette, 1920]



## Alltag auf der Ziegelei Dünkelberg

Wie auf vielen Ziegeleien herrschte bei Wilhelm Dünkelberg Saisonbetrieb. Obwohl eine Schiefertonziegelei das ganze Jahr über betrieben werden kann, ruhte sein Betrieb in den Wintermonaten. [Trockengepresste Schiefertonrohlinge enthalten im Vergleich zu stranggepressten Steinen nur wenig Wasser. Das macht den Betrieb vom Wetter unabhängig, Frost stoppt die Arbeit nicht.]

**Belegschaft der Ziegelei Dünkelberg 1931**
[Slg. WIM, Dortmund]

**Service**

Über den Alltag der Lippischen Wanderziegler präsentiert das Westfälische Industriemuseum Ziegelei Lage eine umfangreiche Ausstellungsabteilung mit dem Thema ›Anwerbung und Reise‹

*Wo ich geschlafen habe waren sieben, wo die Setzer geschlafen haben waren drei Mann. In der Dunkelkammer, der Totenkammer sagten sie dafür, da waren auch drei und im großen Saal waren acht oder neun Mann.*

[Karl Bunk, 1996]

Vor allem Ziegler aus dem Lippischen kamen ins Ruhrgebiet. Da viele von ihnen in der Heimat keine Arbeit fanden, verließen sie im Frühjahr ihre Familien und wanderten in die Zentren der Ziegelproduktion. Diese ›Wanderziegler‹ waren als Spezialisten gefragt. Ihre Angehörigen blieben zu Hause und versorgten das heimische Land, Kinder und Kotten.

Auf der Ziegelei Dünkelberg wohnten in den 1920er Jahren die Arbeiter während der Kampagne im umgebauten Werkstattgebäude der ehemaligen Zeche Nachtigall. Dort schliefen sie auf engstem Raum und hatten kaum Privatsphäre.

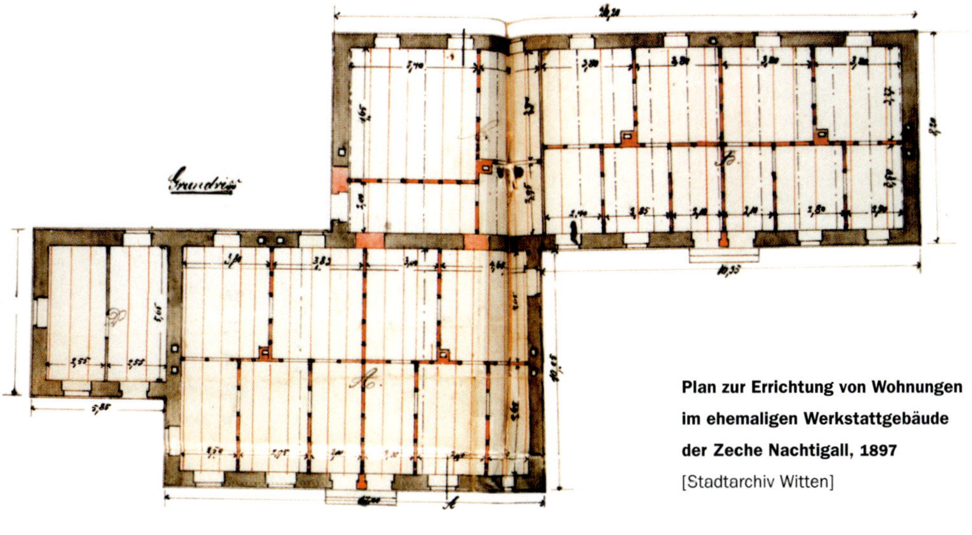

**Plan zur Errichtung von Wohnungen im ehemaligen Werkstattgebäude der Zeche Nachtigall, 1897**

[Stadtarchiv Witten]

**Blick in die Ausstellung über den Alltag auf der Ziegelei**
[Foto: C. Terbeck, Bielefeld]

*Meistenteils gab es Eintopf, mit Kartoffeln drin oder mal Gehacktesbällchen. Sonntags gab es Kotelett. Kartoffeln schälen mussten wir dann abends nach Feierabend. Da haben sich dann viele gedrückt.*
[Karl Bunk, 1996]



Das von der Köchin zubereitete Essen nahmen die Ziegler in der Kantine ein. Sie war mit drei Tischen und einfachen Holzbänken ausgestattet.

Über weitere weibliche Beschäftigte auf der Ziegelei Dünkelberg gibt es vereinzelte Nachrichten. Für das Jahr 1887 waren in den Nachweisungen der Krankenkasse des Tiefbau-Unternehmers W. Dünkelberg keine Arbeiterinnen verzeichnet. Ab 1904 hatte die Krankenkasse erstmals vier, 1910 und 1913 zwei weibliche Mitglieder. Auch um 1921 müssen Frauen auf der Ziegelei gearbeitet haben. Für sie ließ Wilhelm Dünkelberg »einen einsitzigen Abort für einige beschäftigte Frauen« errichten.

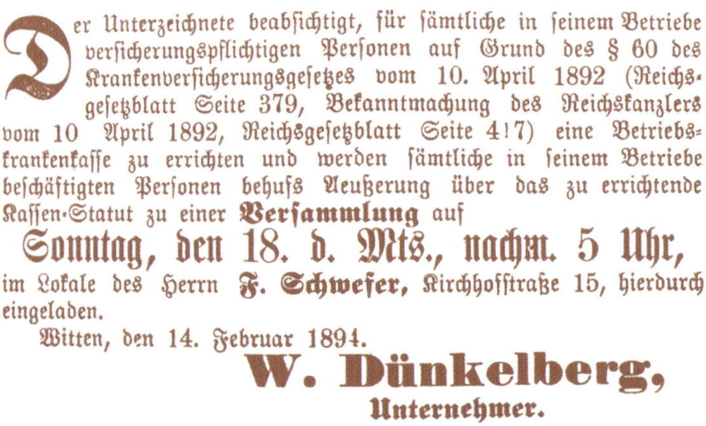

Der Unterzeichnete beabsichtigt, für sämtliche in seinem Betriebe versicherungspflichtigen Personen auf Grund des § 60 des Krankenversicherungsgesetzes vom 10. April 1892 (Reichsgesetzblatt Seite 379, Bekanntmachung des Reichskanzlers vom 10 April 1892, Reichsgesetzblatt Seite 417) eine Betriebskrankenkasse zu errichten und werden sämtliche in seinem Betriebe beschäftigten Personen behufs Aeußerung über das zu errichtende Kassen-Statut zu einer **Versammlung** auf

**Sonntag, den 18. d. Mts., nachm. 5 Uhr,**

im Lokale des Herrn **F. Schwefer,** Kirchhofstraße 15, hierdurch eingeladen.

Witten, den 14. Februar 1894.

**W. Dünkelberg,**
**Unternehmer.**

**Ankündigung der Einrichtung einer Betriebskrankenkasse für die Beschäftigten von Wilhelm Dünkelberg**
[Wittener Tageblatt, 14.2.1894]

*»Abort für einige beschäftigte Frauen«*
*Zwei Wände werden aus Fachwerk hergestellt*
*und an den Kamin und das Kesselhaus angebaut*
*und mit einem Pappdach versehen.*
*Der Abortabgang soll in einem Fass aufgefangen*
*und , wenn dies gefüllt ist, gleich geleert werden.*
[Bauordnungsamt Witten]

Neben Rosemarie Schwarz, der Urenkelin Wilhelm Dünkelbergs, waren in den 1950er Jahren zwei weitere Frauen im Büro der Ziegelei angestellt. Sie waren unter anderem für die Vorbereitungen der Lohnstreifen und Lohntüten verantwortlich, die der Ziegelmeister jeden Freitag an die Arbeiter ausgab.



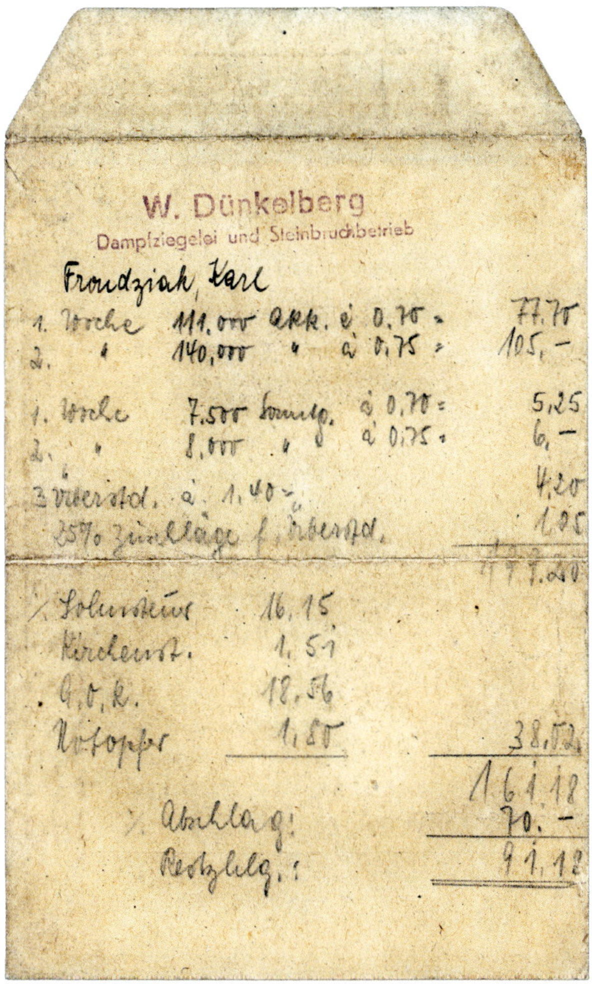


**Lohntüte der Ziegelei Dünkelberg für den Brenner Karl Frondziak, um 1948**
[Slg. WIM, Dortmund]

*Samstags ging es dann in die Stadt. Dann wurde ja ein Bier getrunken. Nach dem Krieg gab es auch im Betrieb Bier. In der Zeit vor dem Krieg konnte man sich das nicht leisten. Ich vergleiche immer noch, was ich mir früher für einen Stundenlohn kaufen konnte und was heute: Für einen Stundenlohn konnte ich mir früher zwei Flaschen Bier kaufen, das waren 70 Pfennige, 35 Pfennig der halbe Liter Bier. Und heute kriegen Sie für einen Stundenlohn einen ganzen Kasten Bier.*

[Karl Bunk, 1996]

**Ziegelmeister Erich Wiemann mit seiner Schwester und einem Kollegen auf einer Ziegelei in Witten, 1926**

[Privatbesitz: Erich Wiemann]

Die wenige Freizeit verbrachten die Beschäftigten meist auf der Ziegelei. Am Abend spielten die Männer Karten oder sangen zu den Klängen des Bandoneons. Sonntags wurde nicht gearbeitet, so dass sie am Samstagabend und Sonntag ausgehen konnten.

Nach dem Zweiten Weltkrieg änderte sich der Alltag der Ziegler. Nur noch wenige Arbeiter lebten dort. Einige hatten Zimmer in Witten gemietet, so dass auch die wenigen Bewohner der Ziegelei gute Kontakte zur Wittener Bevölkerung bekamen. Das Leben spielte sich jetzt nicht mehr ausschließlich an der Arbeitsstätte ab. ›Freizeit‹ bedeutete nun die tatsächliche Entfernung von der Arbeitsstätte.

Unter der Herrschaft der Nationalsozialisten waren vom Betriebsobmann organisierte Betriebsausflüge eingeführt worden. Sie wurden nach dem Krieg beibehalten. Alljährlich gab es einen Ausflug, an dem auch die Ehefrauen der Ziegler teilnehmen durften.

Rechts:

**›Ziegelwerks-Kapelle‹, Witten, 1926**

[Privatbesitz: Erich Wiemann]

*An der Burgruine Hardenstein war eine Gastronomie. Und samstags tat man das Übliche, was man so als Junggeselle macht: Nach Witten ins Kino und dergleichen, was da so war. Und es waren viele Einheimische, die dort gearbeitet haben. Die wohnten in Witten und mit denen hatte man einen ziemlich guten Kontakt.*
[Franz Schlößer, 2001]

**Belegschaft der Ziegelei Dünkelberg beim Betriebsausflug ins Siebengebirge, 1937**
[Slg. WIM, Dortmund]

Zwischen 1991 und 2003 interviewten Mitarbeiterinnen des Westfälischen Industriemuseums ehemalige Betriebsangehörige der Ziegelei Dünkelberg. Auf den vorangegangenen Seiten ›berichteten‹ sie aus erster Hand vom Alltag auf der Ziegelei. Das Museum bedankt sich bei allen Zeitzeugen für die sehr persönlichen Geschichten und das fachliche Engagement.



## Beschäftigte der Ziegelei Dünkelberg berichteten

**Rosemarie Schwarz, *1937 in Leichlingen**

**Rosemarie Schwarz**, die Tochter von Fritz Oberste-Frielinghaus, ist die Urenkelin von Wilhelm Dünkelberg. Als kaufmännische Auszubildende begann sie 1956 im Ziegeleibüro zu arbeiten. Bis zur vorläufigen Schließung der Ziegelei 1960 war sie dort beschäftigt.

**Karl Bunk, *1909 in Oberschlesien, † 1998 in Witten**
[Slg. WIM, Dortmund]

**Karl Bunk**, kam am 18. März 1928 als gelernter Schmied über eine Anzeige in der Lippischen Landeszeitung zur Ziegelei Dünkelberg. Zuvor hatte er bereits das Zieglerleben in Grevenbrück im Sauerland kennen gelernt. Er war der einzige Zeitzeuge, der Wilhelm Dünkelberg noch persönlich kannte. Auf dem Nachtigall-Gelände schmiedete er zunächst die Eisen für die Steinbearbeitung im Sandsteinbruch. Später war er Maschinist der Ziegelei und fuhr die beladenen Feldbahnzüge vom Steinbruch durch den Stollen auf das Fabrikgelände. Nach Wiedereröffnung der Ziegelei durch Erich Benes im April 1962 war Karl Bunk bei der benachbarten Eisengießerei Ritz beschäftigt.

Hintergrund:
**Arbeiter der Ziegelei Dünkelberg 1925**
[Slg. WIM, Dortmund]

**Erwin Krizischke,**
***1925 in Hinterpommern**

**Erwin Krizischke** arbeitete hauptsächlich als Zuschieber. Hatten die Männer an der Presse einen Wagen mit 200 Rohlingen beladen, brachte er ihn über die Schienen zum östlichen Ringofen. Es gab einen Zuschieber pro Ofen. Im Januar 1952 wechselte Erwin Krizischke zu einer Ziegelei nach Haßlinghausen bevor er 1955 zum Gussstahlwerk Witten ging.

**Franz Schlößer,**
***1929 in Ostpreußen**

**Franz Schlößer** kam 1952 zur Ziegelei Dünkelberg. Er war dort zunächst an verschiedenen Stationen eingesetzt, damit er die einzelnen Arbeitsbereiche kennen lernte. Danach arbeitete er meist an einer der Pressen. Später belud Franz Schlößer die Loren im Steinbruch. In den Wintermonaten, wenn die Ziegelei ruhte, verdiente er sein Geld bei der Wittener Tafelglas AG, der ehemaligen Glasfabrik Mühlensiefen, heute Pilkington Automotive Deutschland GmbH. 1955 begann er seine Arbeit im Gussstahlwerk Witten.

**Dieter Wietzke,**
***1935 in Witten-Bommern**

**Dieter Wietzke**, der Sohn des Sprenggehilfen Paul Wietzke, arbeitete bis zur Auflösung der Firma auf der Ziegelei. Da der ehemalige Bergmann der *Zeche Bruchstraße* in Bochum-Langendreer Interesse am Umgang mit Baumaschinen hatte, vertraute der neue Chef Erich Benes dem Ziegelei-Neuling den gesamten Fuhrpark der Ziegelei an. Den Abbau des Schiefertons erledigte Dieter Wietzke mit der Über-Kopf-Raupe, das lose Material schaufelte er mit dem Bagger in die Loren. Mit dem Gabelstapler verlud er die fertigen Ziegel auf Lastwagen der Kunden.

*In der Gemarkung Bommerns ist der Steinkohlenbergbau eingegangen. Die zerstreut auf den Höhen und in den Tälern liegenden schwarzblauen Halden, die vielfach von Busch und Wald bedeckt sind, insbesondere die großen Steinhalden an der Bommerbank und an der Nachtigallbrücke, weisen aber darauf hin, daß einstmals überall lautes Dröhnen und Pochen, das Lied einer regen und betriebsamen Bergbautätigkeit erklang.*

[Moritz Wilhelm, 1930]

# An der Wiege des Ruhrbergbaus



Wo die Wiege des Ruhrbergbaus stand ist eine viel diskutierte Frage. Im Muttental sind besonders viele Reste des frühen Bergbaus erhalten geblieben. Das Bethaus der Bergleute ist ein bedeutendes Denkmal des frühen Bergbaus an der Ruhr, das in der Überlieferung bergmännischer Traditionen eine wichtige Rolle spielte. Schon 1950 waren das Bethaus und die umliegenden Überreste der Zechen regelmäßig Ziel von Berglehrlingen. Ab 1972 entstand hier durch das Zusammenwirken vieler Beteiligter der erste bergbaugeschichtliche Lehrpfad des Ruhrgebiets.

Oben:

**Blick in die Ausstellung**

Rechts:

**Wetterüberhauen im Runkelfeld**

Bergmann der Zeche Tinsbank mit Karbidlampe, Herbede [Märkisches Museum, Witten]

Links:

**Schachthut eines Steigers**

[Slg. WIM, Dortmund]

Die Entstehungsgeschichte des Bergbauwanderwegs Muttental zeigt bereits, dass an der ›Wiege des Ruhrbergbaus‹ viele Paten stehen. Ob Bergleute oder Bergfremde, ob allein, in Gruppen oder in Vereinen: Sie sorgen dafür, dass die Erinnerung an den früheren Bergbau in der Region lebendig bleibt. Nicht immer ist diese Spurensuche einfach: Häufig führt ein halb überwucherter Lochstein oder ein im Gebüsch verborgenes Stollenmundloch zu weiterem Nachfragen und Nachforschen.

**Erstbeschilderung des Wanderweges**
[Slg. WIM, Dortmund]

**Knappenverein ›Glück auf Germania‹, Witten 1908**
[Slg. WIM, Dortmund]

Modelle, Bilder, die Aufsätze von Heimatforschern, aber auch die Instandsetzung, Pflege und Erklärung der bergbaulichen Überreste oder einfach nur das Aufheben von Erinnerungsstücken sind einige Beispiele für die sehr persönliche Auseinandersetzung mit der Bergbau-Vergangenheit.

Wichtig ist nicht, wo genau die Wiege des Ruhrbergbaus einst stand. Wichtig sind die Menschen, die die Erinnerung daran immer wieder aufs Neue aus der Taufe heben. Sie sollen im Westfälischen Industriemuseum Zeche Nachtigall eine Anlaufstelle finden.

**Ölkanne**
[Slg. WIM, Dortmund]

*Ich möchte Technikgeschichte dokumentieren, nicht Jahreszahlen runterbeten. Ich war immer sehr neugierig und wollte bis ins kleinste Detail wissen, wie die Dinge im Bergbau funktioniert haben. Das kann man am Modell am besten sehen. Meine Neugierde hat mich angetrieben. Es ist wie eine Sucht. Man baut zuerst ein Modell dann noch eins und noch eins und schließlich hat man ein Dutzend.*

[G.-A. Wüstenfeld, 2003]

[Privatbesitz G.-A. Wüstenfeld]



## Bergbaumodelle

**Haspel-Förderanlage mit Fördergefäß**
Vorbild: Die Szene wurde nach einer Beschreibung in einem Grubenbericht gebaut.
**Göpelanlage**
Vorbild: Die Anlage wurde nach einer Zeichnung aus der Fachliteratur gestaltet.

**Material:** Modellbauleisten und Modellbau-Bedarf

**Modellbauer: G.-A. Wüstenfeld**
**Entstehungszeit: 1980er Jahre**

**Gustav-Adolf Wüstenfeld, Wetter-Wengern**
geboren am 16. Februar 1933 in Witten

Tätigkeit als Industriefotograf bei der Westfalenhütte Dortmund. Von 1986–1993 leitete er die Fotoabteilung der Hoesch Stahl AG. Seit Mitte der 1960er Jahre begann Gustav-Adolf Wüstenfeld den frühen Bergbau fotografisch zu dokumentieren. Er verfasste zahlreiche heimatgeschichtliche Bücher, unter anderem zum Bergbau und zur Ruhrschifffahrt.

**Mechanisches Modell eines Deutschen Steinkohlebergwerks**
**Modellbauer: Peter Bartel**
**Entstehungszeit: 1930er Jahre**

Vorbild: Zeche Lothringen in Bochum-Gerthe
Material: Mechanische Teile wurden aus Konservendosen gefertigt. Außerdem wurden Holz, Eisenblech, Pappe, Glas und Textil verbaut.

## Peter Bartel, Bochum-Gerthe

Von Peter Bartel aus Bochum-Gerthe haben wir keine Fotografie und nur wenig Informationen. Er besuchte in den 1930er Jahren mit seinem Modell viele Schulen im Ruhrgebiet und in Westfalen. An ihm erläuterte er die Betriebsabläufe in einem Steinkohlenbergwerk. Er hielt Vorträge in Vereinen und trat mit seinem Modell auf Jahrmärkten auf.

*Zur Veranschaulichung auf dem Gebiete des Steinkohlenbergbaues, das sogar den meisten Erwachsenen fremd oder doch dunkel ist, das aber wegen seiner großen Bedeutung [...] einer tiefgründigen Bearbeitung in den Schulen bedarf, biete ich Ihnen zu einem wirklichkeitsnahen lebensreichen Unterrichte an: [...] Bei der heutigen Notzeit zahlt jedes Kind 10 Pfg.*

[Aus einem Schreiben Peter Bartels an einen Schulrektor von 1937]

**Postkarte von 1938**
Zwei Bergleute aus dem Ruhrgebiet während einer Vortragsreise durch Deutschland. In den 1930er Jahren bauten viele Bergleute Zechenmodelle und führten sie vor Publikum vor.
[Slg. WIM, Dortmund]

*Ich habe soviele Schachtanlagen im Kopf, über 100, vielleicht habe ich so viele gesehen wie kein anderer. Da dachte ich mir, dass musst du einmal zeigen und habe dieses Modell der Zeche Westfalen gebaut, die ich wie aus der Westentasche kenne.*
[H. Bertelt, 2003]

Hermann Bertelt bei der Arbeit an einem Schnitzbild [Privatbesitz: H. Bertelt]



**Hermann Bertelt, Herne**
geboren am 30. Mai 1926 in Herne

Während seines Berufslebens als Montagemeister arbeitete Hermann Bertelt im Schachtausbau auf mehr als 100 Zechen im Ruhrgebiet. Seit seiner Jugend ist er künstlerisch tätig. In zahlreichen Werken setzte er sich mit dem Thema Bergbau auseinander. Das Modell blieb ein Einzelstück.

**Schachtanlage im Ruhrgebiet**
**um 1910**
**Modellbauer: Hermann Bertelt**
**Entstehungszeit: 1984**

Vorbild: Das Modell wurde nach Fotografien gefertigt. Die Zeche Westfalen in Ahlen war das Vorbild. Zwei Betriebsgebäude sind nach denkmalwerten Gebäuden der Zeche Westhausen in Dortmund und der Zeche Julia in Herne gestaltet, weil der Künstler die Erinnerung an diese Gebäude erhalten wollte.
Material: Kupfer auf Holz

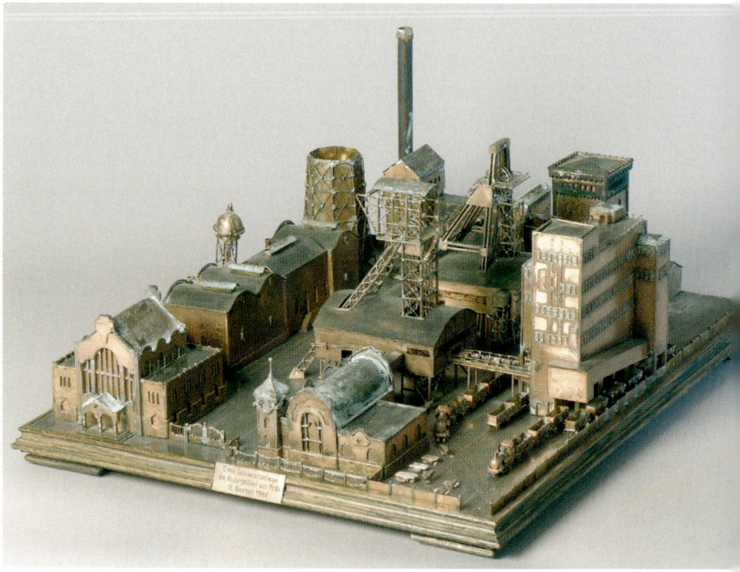

Herbert Pieniak mit seinem Modell ›Kleinzeche der Nachkriegszeit‹

**Herbert Pieniak, Hattingen**
geboren am 6. November 1934 in Hattingen



Herbert Pieniak war bis 1956 als Bergmann auf der Zeche Alte Haase in Sprockhövel tätig. Danach wechselte er zur Berufsfeuerwehr. Herbert Pieniak fertigte seine Modelle aus gesammelten Materialien und Resten. Seine Frau half mit. In seinen Arbeiten hielt er das vom Bergbau geprägte Leben seiner Region fest. Die Betrachter sollen etwas lernen können über den Kohleabbau vergangener Zeit.

**Kleinstzeche Eimerweise**
**Modellbauer: Herbert Pieniak**
**Entstehungszeit: um 1986**

Vorbild: Die Situation ist einer mündlich überlieferten Geschichte nachempfunden: Nach 1945 entdeckte eine Wittener Bauernfamilie auf ihrem Hof in der Durchholzerstraße/Rauendahlerstraße beim Ausbau des Brunnens zufällig Kohle. Über das Brunnenhäuschen förderte sie den Schatz eimerweise zu Tage – der Name Zeche Eimerweise war geboren.
Material: Holz, Draht, Weisblech

**Helmut Schäfer an seinem Arbeitsplatz bei der Ruhrkohle AG in Essen, 1975**
[Privatbesitz: Margarete Schäfer]

# An der Wiege des Ruhrbergbaus

**Eine Grafikserie von Helmut Schäfer**



Helmut Schäfer (1920 – 1998) setzte sich mit den bergbaulichen Hinterlassenschaften Wittens in künstlerischer Weise auseinander. Auf Wanderungen entdeckte der Sohn einer Bergarbeiterfamilie aus Witten die Zeugen des frühen Bergbaus und war beeindruckt von den noch im Betrieb befindlichen Kleinzechen. Um sie vor ihrem endgültigen Verschwinden zu bewahren, hielt der Künstler die Ruinen der Bergbauvergangenheit, Stollenmundlöcher, Malakoffturm, Bethaus und andere Motive in seinen Bildern akribisch fest. Über das Abbild hinaus und den darin festgehaltenen Zustand des Relikts zu einem bestimmten Zeitpunkt, interessiert uns heute ebenso dessen zeitgebundene Deutung durch den Künstler.

Rechts:
**›Stollenmundloch in den Ruhrbergen‹ Titelvignette**
Radierung, 53 x 39 cm
[Slg. WIM, Dortmund]

Schäfer begann 1950 mit der Arbeit an der Grafikmappe ›An der Wiege des Ruhrbergbaus‹. Diese Radierungen sind ein frühes Dokument für die künstlerische Spurensuche nach den Anfängen des Bergbaus in der Region Witten. Die Mappe ist Helmut Schäfers wichtigstes und bekanntestes Werk, das von der Aldegrever-Gesellschaft in Soest (heute Münster) unterstützt wurde. Sie gewährte dem Künstler 1953 ein Stipendium, das ihm Zeichenstudien über und unter Tage auf der Schachtanlage König Ludwig in Recklinghausen ermöglichte und sorgte für die Drucklegung. Bereits vor der endgültigen Fertigstellung der Mappe wurden zwischen 1952 und 1956 einzelne Blätter als Jahresgaben für die Mitglieder der Gesellschaft herausgegeben. Schließlich erschien die vollständige Grafikmappe 1955 mit ihrer Unterstützung.

*Die Aldegrever-Gesellschaft zu Soest gibt mit dieser Mappe eine Bildfolge heraus, die den Anfängen des Bergbaus im südlichen Ruhrtal gewidmet ist. Die Blätter radierte der Graphiker Helmut Schäfer, Witten. Den Kupferdruck besorgte die Werkstatt Hermann Kätelhön in Wamel/Möhnesee.*

[Titelblatt]

Das Mappenwerk enthält zwölf Radierungen.
Laut Inhaltsverzeichnis:

1. »Stollenmundloch in den Ruhrbergen« Titelvignette
2. »Bethaus der Bergleute im Muttental«
3. »Stollenmundloch ›Tinsbank‹ im Hammertal«
4. »Stollenmundloch ›Emmaglück‹ bei Bochum-Weitmar«
5. »St. Johannes Erbstollen bei der Ruine Hardenstein«
6. »Alte Ruhrschleuse bei der Ruine Hardenstein«
7. »Zeche ›Gidion‹ in Vormholz um 1950 (Gesamtansicht)«
8. »Zeche ›Gidion‹ in Vormholz (Hochformat)«
9. »Knappenhäuser im Muttental um 1950 (abgerissen)«
10. »Feuerofen der Zeche ›Geschwind‹ im Hammertal«
11. »Malakofturm der Zeche ›Preussisch Zepter‹ bei Bochum Weitmar«
12. »Alte Fabrik am Mühlengraben in Witten«

Zur Mappe gehören weiterhin sieben erläuternde, poetisch verfasste Begleittexte zu einzelnen Motiven von Toni Kätelhön (1891–1975), der Witwe des Künstlers Hermann Kätelhön (1884–1940), der für Schäfer ein großes Vorbild war.

**Zeche ›Gidion‹ in Vormholz**
Radierungen, 53 x 69 und 69 x 53 cm
Die beiden Radierungen schlagen den Bogen von der Vergangenheit in Schäfers Gegenwart. Sie zeigen eine Kleinzeche bei Witten, die um 1950 noch in Betrieb war. Die hölzerne und halb zerfallene Konstruktion der Zeche Gidion ist Thema des Blattes. [Slg. WIM, Dortmund]

## Radiertechnik und Stil der Grafiken Schäfers

Helmut Schäfer hatte die technischen Kulturdenkmäler des frühen Bergbaus im südlichen Ruhrtal ohne fotografische Hilfsmittel nach der Natur gezeichnet und anschließend als Radierung auf die Kupferplatte übertragen. Schäfer wählte demnach ein traditionelles Verfahren, in das er bei seiner Ausbildung in der Werkkunstschule Dortmund, innerhalb der Klasse für angewandte und freie Grafik eingeführt worden war. Weitere Anregungen entnahm er, was die Technik der Radierung und das Thema Bergbau gleichermaßen betraf, zunächst dem Werk Hermann Kätelhöns, das er in Wamel kennengelernt hatte. Die Wurzeln seiner Kunst gehen aber zurück bis ins frühe 16. Jahrhundert, die Zeit Albrecht Dürers, als die Radierung als Vervielfältigungstechnik entstand.



In welcher Auflagenhöhe Schäfers Grafikmappe »An der Wiege des Ruhrbergbaus« entstand ist nicht bekannt; weder die Blätter im Westfälischen Industriemuseum noch jene im Deutschen Bergbaumuseum Bochum sind limitiert.

### Die Radiertechnik

Die Radierung gehört zu den sogenannten Tiefdruckverfahren. Anders als beim Kupferstich werden bei der Radierung die Vertiefungen nicht mechanisch, sondern chemisch erzeugt. Auf eine erhitzte Metallplatte, meist auf eine Kupferplatte, wird ein säurefester Ätzgrund aufgetragen und danach mit einer Räucherkerze geschwärzt um die hellen, radierten Linien gut sichtbar zu machen. Mit einer Radiernadel wird ohne große Kraftanwendung das Bildmotiv eingeritzt und die Wachsschicht dort entfernt, wo nachher die Säure eindringen soll. Die Metallplatte wird dann einige Zeit in ein Säurebad aus fünf- bis zehnprozentiger Salpetersäure gelegt. Vorher hat man die Rückseite und die Seiten mit Asphaltlack abgedeckt. Die Säure dringt durch die freigelegten Stellen ein und ätzt eine Vertiefung in die Platte. Danach wird die Druckfarbe aufgetragen und in die Vertiefungen der Platte eingerieben. Die Platte wird dann auf das zu bedruckende Papier gelegt. Unter dem Druck der Walze presst sich das Papier in die Vertiefungen und nimmt die Druckfarbe auf.

Mit seiner gegenständlichen Kunst bewegte sich Helmut Schäfer in den 1950er Jahren stilistisch vollkommen außerhalb der künstlerischen Avantgarde, die in abstrakte Richtungen wies. Man kann das als sein bewusstes Bekenntnis zur grafischen Tradition und zur Gegenständlichkeit auffassen. Er konzentrierte sich auf die technischen Bauwerke, hielt sie akribisch fest und interpretierte sie als Teil einer alten Kulturlandschaft. Sein Anliegen war die künstlerisch dokumentierende Sicherung der Relikte vor ihrem möglichen und tatsächlichen Verfall. Dabei schilderte er den Formenreichtum und die Textur seiner bergbaugeschichtlichen Motive so realistisch wie es ihm möglich war. Was mit der Zeit verfallen würde, sollte zumindest im Bild als ein Erinnerungsbild detailliert erhalten bleiben. Schäfer hat deshalb seinen Blick auf das Einzelne und das Nahsichtige gerichtet; der Bildausschnitt ist eng begrenzt. Ausblicke in die Ferne sind selten. Feine Linien beschreiben die Oberflächen der Relikte und ihrer Umgebung: Schichtungen von Steinen, Risse im Holz der Bergbaustempel, alte Bäume mit den Verästelungen ihrer Wurzeln. Kurze Striche der Radiernadel, dichte und aufgelockerte Strichpartien formen den Gegenstand, deuten hellere und dunklere Zonen an.

Die Kompositionen seiner Grafiken betonen stets ein Hauptmotiv, das Relikt, das durch seine zentrale Lage und kräftigen Hell-Dunkel-Kontrast hervortritt. Diese Fixierung auf einen Gegenstand bewirkt den Eindruck einer gewissen Schwere und Starrheit. Die Unbewegtheit im Bild korrespondiert mit dem Aussparen jeglichen menschlichen Lebens, auch dann wenn die gezeigten Anlagen zur Zeit der künstlerischen Bearbeitung noch in Betrieb waren. Die Relikte werden in Schäfers Grafiken zu Zeichen und Symbolen des vergangenen Bergbaus. In seinen Bildern wirken sie bereits wie Denkmäler, lange vor ihrer tatsächlichen Unterschutzstellung durch die Denkmalbehörde. Die Grafikmappe ›An der Wiege des Ruhrbergbaus‹ ist ein frühes Dokument für die Kenntnisnahme und Wertschätzung des bergbaugeschichtlichen Erbes rund um Witten.

**Stollenmundloch ›Emmaglück‹ bei Bochum-Weitmar**
Radierung, 70 x 52 cm
[Slg. WIM, Dortmund]



### Anregungen

Durch seinen Lehrer und Direktor der Werkkunstschule Dortmund, Prof. Walter Herricht, wurde der junge Helmut Schäfer mit der Familie Kätelhön in Wamel bekannt und arbeitete dort ab 1950 in der renommierten Druckwerkstatt. Angeregt durch Hermann Kätelhöns Radierungen und über den Gedankenaustausch mit dem Wameler Künstlerkreis um Toni Kätelhön, der Witwe des 1940 gestorbenen Künstlers, fand Schäfer zu seinem Thema, der Beschäftigung mit bergbaulichen Motiven im Ruhrtal.

In technischer und künstlerischer Hinsicht sind die Blätter Kätelhöns von einer überlegenen Qualität. Kätelhöns Ansatz war umfassender, visionärer und mit einem starken kulturpolitischen Engagement verknüpft. In seiner bekannten Grafikmappe »Das Werk Arbcit« (1917–1939) bestehend aus 37 Blättern schilderte er neben der Ruhrgebietslandschaft und ihren Zechen überwiegend den Bergmann bei der Arbeit oder die Unternehmer seiner Zeit. Demgegenüber ist Helmut Schäfers Themenspektrum enger gefasst; er interessierte sich kaum für das Figürliche, das Porträt und den zeitgenössischen Bergbaubetrieb sondern für die Relikte der Bergbaugeschichte, die technischen Bauwerke und alten Arbeitsgeräte (siehe z.B. seine Radierungen zum Grubengeleucht).

**Stollenmundloch ›Tinsbank‹ im Hammertal**
Radierung, 70 x 53 cm
[Slg. WIM, Dortmund]



## Stollenmundlöcher in den Ruhrbergen

Auf vier Blättern, immerhin auf einem Drittel der Grafikserie »An der Wiege des Ruhrbergbaus« sind Stollenmundlöcher zu sehen. Da Schäfer dieses Motiv auch für die Titelvignette gewählt hatte, kommt diesem eine Schlüsselfunktion für das Verständnis der gesamten Serie zu. In »Stollenmundloch in den Ruhrbergen« kann der Betrachter nicht weit in den Stollen hineinblicken. Das Innere des dunklen, geheimnisvollen Gebirges erschließt sich nicht. Holzstempel haben sich zum Teil gelöst und liegen im Vordergrund funktionslos herum. Das menschliche Werk ist von wilder Natur umgeben. Sie ergreift längst wieder Besitz von der Anlage und überwuchert die Gleise. Die Naturnähe des Bergbaus und sein Verfall kommen hier gleichermaßen zum Ausdruck. Industriekultur und Natur sah Schäfer nicht im Gegensatz zueinander. Doch die vitale Natur, das »Wuchern und Wachsen« – wie es Toni Kätelhön formuliert – ist in Schäfers Darstellungen immer stärker als das vergängliche Menschenwerk – eine Vorstellung, die auf die Romantik des 19. Jahrhunderts zurückgeht.

Auf dem Schlußstein der Ummauerung des »Stollenmundloch(s) ›Tinsbank‹ im Hammertal« ist die Betriebszeit ›1807–1934‹ angegeben. Der Verfall des Relikts ist deutlich sichtbar:

Steine rutschen ab, ebenso der Hang oberhalb des Stollenmundlochs, an dem nun Wurzeln freiliegen. Pflanzen überwuchern das Gelände. Das Gleis ist kaum noch sichtbar.
Bei näherem Hinsehen erkennt man einen noch intakten Holzstempel inmitten zusammengebrochener Hölzer, alles Hinweise auf den drohenden endgültigen Verfall:
*Die Erfahrung lehrt, daß Vergangenes im Bild sich einprägsamer darstellt, denn im Wort. Schwermütig erscheint, was der Künstler seitab der Straße, die von Sprockhövel nach Blankenstein führt, aus verlassenem Werk entdeckte: zwischen Geröll und immer dichter deckendem Gras ein Tor in den Berg, das Mundloch eines alten Stollens. (...) Still atmet der Platz, und wir warten vergeblich, aus der Finsternis im Tor, in der nur wenige Stempel sich noch zeigen, den Ruf von ehemals zu hören: ›Glück auf.‹*
[Toni Kätelhön]



Toni Kätelhön vergleicht hier das Stollenmundloch mit der Struktur eines Tores. Tormotive waren in der Romantik des 19. Jahrhunderts ein beliebtes Vanitassymbol um den Übergang vom Leben zum Tod sinnbildlich auszudrücken, eine Vorstellung, auf die sich Helmut Schäfer hier und ebenso in den Blättern »Stollenmundloch ›Emmaglück‹ bei Bochum-Weitmar« und »St. Johannes Erbstollen bei der Ruine Hardenstein« bezog.

## Bilder vom Alltag der Bergleute im Muttental

Das »Bethaus der Bergleute im Muttental« ist bis zum Dach von einer kräftigen Kletterpflanze überwuchert und droht von der Natur gänzlich eingenommen zu werden. Auf dem Dachreiter ist der Posaunenengel zu erkennen als Hinweis auf die ursprüngliche Funktion des Gebäudes, die Toni Kätelhön wehmütig in ihrem Begleittext schildert:
*Eingedenk des alten Spruches »Den Anfang und das Ende halten Gottes Hände«, den auch der Bergmann bei seiner gefahrvollen Arbeit beherzigte, zeigt dies erste Blatt die heute noch ›Bethaus‹ genannte Kapelle. Dem Bemühen, die Geschichte des Ruhrbergbaues mit dem schildernden Stift in Bilder zu fangen, schenkt das Muttental vielerlei Zeichen und Zeugnis. Da lassen im Walde verstreut liegende, von Baum- und Buschwerk überwucherte Steinhalden erkennen, wie einstmal in diesem Tal geschürft, gegraben und gefördert worden ist. (...)*

Links
**Bethaus der Bergleute im Muttental**
Radierung, 68 x 53 cm
[Slg. WIM, Dortmund]

Rechts
**Knappenhäuser im Muttental um 1950**
Radierung, 69 x 53 cm
[Slg. WIM, Dortmund]

*Die Kohlevorkommen in den Ruhrbergen erschöpften sich, und der Bergbau wanderte gegen Norden weiter. So herrscht im Muttental nun Schweigen, wo sich einst tätiges Leben regte. Der kleine Posaunenengel auf der Kapelle ruft keine Knappen mehr zu gemeinsamer Andacht. Im großen Raum des Erdgeschosses, nun als Küche benutzt, zeigt eine eichene Säule deutlich die Spuren, wo die Lampen eingeschlagen wurden, bevor ihre Träger die Steintreppe zum Saal hinaufstiegen, den Segen fürs Tagwerk zu erbitten.*

Ebenso wie das Bethaus vermittelt die Ansicht der in Fachwerk errichteten »Knappenhäuser im Muttental um 1950« etwas über den Alltag der Bergleute. Der Zusatz zum Bildtitel ›abgerissen‹ unterstreicht die Bedeutung der Grafik, das eben noch Gesehene und Gezeichnete zumindest bildlich für unser kollektives Gedächtnis zu bewahren:
*Noch im Vergehen rühren uns die Zeugnisse mühevollen Beginns und wir erkennen: nur im Bild ist Versinkendes noch bewahrt.*
[Toni Kätelhön]

Der Künstler Helmut Schäfer hat in den 1950er Jahren mit seinem Spürsinn früher als andere die Bedeutung der Bergbaurelikte rund um Witten erkannt und mit seinen Grafiken dazu beigetragen, ein Bewusstsein für ihre Erhaltenswürdigkeit zu erzeugen

## Der Künstler Helmut Schäfer

Der 1920 in Witten geborene und 1998 in Recklinghausen gestorbene Helmut Schäfer erlitt im Zweiten Weltkrieg schwerste Verletzungen. Trotz bleibender Behinderung begann er 1944 eine Ausbildung zum Grafiker an der ehemaligen Werkkunstschule in Dortmund. Kriegserlebnisse spiegeln sich in grafischen Ruinendarstellungen wider (›Kirchenruine‹, um 1947/48). Die Ruine blieb auch später bei seinen Darstellungen der Relikte des Bergbaus ein wichtiges Motiv.

Ab 1950 arbeitete Schäfer als freier Grafiker für verschiedene Unternehmen und fertigte u.a. Hauerbriefe sowie Jubiläumsurkunden mit Bergbaumotiven an. Neben seiner bedeutendsten Grafikserie »An der Wiege des Ruhrbergbaus« (1950–1955) entstand zwischen 1954 und 1960 eine weitere kleinere Serie von sieben Radierungen »Aus der geschichtlichen Entwicklung des Grubengeleuchts« (u.a. im Besitz des Westfälischen Industriemuseums). Einzelne Motive dieser Serie wurden auch auf Neujahrskarten für die CEAG in Dortmund abgedruckt. Daneben entstanden in den 1950er Jahren einzelne grafische Blätter mit Ansichten Wittens, der umgebenden Landschaft und von Steinbrüchen sowie weitere Industrielandschaften aus dem Ruhrgebiet.

1959 heiratete er Margarete Schäfer und lebte seitdem mit ihr in Recklinghausen. Als er 1960 bei der Bergbau AG Ewald-König Ludwig in Recklinghausen als Grafiker angestellt wurde, übernahm er auch die Gestaltung der Werkszeitschrift. Die freie Kunst blieb weiterhin Helmut Schäfers Lebensmittelpunkt. Seit den 1960er Jahren wurde er experimentierfreudiger und erschloss sich eine abstrahierende Sicht- und Darstellungsweise, die er in Gemälden, Collagen, einigen Wandbildern und besonders auch in abstrakten Plastiken überzeugend umzusetzen vermochte. 1975 stellte er in Essen im Ruhrkohlehaus sein Lebenswerk einer breiten Öffentlichkeit vor.

**Wandbild von Helmut Schäfer im ehemaligen Maschinen-Übungszentrum Grullbad in Recklinghausen**
[Privatbesitz: Margarete Schäfer]

*Das Westfälische Industriemuseum soll die Kultur des Industriezeitalters und ihre Entwicklung in Westfalen ... beispielhaft darstellen und erforschen. Dabei sollen die Lebensverhältnisse der Menschen ... im Mittelpunkt stehen. Das Museum muss die vielfältigen Wechselwirkungen zwischen technischer, wirtschaftlicher, politischer, rechtlicher und gesellschaftlicher Entwicklung zeigen und ihre Auswirkungen auf das Leben des Einzelnen darstellen. Die zweite wichtige Aufgabe des Museums besteht in der Erschließung der zahlreichen Denkmäler, die noch als Zeugen dieser Zeit in Westfalen bestehen, für die Öffentlichkeit.*

[Aus dem Auftrag der Landschaftsversammlung des Landschaftsverbandes Westfalen-Lippe an das Westfälische Industriemuseum, 1979]

# Konzeption und Zukunft



Wenn heute Besucher das idyllisch im Tal der Ruhr gelegene Museumsgelände Zeche Nachtigall betreten, fällt der Blick auf die landschaftstypischen altertümlichen Bruchsteingebäude aus Ruhrsandstein und die große Ringofenanlage mit Schornstein. Nur einige Gäste wissen um die Bedeutung dieser Denkmäler für die Bergbau- und Industriegeschichte des Ruhrtals – ablesbar an den Gebäuden sind die früheren Nutzungen ohne Weiteres nicht. Erst die museale Erschließung bietet ihnen Informationen zur ältesten erhaltenen Tiefbauzeche an der Ruhr und dem Nachfolgebetrieb Ziegelei Dünkelberg.

Viele Jahre intensiver Spurensuche und Spurensicherung, die Restaurierung der Gebäude, die Suche nach geeigneten Ausstellungsobjekten und die Entwicklung des Museumskonzepts sind der Eröffnung des Museums vorausgegangen. Der Landschaftsverband Westfalen-Lippe übernahm das Gelände in einem ruinösen Zustand. Vorhanden waren beschädigte, teilweise ausgebrannte und mehrfach umgenutzte Gebäude von Bergwerk und Ziegelei. Eine Maschinenausstattung gab es nicht mehr – statt dessen Altlasten. Umfangreiche Forschungen anhand von Quellen, Literatur, mündlichen Überlieferungen und Objekten haben die Geschichte dieser Industrieanlage an der Ruhr allmählich wieder ›zu Tage gefördert‹. Ausgrabungen auf dem Gelände (Freilegung von Schacht Hercules und seiner Umgebung, unter anderem des ehemaligen Kesselhauses) dienten dem Zweck, soviel wie möglich von der zeitlich aufeinanderfolgenden Nutzungsgeschichte wieder sichtbar zu machen.

**Planskizze für das Museumsprojekt Zeche Nachtigall von 1984**
[Zeichnung: Willbrandt, Bremen; Slg. WIM, Dortmund]

Besonders erwähnenswert sind zwei langjährige Interviewprojekte des Westfälischen Industriemuseums mit Beschäftigten der Ziegelei Dünkelberg und Betriebsangehörigen von Kleinzechen an der Ruhr. Im Gegensatz zu den übrigen historischen Themenbereichen des Museums, über die aus großer zeitlicher Entfernung geforscht werden muss, sind beide Themen in der jüngeren Vergangenheit angesiedelt. In diese Ausstellungen konnten deshalb sehr persönliche Eindrücke mit einfließen. Lebendige Schilderungen über Arbeitsplätze, Arbeitssituationen, Arbeitsstrukturen, Familienleben, Freizeitgestaltung usw. verdanken wir ›unseren‹ Zeitzeugen. Erst mit Hilfe ihrer Erzählungen und den zahlreichen Dokumenten und Erinnerungsstücken, die sie uns überließen, konnte das Museum ein so detailreiches Bild der Verhältnisse in diesen Betrieben zeigen. Das waren optimale Voraussetzungen, um den gewählten sozial- und lebensgeschichtlichen Ansatz des Museums umzusetzen. Die Menschen sind als Hauptakteure des Produktionsprozesses zu sehen und berichten von ihrer Arbeit und ihren Lebenswegen.

Interview-Partnerin Charlotte Schneider bei der Durchsicht von Fotografien aus dem Nachlass ihres Mannes, der Betreiber der Zeche Tiefendorf in Witten-Annen war. [Stefan Nies, Dortmund]

**Ziegelei Dünkelberg**
Im Vordergrund die hölzerne Nachtigallbrücke, vor 1936
[Slg. WIM, Dortmund]

## Das Konzept



Ausgangspunkt aller konzeptionellen Überlegungen war das Gebäude-Ensemble von Zeche und Ziegelei inmitten der im Zuge der Industrialisierung dramatisch veränderten Strukturen der Landschaft. Die Geschichte dieses fast 300 Jahre alten Bergbaustandortes, mit seinen vielfältigen Bezügen in die Region, galt es zu vermitteln. Die wichtigsten Zeugnisse sind die erhaltenen Industrieanlagen auf dem Museumsgelände: Maschinenhaus, Kesselhauskamin, Werkstattgebäude und der vom Museum wieder freigelegte Schacht Hercules der Tiefbauzeche Nachtigall, die Doppel-Ringofenanlage des Nachfolgebetriebs Ziegelei Dünkelberg und der Nachtigall-Stollen im angrenzenden Hetberg. Die Heterogenität dieses Baubestandes und die komplizierte Ortsgeschichte sind nicht einfach zu überschauen. Sie boten aber die Chance, ein facettenreiches Museum zu schaffen.

Arbeitsfoto aus der eigenen Jugend im Untertagebetrieb einer Kleinzeche. Übergeben von Interview-Partner Johannes Balzer.
[Slg. WIM, Dortmund]

Die Museumsthemen aus unterschiedlichen Zeitebenen können an diesem Ort – immer mit sehr konkretem Bezug zu den früheren Bedeutungszusammenhängen – so gut wie nirgendwo sonst verstanden werden. Eine wichtige Rolle spielt dabei die Umgebung mit ihren zahlreichen Spuren und Anknüpfungspunkten: Die Trassen der Ruhrtal- und der Muttentalbahn, die Nachtigallbrücke und die Nachtigall-Kohlenniederlage, der Schacht Neptun auf dem Nachbargrundstück, der Bahnhof Bommern, die Zeche Theresia, das Schloss Steinhausen.

Die Zeche Nachtigall, die Gelände und Museum ihren Namen gab, ist Bindeglied für die unterschiedlichen Nutzungsphasen dieses Ortes von der vorindustriellen Zeit bis in die Gegenwart. Die Veränderungen – Stollenbetrieb, Tiefbauzeche, Ziegelei- und Steinbruchbetrieb, Verfall, Schrottplatz, Denkmal, Museum, die dieser Schauplatz im Laufe der Jahrhunderte bis heute ›erlebt‹ hat, sind typisch für Industriestandorte im Ruhrgebiet. Auch wenn die Geschwindigkeit des Wandels in den letzten Jahren gestiegen ist: Der Strukturwandel an der Ruhr ist kein neues Phänomen. Am Beispiel der Wandlungen dieses Ortes und seiner unmittelbaren Umgebung ist die Bergbau-, Industrie- und Verkehrsgeschichte des Ruhrtals wie in einem Mikrokosmos abzulesen. Die Themen der Ausstellung greifen die verschiedenen Entwicklungsphasen dieser ehemaligen Industrielandschaft an der Ruhr auf. Gelände und Gebäude von Zeche und Ziegelei werden für die Präsentation genutzt. Die historischen Gebäude und Anlagen, ausgestattet mit musealen, zum Teil naturalistischen und immer sehr bildhaften Inszenierungen, idealtypischen Nachbauten und historischen Rekonstruktionen, erleichtern es dem Besucher, sich in die jeweilige Thematik hineinzuversetzen.



Die Eingangsaustellung im Maschinenhaus [Foto: M. Arndt, Bielefeld]

Ausstellungsinszenierung
Kohlenniederlage im Museum
Zeche Nachtigall
[Foto: C. Terbeck, Bielefeld]

Im Zentrum unserer Ausstellung stehen die Menschen dieser Region: Bergarbeiter, Schiffer, Fuhrleute, Ziegler, Unternehmer oder Industriepioniere. Soweit die Quellenlage es erlaubte, kommen sie selbst ›zu Wort‹. Ihre Arbeit, ihre Leistungen, ihr Denken, ihre Visionen, ihre Probleme und ihr Handeln im Alltag ihrer Zeit soll für Menschen von heute verständlich werden.

Neben der historischen Erschließung der Denkmale sollte ein spannendes, erlebnisorientiertes Museum geschaffen werden, ohne auf Ansprüche an Wissenschaftlichkeit und Informationstiefe zu verzichten. Das Museum ist heute ein Ort der Freizeitgestaltung, nach wie vor aber ein Lernort. Schauen, erleben, staunen, experimentieren, sich informieren, animiert werden zu spielerischem Lernen, all das gehört dazu. Wir bieten daher eine alle Sinne ansprechende Ausstellungskonzeption: Atmosphärisch dichte Ausstellungslandschaften im Gelände; spannende Bilderwelten; räumliche und akustische Inszenierungen, Maschinenvorführungen, Angebote zum Experimentieren sowie handlungsorientierte museumspädagogische Programme.

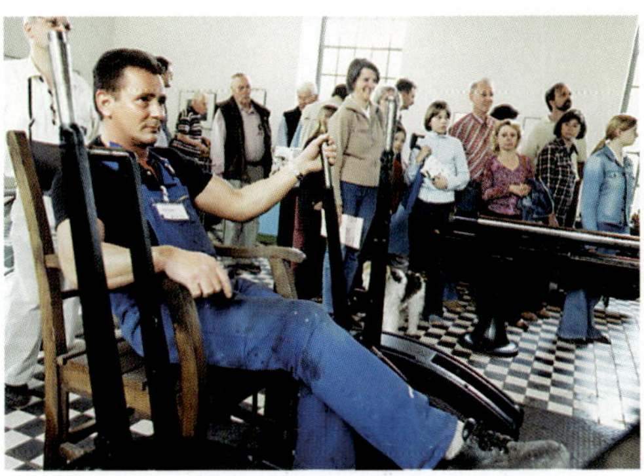

Zu Beginn ihres Besuches werden die Gäste mit den Themen, die dieser Ort bietet, bekannt gemacht. Eine audiovisuelle Zeitreise ins Ruhrtal bei Witten gibt die Möglichkeit, sich in die Gründungs- und Betriebszeit der Zeche Nachtigall hineinzudenken. Danach lässt sich der Weg durch das Museum nach Interesse beliebig variieren – jedes Thema ist in sich verständlich und abgeschlossen. Um unterschiedlichen Bedürfnissen gerecht zu werden, bieten wir deutlich unterscheidbare Informationsebenen mit gestaffelter Inhaltstiefe. Leittafeln dienen der Orientierung und geben eine Einführung in jeden Ausstellungsbereich.

Auf die Bedürfnisse von Kindern zugeschnitten ist die große ›Nachtigall-Entdecker-Tour‹ mit der Cartoon-Figur ›Frosch Öli‹ und die museumspädagogische Aktionsfläche zur Ausstellungseinheit ›Kohlenschifffahrt‹ mit einem nachempfundenen Ruhrlauf, in dem Wasser fließt und gestaut werden kann. Weitere, auch experimentelle museumspädagogische Angebote zu den einzelnen Ausstellungsthemen sind geplant.



**Frosch Öli**, die erfahrene Grubenlampe mit langjähriger Nachtigall-Erfahrung, ist unsere Leitfigur für Kinder. Sie gibt Anregungen und erklärt Zusammenhänge. [Thomas Mengel, Berlin]

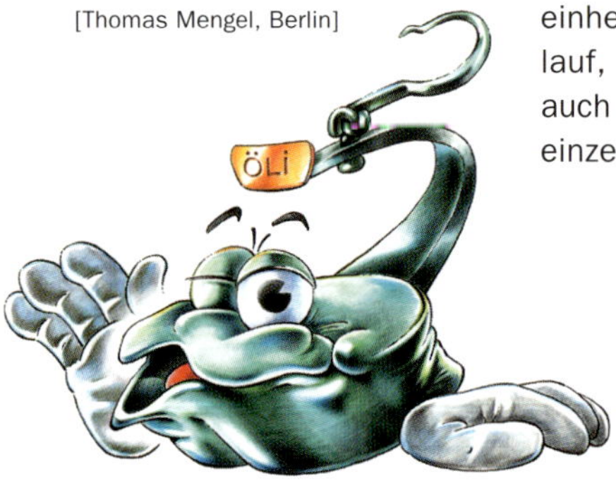

Was die Ausstellung zur Schifffahrt auf der Ruhr erzählt, können Kinder spielerisch und handlungsorientiert hier nachvollziehen.

›Idealer Durchschnitt einer Steinkohlengrube‹ von 1873
[Slg. WIM, Dortmund]

## Die Zukunft



Noch ist das Museum nicht vollendet. Viele Geschichten können noch erzählt werden. Nicht alles war mit den zur Verfügung stehenden finanziellen Mitteln bisher zu realisieren und nicht alles findet Platz auf dem jetzigen Terrain des Museums. Mit diesen Sachzwängen müssen wir leben, trotzdem hoffen wir auf Verwirklichung unserer Visionen für den Museumsstandort Nachtigall.

Der Ausbau des Museums mit weiteren Themen wird in den nächsten Jahren fortgesetzt. Eine Ausstellung zur ›Entstehung der Steinkohle im Ruhrtal‹ gehört dazu. Die geologischen Voraussetzungen waren Grundlage der gewerblichen Nutzungen und Industrieansiedlungen an diesem Standort. Die Rohstoffe Steinkohle, Sandstein und Schieferton waren auf dem Betriebsgelände am Hetberg für lange Jahre ausreichend vorhanden.

Ein mächtiger versteinerter Baumstamm, umgeben von Treibholz und weiteren Pflanzen der Karbonzeit, ist auf Nachtigall freigelegt worden und demnächst zu besichtigen.

Ein sensationeller Fund im Keller eines der Betriebsgebäude erlaubt den Besuchern demnächst einen Blick unter die Erdoberfläche ins Karbonzeitalter. Eine einmalige Fossiliensammlung, die die Pflanzenwelt dieser Region in den mehr als 300 Millionen Jahre alten Versteinerungen überliefert, kann präsentiert werden, wenn weitere Räume zur Verfügung stehen. So wird das Museum ein wichtiger Bestandteil des ›Geoparks Ruhrgebiet‹. Der Ausstellungsbereich ›Entstehung und Gewinnung des Sandsteins‹ wird diese Ausstellungen zur Geologie des Standortes ergänzen.

Die Veränderung der Arbeitsbedingungen als Folge der umwälzenden Veränderungen in Technik und Gesellschaft im Laufe des 19. Jahrhunderts, der Übergang zum Tiefbau und die Förderung der Steinkohle mit Hilfe der Dampfkraft sind Kernthemen des Museums. Neue Ausstellungsbereiche rund um den Schacht Hercules und möglicherweise auch in alten Grubenbauen des derzeit erweiterten Nachtigall-Besucherbergwerks, werden vorbereitet.



Seit langem ist der Wiederaufbau eines eingelagerten Bergmannskottens geplant. Eine Ausstellung zur Kötterwirtschaft und zu den Lebensbedingungen der Bergleute und ihrer Familien wird das museale Angebot erweitern, sobald ein Erweiterungsgrundstück für den Kotten zur Verfügung steht.

**Eine Bergmannsfamilie vor ihrem Kotten im Muttental.**
[Slg. WIM, Dortmund]

**Schaukasten mit Miniaturen aus der bergmännischen Arbeitswelt. Angefertigt vom Bergmann Carl Vogel, 1881.**

Außer zahlreichen Arbeitsgeräten hat Carl Vogel bergmännische Lampen und das Zubehör liebevoll nachgebaut. [Slg. WIM, Dortmund]

Eine Erweiterung um das Nachbargrundstück, das seit der Zechenzeit zum Betriebsgelände gehörte, würde weitere Potenziale eröffnen. Hier begann 1832 am Schacht Neptun der Tiefbau. Dieser erste Tiefbauschacht der Zeche Nachtigall und die Bauten der ehemaligen Maschinenfabrik Dünkelberg sind, in verschiedenen Entwicklungsstufen seit 1899, auf dem Gelände noch vorhanden.

Das Museum Zeche Nachtigall bekäme außerdem die Chance, sich in thematisch-konzeptioneller wie auch in infrastruktureller Hinsicht abzurunden. Mit einer angemessenen Ausstattung von Parkplätzen, Veranstaltungsräumen, Räumen für Museumspädagogik etc. könnte es sich als wichtiger Ankerpunkt der Route Industriekultur und Zentrum für den zunehmenden Industrie- und Ruhrtal-Tourismus etablieren.

## Dankeschön!

Ohne die Unterstützung, die Anregungen und den Rat der Zeitzeugen, engagierter Mithelfer, Bergbauberater, Museums- und Archivmitarbeiter, der mitarbeitenden Kolleginnen und Kollegen, der Gestalter und der Familienangehörigen wäre dieses Museum nicht entstanden.

Unser besonderer Dank gilt den Interview-Partnern, die durch ihre Auskünfte und Erzählungen, ihre zur Verfügung gestellten Fotos, Dokumente und andere Erinnerungsstücke wesentlich zum Gelingen mancher Ausstellungsabteilung beigetragen haben. Nicht alle durften die Museumseröffnung noch erleben, ihre Familien haben uns nach Kräften weiter unterstützt.

Über die in den Bildnachweisen genannten Leihgeber hinaus, danken wir folgenden Personen und Institutionen für ihre Leihgaben und die gute Zusammenarbeit:

**W. Ascherfeld,** Sprockhövel
**Bergbau-Berufsgenossenschaft,** Bochum
**Bezirksregierung Arnsberg,**
**Abt. Bergbau und Energie in NRW**
vormals **LOBA,** Dortmund
**Bergamt Recklinghausen**
**Stadt Bochum, Grünflächenamt**
**DaimlerChrysler Konzernarchiv,** Stuttgart
**Firmenarchiv Degussa-Hüls,** Marl
**A. Dräger,** Dortmund
**Jürgen Grosse-Munkenbeck,** Bochum-Stiepel
**Jörg Grosse-Munkenbeck,** Bochum
**Historisches Zentrum,** Wuppertal
**L. Kötting,** Dortmund
**Konzernarchiv ThyssenKrupp AG,** Duisburg
**Karl Friedrich Kröger,** Herne
**Landesarchiv NRW Hauptstaatsarchiv Düsseldorf**
**Günter Mowe,** Dortmund
**Herbert Pieniak,** Hattingen
**Rhein-Museum Koblenz e.V.**
**Ruhrlandmuseum Essen**
**C. Schneider,** Münster
**Stadtmuseum Hagen**
**StoraEnso Baienfurt**
**Nachlass Wolf Strache,** Stuttgart
**Verein für Orts- und Heimatkunde**
**der Grafschaft Mark,** Witten
**walter dick-archiv,** Köln
**E. Wilde,** Witten

# Literaturhinweise

## Auf dem Nachtigallgelände


Conrad, Horst:
**Levin (1762–1830) und Ludwig von Elverfeldt (1793–1873).**
In: Ralf Stremmel; Jürgen Weise (Hg.): Bergisch-Märkische Unternehmer der Frühindustrialisierung. (Rheinisch-Westfälische Wirtschaftsbiographien 18). Münster 2004, S. 108–154.

Ditt, Karl:
**Aufstieg und Niedergang des Ruhrbergbaus: Die Zeche Nachtigall in Bommern bei Witten 1714–1892.**
In: Märkisches Jahrbuch für Geschichte 103 (2003), S. 99–151.

Kiendl, Andrea; Telsemeyer, Ingrid (Hg.):
**Vom Bethaus zur Kohle – Bergbaugeschichte im Wittener Muttental und Ruhrtal.**
Dortmund 1995.

Kötter, Gerhard:
**Bergbau im Muttental.** Witten, 2001.

Tex, Ursula den:
**Anlagefieber und Risikobereitschaft bei Jan Jacob van Braam. Niederländische Investitionen im Ruhrgebiet zwischen 1850 und 1880.**
In: Märkisches Jahrbuch für Geschichte 104 (2004), S. 106–135.


## Zeitreise ins Ruhrtal bei Witten


Beckmann, Uwe / Stenkamp, Hermann Josef:
**express. Menschen, Güter. Straßen.**
Hagen 1997.

Fessner, Michael:
**Steinkohle und Salz.** Bochum 1998.

**Bommern. Bauerschaft – Industriegemeinde – Wohnvorort.** (Hg.): Heinrich Schoppmeyer.
Witten 1983.

Gattiker, Ernst:
**Die Vögel im Volksglauben: eine volkskundliche Sammlung aus verschiedenen europäischen Ländern von der Antike bis heute.**
Wiesbaden 1989.

Henz, Ludwig:
**Bericht über Project und Vorarbeiten zu der Anlage einer Eisenbahn von Elverfeldt über Hagen und Witten.** Elberfeld 1836.

Hilprecht, Alfred:
**Nachtigall und Sprosser.** Magdeburg 1995.

Huske, Joachim:
**Die Steinkohlenzechen im Ruhrrevier.** Bochum 1998.

Müller, Ernst:
**Vogelleben im südlichen Ennepe-Ruhr-Kreis.**
Sprockhövel 1986.

NABU e.V. (Hg.):
**Die Nachtigall – Vogel des Jahres 1995.**

Pieler, F.J.:
**Das Ruhrthal.** Werl 1881.

Sobotka, Bruno J.:
**Witten an der Ruhr.** Witten 1995.

Wilhelmi, J.F.:
**Panorama von Düsseldorf und seinen Umgebungen.** Düsseldorf 1828.

Zemter, Wolfgang:
**Witten – Aus alter Zeit.** Witten 1981.

## Kohlenschifffahrt auf der Ruhr


Kliche, Walter:
**Die Schiffahrt auf der Ruhr und Lippe im achtzehnten Jahrhundert.** In: Zeitschrift des Bergischen Geschichtsvereins 37 (1904). S. 1–178.

Henz, Ludwig:
**Der Ruhrstrom und seine Schifffahrts-Verhältnisse.** Essen 1840.

Pückler-Muskau, Hermann v.:
**Briefe eines Verstorbenen. Ein fragmentarisches Tagebuch aus Deutschland, Holland und England.** München 1830.

Rautert, Friedrich:
**Die Ruhrfahrt.** Essen 1827.

Schmidt-Rutsch, Olaf:
**Salzschifffahrt auf der Ruhr.** In: Märkisches Jahrbuch für Geschichte 102 (2002), S. 125–143.

Sopp, Julius Wilhelm:
**Die Ruhr als Schiffahrtsweg.** Diss. Universität Heidelberg, 1920.

**Über die Ruhr, deren Schifffahrtsverhältnisse und Regulierung.** In: Preußisches Abgeordnetenhaus, 14. Leg, 1. Sess. 1879–80, Drucksachen Bd. 1, Nr. 22.

Weber, Wolfhard:
**Die Schiffbarmachung der Ruhr und die Industrialisierung im Ruhrgebiet.** In: Kellenbenz, Hermann (Hg.): Wirtschaftliches Wachstum, Energie und Verkehr vom Mittelalter bis ins 19. Jahrhundert. Stuttgart 1978, S. 95–116.

Wüstenfeld, Gustav Adolf:
**Die Ruhrschiffahrt von 1780–1890.** Wetter 1993.


## Ziegelei Dünkelberg


Eckart, Karl:
**Die Ziegelindustrie in Nordrhein-Westfalen.** In: Westfälische Forschungen 27 (1976), S.129–158.

Hahne, Carl:
**Lehrreiche geologische Aufschlüsse im Ruhrrevier.** Essen 1958.

Küsgen, Wilhelm:
**Zechen-Ziegeleien.** Diss. Universität Köln 1925.

Mette, Wilhelm:
**Die Ziegelindustrie in Westfalen.** Diss. Universität Münster 1923.

Rauls, Franz:
**Die Ziegelfabrikation.** Leipzig 1926.

## An der Wiege des Ruhrbergbaus

Dommer, Olge; Dückershoff, Michael:
**Kunst für das Ruhrrevier.**
**Hermann Kätelhön (1884–1940).**
Dortmund 1997.

Kötter, Gerhard:
**Bergbauwanderweg Muttental.** Witten 1998.

Kröger, Karl Friedrich:
**Helmut Schäfer – ein Leben für die Kunst.**
In: Der Anschnitt 50 (1998), S. 136–137.

Kroker, Evelyn& Werner (Hg.):
**Solidarität aus Tradition – Die Knappenvereine im Ruhrgebiet.** München 1988.

Sobotka, Bruno:
**Witten – Wiege des Ruhrbergbaus.** Witten 1980.

Tiggemann, Werner:
**Das Muttental bei Witten. Eine bergbaugeschichtliche Studie mit geologischen und heimatkundlichen Hinweisen.**
In: Der Anschitt 17 (1965), S. 3–18.

Wilhelm, Moritz:
**Aus der Geschichte des Steinkohlenbergbaus in Bommern an der Ruhr.**
In: Stehl, Wilhelm: Heimatbuch der Gemeinde Bommern. Witten 1930, S. 99–134.

Wüstenfeld, Gustav Adolf:
**Frühe Stätten des Ruhrbergbaus.** Wetter 1994.

## Zeche Eimerweise

Hahn, Ernst August:
**Die Entwicklung der Kleinzechen im südlichen Ruhrgebiet nach dem Kriege und ihre wirtschaftlichen Aussichten.**
In: Glückauf 90 (1954), S. 1589–1603.

Hollmann, Friedrich:
**Die Entwicklung der Kleinzechen im südlichen Ruhrgebiet seit dem Jahre 1950.**
In: Glückauf 102 (1966), S. 1330–1333.

Huske, Joachim:
**Die Steinkohlenzechen im Ruhrrevier.**
Daten und Fakten von den Anfängen bis 1997.
Bochum 1998.

Kroker, Evelyn:
**Der Kleinbergbau im Ruhrgebiet nach 1945.**
In: Tenfelde, Klaus (Hg.): Sozialgeschichte des Bergbaus im 19. und 20. Jahrhundert.
München 1992, S. 445–458.

Nies, Stefan:
**»Es gilt, diesen letzten Wald zu retten.« Kleinzechen im Weitmarer Holz und städtische Umweltpolitik in den 1950er Jahren.**
In: Bochumer Zeitpunkte Nr. 13, Juni 2003, S. 3–21.

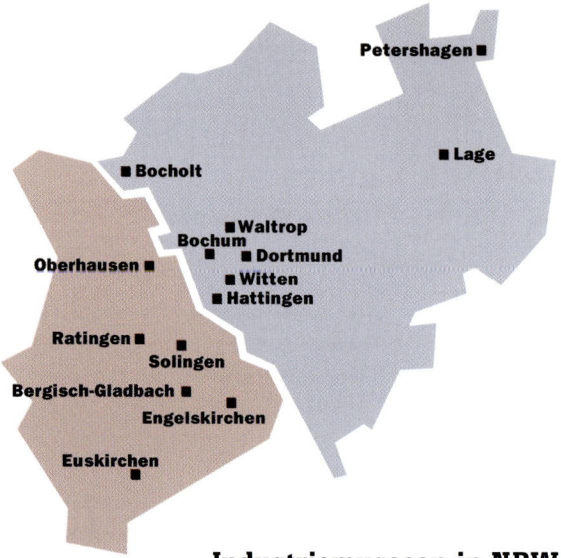


# Industriemuseeen in NRW



Acht ehemalige Fabriken, Zechen und Hüttenwerke in Westfalen und Lippe sowie sechs Produktionsstätten im Rheinland: das Westfälische und das Rheinische Industriemuseum verknüpfen insgesamt 14 Schauplätze der Industriekultur zu einem Netz, das in der europäischen Museumslandschaft einmalig ist. Die Industriemuseen der beiden Landschaftsverbände erzählen an authentischen Orten von der Arbeit vergangener Generationen. 200 Jahre Geschichte, die das Land zwischen Rhein und Weser nachhaltig geprägt haben, werden hier lebendig.

## Standorte des Westfälischen Industriemuseums

**Zeche Zollern II/IV**

Grubenweg 5 | 44388 Dortmund

Telefon (02 31) 69 61–111 | www.zeche-zollern.de

Öffnungszeiten: Di–So 10–18 Uhr

Als Prestigeobjekt der größten Bergbaugesellschaft der Jahrhundertwende hatte die *Zeche Zollern II/IV* in Dortmund einen glänzenden Start im späten Kaiserreich. Die schlossartige Anlage durchlebte bald danach eine typische Karriere technischer Baudenkmäler im Ruhrgebiet: vom Schlüsselbauwerk ihrer Zeit zum unbedeutenden Familienpütt, vom Abbruchobjekt zum ersten technischen Baudenkmal von internationaler Bedeutung in Deutschland. Heute ist Zollern Museum der Sozial- und Kulturgeschichte des Ruhrbergbaus. Das Westfälische Industriemuseum präsentiert die Musterzeche als Zeugnis für den Strukturwandel im Revier.

## Zeche Hannover

Günnigfelder Straße 251 | 44793 Bochum

Telefon (02 34) 61 00-874 | www.zeche-hannover.de

Öffnungszeiten: Mai–Oktober Sa 14–18 und So 11–18 Uhr

Gruppenführungen jederzeit auf Anfrage

Ein wuchtiger Malakowturm von 1857/58 und das angrenzende Maschinenhaus erinnern an den ehemaligen Großbetrieb *Zeche Hannover* in Bochum. Die Dampfmaschine von 1893 ist Herzstück der Koepe-Förderung, die auf dieser Zeche entwickelt wurde. Zum Museum gehören außerdem Koloniehäuser aus den 1880er-Jahren. Attraktion für junge Besucher ist die *Zeche Knirps* – ein Kinderbergwerk, in dem Jungen und Mädchen die Funktionsabläufe und Teamwork in einem Bergwerk spielerisch erleben. Für Schulklassen und Kindergeburtstage können dort Programme gebucht werden.

## Henrichshütte Hattingen

Werksstraße 31-33 | 45527 Hattingen

Telefon (0 23 24) 92 47-140 | www.henrichshuette.de

Öffnungszeiten: Di–So 10–18 Uhr, Fr 10–21.30 Uhr

Die 1854 gegründete Henrichshütte ist eines der traditionsreichsten Eisenhüttenwerke des Ruhrgebiets. Bis zu 10.000 Arbeiter produzierten hier Eisen und Stahl. Gegen den erbitterten Widerstand einer ganzen Region wurde 1987 Hochofen 3, der älteste im Revier, ausgeblasen. Drei Rundwege erschließen das 50.000 qm große Museumsgelände. Auf dem *Weg des Eisens*, der durch Erz- und Kohlebunker hindurch auf den Hochofen 3 und in die Gießhalle führt, begegnen Besucher auf Fotos, in Filmen und Interviews Menschen, die über ihre Arbeit auf der Hütte berichten.
Seit 2004 verfügt das Westfälische Industriemuseum mit der Gebläsehalle über einen attraktiven Veranstaltungsort für Konzerte, Märkte, Theater und Tagungen.

## Altes Schiffshebewerk Henrichenburg

Am Hebewerk 2 | 45731 Waltrop | Telefon (0 23 63) 97 07-0

www.schiffshebewerk-henrichenburg.de

Öffnungszeiten: Di–So 10–18 Uhr

Am 11. August 1899 weihte Kaiser Wilhelm II. das Aufsehen erregende Bauwerk am Dortmund-Ems-Kanal ein. Als Industriedenkmal von europäischem Rang gehört das Hebewerk heute zu den prominentesten Standorten des Westfälischen Industriemuseums. Über den Bau des Hebewerks und die 100-jährige Tradition der Binnenschifffahrt informiert die Ausstellung im alten Maschinenhaus.
Eine historische Werft, Dampfschiffe und schwimmende Arbeitsgeräte sind Attraktionen des Museumshafens am ›Oberwasser‹. An Bord des *MS Franz-Christian* gewinnen Gäste Einblicke in den Arbeitsalltag der Binnenschiffer und ihrer Familien.

## Ziegelei Lage

Sprikernheide 77 | 32791 Lage

Telefon (0 52 32) 94 90-0 | www.ziegelei-lage.de

Öffnungszeiten: Di–So 10–18 Uhr

Anfang des 20. Jahrhunderts wurden im *Beermannschen Betrieb* Ziegel noch mit der Hand hergestellt, ab 1922 produzierten Maschinen die typischen roten Backsteine aus Lehm. Heute können Kinder und Erwachsene die Maschinen- und die Handstrichziegelei auf Rundwegen erkunden. Die Ausstellung im Museumsneubau informiert über die Geschichte des Ziegels und seine Herstellung sowie über das lippische Wanderzieglerwesen. In einem historischen Kotten erfahren Gäste, wie die Zieglerfrauen den Alltag meisterten, wenn ihre Männer in der Fremde arbeiteten. An Aktionstagen werden im Ringofen Steine gebrannt und eine Feldbahn fährt über das Gelände.

## Textilmuseum Bocholt

Uhlandstraße 50 | 46397 Bocholt

Tel. (0 28 71) 2 16 11-0 | www.textilmuseum-bocholt.de

Öffnungszeiten: Di–So 10–18 Uhr

Die voll funktionstüchtige Museumsfabrik zeigt die Arbeitsabläufe in einem typischen Betrieb aus der Zeit zwischen 1900 und 1960: Eine wuchtige Dampfmaschine treibt zahlreiche Webstühle an. Vor den Augen der Besucher entstehen Stoffe für Handtücher und Tischdecken.

Neben der Technik rückt das Museum die Arbeitsbedingungen in einer Textilfabrik in den Mittelpunkt: Hier war es eng, laut und staubig. Allein in Bocholt arbeiteten Anfang des 20. Jahrhunderts über 10.000 Menschen in rund 60 Textilunternehmen. Einblicke in die privaten Lebensverhältnisse gewinnen Besucher in einem rekonstruierten Arbeiter-Wohnhaus.

## Glashütte Gernheim

Gernheim 12 | 32469 Petershagen-Ovenstädt

Telefon (0 57 07) 93 11-0 | www.glashuette-gernheim.de

Öffnungszeiten: Di–So 10–18 Uhr

Vom Fabrikort aus dem frühen 19. Jahrhundert sind viele Gebäude erhalten, darunter Arbeiterhauszeilen, die ehemalige Fabrikanten-Villa, die Korbflechterei mit der Fabrikschule und das Wahrzeichen Gernheims: der kegelförmige Glashüttenturm von 1826.
Dort fertigen Glasmacher heute mit der Pfeife wie vor 100 Jahren aus glühendheißer Masse Gläser und Flaschen an. Die Dauerausstellung stellt die Stationen der Glasherstellung vor, informiert über die Lebens- und Arbeitsbedingungen der Gernheimer Beschäftigten und bietet einen Rundgang durch die Glasgeschichte von 1800 bis in die Gegenwart.

**Zinkfabrik Altenberg**

Hansastraße 20 | 46049 Oberhausen

Telefon (01805) 74 34 65 | www.rim.lvr.de

Öffnungszeiten: Di-So 10-17 Uhr

Der Rundgang in der ehemaligen Walzhalle der Zinkfabrik Altenberg führt durch rund 150 Jahre eisen- und stahlindustrieller Geschichte an Rhein und Ruhr. Er beginnt mit der auf Erz- und Steinkohlenvorräten, Erfindergeist und Tatkraft beruhenden Erfolgsgeschichte dieser Branche, der bedeutendsten in Deutschland zu Beginn des 20. Jahrhunderts. Prüf- und Werkzeugmaschinen in Vorführung zeigen, welchen Anteil die betriebliche Forschungstätigkeit an diesem Erfolg hatte und wie schwer die Arbeitskräfte in der ›schweren Industrie‹ malochten. Die wechselhaften Beziehungen von Wirtschaft, Politik und Militär, Arbeitskämpfe und der Strukturwandel der Gegenwart sind weitere Aspekte. Ein eigener Ausstellungsteil schildert die Geschichte der Zinkfabrik Altenberg.

**St. Antony-Hütte und Museumsdepot**

Antoniestraße 32-34 | 46119 Oberhausen

Telefon (01805) 74 34 65 | www.rim.lvr.de

Öffnungszeiten und Führung nur auf Anfrage

Das Wohn- und Kontorhaus der St. Antony Hütte, der ersten Eisenhütte im Ruhrgebiet. Heute wird hier das Werksarchiv der ›Gutehoffnungshütte‹, mit einer herausragenden Sammlung von Glasplatten-Negativen bewahrt.

**Textilfabrik Cromford**

Cromforder Allee 24 | 40878 Ratingen

Telefon (01805) 74 34 65 | www.rim.lvr.de

Öffnungszeiten: Di–So 10–17 Uhr

Die Industrialisierung begann mit Wasserrädern und Industriespionage – dies wird deutlich, wenn man das Fabrikgebäude betritt. Auf den ersten zwei Fabriketagen erlebt der Besucher die arbeitsteilige Produktion von Garnen mit originalgetreu nachgebauten Spinnmaschinen und einer ›Waterframe‹ – das Neueste an ›high-tech‹ zum Ende des 18. Jahrhunderts. Neben neuen Arbeitsbedingungen schuf die Baumwollindustrie auch ein neues Modeverhalten, das Gäste in der Textilsammlung des Museums studieren können. Das repräsentative Herrenhaus zeigt das Leben der Fabrikbesitzer vor dem Hintergrund von Französischer Revolution und biedermeierlichem Vormärz.

**Gesenkschmiede Hendrichs**

Merscheider Straße 289-297 | 42699 Solingen
Telefon (01805) 74 34 65 | www.rim.lvr.de
Öffnungszeiten: Di–So 10–17 Uhr

Aus der 1886 gegründeten Gesenkschmiede Hendrichs ist heute ein Museum geworden – und zwar eines, in dem gearbeitet wird. In der Schmiede und in Original-Heimarbeiterwerkstätten können Besucher erleben, wie in einer ›Werkstatt der Welt‹ Scheren entstanden.

Zur vollständig erhaltenen Fabrikanlage mit etwa 3500 qm Ausstellungsfläche zählen auch das Maschinenhaus, das Kesselhaus sowie die Familienvilla. Mit Hilfe moderner Ausstellungsmedien informiert das Museum über die sozialgeschichtlichen Hintergründe ebenso wie über die Geschichte des Bürgertums.

**Papiermühle Alte Dombach**

Alte Dombach | 51465 Berg. Gladbach
Telefon (01805) 74 34 65 | www.rim.lvr.de
Öffnungszeiten: Di–So 10–17 Uhr

Fachwerkgebäude in einer grünen Tallandschaft, Bachläufe und ein Teich, ein klapperndes Mühlrad – so empfängt die Alte Dombach den Besucher. Alles dreht sich um Papier, seine Herstellung und seinen Gebrauch früher und heute. Besucher erleben ein polterndes Lumpenstampfwerk, versuchen sich als Papiermacher und verfolgen die Entstehung einer Papierbahn auf einer Laborpapiermaschine.
Zahlreiche Exponate – etwa ein Papiertheater, ein 150 Jahre altes Freundschaftsbüchlein oder historische Verpackungen, aber auch eine riesige Papiermaschine – bringen Gäste zum Staunen.

**Baumwollspinnerei Ermen & Engels**

Engelsplatz 2 | 51766 Engelskirchen
Telefon (01805) 74 34 65 | www.rim.lvr.de
Öffnungszeiten: Di–Fr 10–17 Uhr, Sa–So 11–18 Uhr

Besucher machen eine Reise in die Vergangenheit und gründen eine große Baumwollspinnerei. Sie tauchen ein in die dunklen, von Wasser durchfluteten Kellergewölbe der alten Fabrik und betrachten ihr Kraftwerk aus der Nähe.
Sie erleben das Wunder des ersten elektrischen Lichts und die Arbeit an einer elektrischen Spinnmaschine. Sie sind dem Strom auf der Spur, wenn er die Fabrik verlässt, um die Arbeit in den Büros und in den Haushalten völlig zu verändern.
Ein Wanderweg entlang der Leppe führt zum Oelchenshammer: letzter Zeuge des Schmiedegewerbes, das lange vor der Industrialisierung in der Region eine Blütezeit erlebte.

In der Wolferei rieselt die Wolle wie Schnee von der Decke. Und die Maschinen laufen wieder: Der träge Krempelsatz, die filigrane Spinnmaschine, die donnernden Webstühle machen aus losen Wollflocken feines Tuch. Auch die Dampfmaschine von 1903 tut schnaufend ihren Dienst.
Die Welt dieser Tuchfabrik ist ein ganzheitlicher Fabrik-Kosmos, in dem es noch genauso aussieht wie am letzten Arbeitstag 1961. Das einzigartige und authentische Denkmal der Tuchfabrik Müller wurde liebevoll restauriert und als Museum hergerichtet.

**Tuchfabrik Müller**

Carl-Koenen-Straße | 53881 Euskirchen
Telefon (01805) 74 34 65 | www.rim.lvr.de
Öffnungszeiten: Di–So 10–17 Uhr
(Tuchfabrik nur mit Führung)

**Peter-Behrens-Bau**

Essener Straße 80 | 46047 Oberhausen
(01805) 74 34 65 | www.rim.lvr.de
Öffnungszeiten: Sa + So 10–17 Uhr (nach Voranmeldung)



Der Peter Behrens-Bau, der 1925 als Hauptlagerhaus der Gutehoffnungshütte erbaut wurde und heute als zentrales Museumsdepot dient, steht für Veranstaltungen im kleinen Rahmen zur Verfügung.

**Arbeitersiedlung Eisenheim**

Berliner Straße 10a | 46117 Oberhausen
(01805) 74 34 65 | www.rim.lvr.de
Öffnungszeiten: Ostersonntag bis 31.10.
jeweils sonn- und feiertags, 10–17 Uhr

1846 wurde Eisenheim von der Hüttengewerkschaft Jacobi, Haniel und Huyssen gegründet; das macht die Siedlung zur ältesten der zahllosen Arbeiter- und Zechenkolonien an der Ruhr. Als es mit der Industrie bergab ging, wurden nicht nur die Hütten und Walzwerke ›platt gemacht‹, sondern auch viele der Siedlungen.

In Eisenheim wehrten sich die Bewohner und Bewohnerinnen in einer bundesweit beachteten Aktion gegen den Abriss. Ihnen ist es zu verdanken, dass die Siedlung mit ihrem kleinen Museum erhalten blieb – als lebendiges, liebevoll gestaltetes Zeugnis des Alltagslebens.

# Museum Zeche Nachtigall



Westfälisches Industriemuseum
**Zeche Nachtigall**
Nachtigallstraße 35
58452 Witten

Telefon 02302. 93664-0
Telefax 02302. 93664-22
zeche-nachtigall@lwl.org
www.zeche-nachtigall.de

**Öffnungszeiten**
Dienstag – Sonntag: 10.00 bis 18.00 Uhr

Regelmäßige Führungen
durch das Besucherbergwerk finden
während der Öffnungszeiten statt

Weitere Führungen und Programm-angebote auf Anfrage

**Tipp**

**In der Radstation im Wittener Hauptbahnhof können sie Fahrräder ausleihen.**
Bergerstraße 35, 58452 Witten
Telefon 0 23 02. 399 000
www.radroutenplaner.nrw.de

**Anreise mit dem Auto**
Autobahn A 43 Münster-Wuppertal, Abfahrt Witten Heven in Richtung Witten, links Herbeder Straße, rechts Ruhrdeich, rechts Ruhrstraße/Bodenborn, hinter der Ruhrbrücke rechts Nachtigallstraße, ca. 7 km. Vom Parkplatz Nachtigallstraße Fußweg ca. 1,5 km

**Anreise mit der Bahn**
Ankunft Witten Hauptbahnhof, von dort über Herbeder Straße und Nachtigallbrücke (Fußgängerbrücke über die Ruhr),
Fußweg ca. 2 km
Telefon 0 18 03. 50 40 34, www.vrr.de

**Anreise mit dem Bus**
Haltestelle Bommern Bahnhof,
Fußweg ca. 2 km
Telefon 0 18 03. 50 40 34, www.vrr.de

**Anreise mit dem Fahrrad**
Die Radwanderwege R 12 und R 31 führen direkt am Museum vorbei.

**Tipp**

Feiern Sie den nächsten Kindergeburtstag auf Zeche Nachtigall mit einem museumspädagogischen Programm und Picknick auf dem Museumsgelände!

## Extra-Touren

**Museumszüge der Ruhrtalbahn** Saisonbetrieb
Dampfzug- und Schienenbusbetrieb
vom Bahnhof Bochum-Dahlhausen und
Hauptbahnhof Hagen zum Haltepunkt
›Zeche Nachtigall‹, Fußweg ca. 300 m
Info-Telefon 0 18 05. 34 73 62
Büro-Telefon 0 18 01. 555 777 11 32
www.ruhrtalbahn.de

**Gruben- und Feldbahnzüge** Saisonbetrieb
**der Arbeitsgemeinschaft Muttenthalbahn**
Pendelverkehr vom Parkplatz Nachtigallstraße zum Gruben- und Feldbahnmuseum
Zeche Theresia und zur Zeche Nachtigall
Telefon 0171. 49 38 504
www.muttenthalbahn.org

**Schiff MS Schwalbe** Saisonbetrieb
Ausflugs- und Charterfahrten vom
Kemnader Stausee zur Anlegestelle
›Zeche Nachtigall‹ an der Nachtigallbrücke
Fußweg ca. 300 m
Telefon 0 23 02. 9173-600
www.stadtwerke-witten.de/schifffahrt.htm

## Museumspädagogische Programme

**Die große Nachtigall-Entdecker-Tour mit Frosch Öli**
Museumsrallye für Familien mit
Kindern ab 8 Jahren und Schulklassen
der Jahrgangsstufen 4 bis 6
Dauer: ca. 1 Stunde

**Kinder heizen ein!**
Abenteuer mit Kohle und Feuer im Bergwerk
und Gelände für Kinder von 5–10 Jahren
Dauer: ca. 2,5 Stunden

**Feen und Elfen auf Zeche Nachtigall**
Märchenhaftes Programm im Bergwerk
und Gelände für Kinder von 5–8 Jahren
Dauer: ca. 2 Stunden

**Der Schatz der Bergleute**
(in Zusammenarbeit mit dem VVW)
für Kinder von 4–6 Jahren
Dauer: ca. 1 Stunde

**Das Geheimnis der schwarzen Diamanten**
(in Zusammenarbeit mit dem VVW)
für Kinder von 8–12 Jahren
Dauer: ca. 3 Stunden

**Service**

Im Museumsfoyer ist ein umfangreiches Informationsangebot zur Industriekultur im Ruhrgebiet bereitgestellt. Aktuelle Informationen über das Museum Zeche Nachtigall entnehmen Sie bitte der Tagespresse oder www.zeche-nachtigall.de.

**Haus und Dorf Witten**
Links der Ruhr:
Haus Steinhausen
Ölgemälde nach 1715
[Märkisches Museum, Witten]



## Andere Museen in Witten

**Märkisches Museum & Heimatmuseum der Stadt Witten**
Husemannstraße 12, 58452 Witten
Telefon 0 23 02. 25 50
www.maerkischesmuseum.de

**Hebezeugmuseum und Windenschmiede der Firma J.D. Neuhaus**
Windenstraße, 58455 Witten-Heven
Telefon 0 23 02. 20 82 19
www.jdn.de

**Firmenmuseum der Stahlfabrik Friedr. Lohmann**
Ruhrtal 2, 58456 Witten-Herbede
Telefon 0 23 02. 70 14-132
www.lohmann-stahl.de

**Museum des Diakoniewerks Ruhr**
Pferdebachstraße 27-43, 58455 Witten
Telefon 0 23 02. 175-26 93

**Tipp**

Der Verkehrsverein Witten (VVW) hält Material zu Übernachtungsmöglichkeiten, Freizeitgestaltung etc. bereit und organisiert geführte Rundgänge durch Witten und das Muttental.
**Verkehrsverein Witten e.V.**
Ruhrstraße 43, Telefon 0 23 02. 12 233
www.vvwitten.de

## Rund um die Zeche Nachtigall

**Gruben- und Feldbahnmuseum Zeche Theresia**
Nachtigallstr. 27-33, 58452 Witten-Bommern
Telefon 0171. 49 38 504
www.muttenthalbahn.org

**Bethaus der Bergleute**
Muttentalstraße 35, 58452 Witten-Bommern
Telefon 0 23 02. 31 951, www.vvwitten.de

**Bergbaurundweg Muttental**
Über 30 Relikte aus 450 Jahren Bergbaugeschichte sind zu einem 9 km langen Rundweg zusammengefasst. Eine Wanderkarte erhalten sie kostenlos im Museumsfoyer oder beim Verkehrsverein Witten.

**Burgruine Hardenstein**
Zwischen Witten-Bommern und Herbede liegt auf dem Südufer der Ruhr, malerisch in den Berghang eingebettet, die Ruine der ehemaligen Wasserburg. Besichtigungen sind jederzeit möglich.
www.burgfreunde-hardenstein.de

**Schloss Steinhausen**
Das Domizil der früheren Eigentümer der Zeche Nachtigall beherbergt ein Restaurant mit idyllisch gelegenem Gastgarten. Häufige Ausstellungen und Veranstaltungen im Freien.
Auf Steinhausen 30, 58452 Witten-Bommern
Telefon 0 23 02. 39 99 90